KB077588

대기환경
보존법규

머리말

　이 책은 방사선사, 공무원 등의 자격시험을 준비하는 수험생들을 위해 만들었습니다. 자격시험은 수험 전략을 어떻게 짜느냐가 등락을 좌우합니다. 짧은 기간 내에 승부를 걸어야 하는 수험생들은 방대한 분량을 자신의 것으로 정리하고 이해해 나가는 과정에서 시간과 노력을 낭비하지 않도록 주의를 기울여야 합니다.

　수험생들이 법령을 공부하는 데 조금이나마 시간을 줄이고 좀 더 학습에 집중할 수 있도록 본서는 다음과 같이 구성하였습니다.

　첫째, 법률과 그 시행령 및 시행규칙, 그리고 부칙과 별표까지 자세하게 실었습니다.

　둘째, 법 조항은 물론 그와 관련된 시행령과 시행규칙을 한눈에 알아볼 수 있도록 체계적으로 정리하였습니다.

　셋째, 최근 법령까지 완벽하게 반영하여 별도로 찾거나 보완하는 번거로움을 줄였습니다.

　모쪼록 이 책이 수업생 여러분에게 많은 도움이 되기를 바랍니다. 쉽지 않은 여건에서 시간을 쪼개어 책과 씨름하며 자기개발에 분투하는 수험생 여러분의 건승을 기원합니다.

2022년 4월

법(法)의 개념

1. 법 정의

① 국가의 강제력을 수반하는 사회 규범.

② 국가 및 공공 기관이 제정한 법률, 명령, 조례, 규칙 따위이다.

③ 다 같이 자유롭고 올바르게 잘 살 것을 목적으로 하는 규범이며,

④ 서로가 자제하고 존중함으로써 더불어 사는 공동체를 형성해 가는 평화의 질서.

2. 법 시행

① 발안

② 심의

③ 공포

④ 시행

3. 법의 위계구조

① 헌법(최고의 법)

② 법률 : 국회의 의결 후 대통령이 서명·공포

③ 명령 : 행정기관에 의하여 제정되는 국가의 법령(대통령령, 총리령, 부령)

④ 조례 : 지방자치단체가 지방자치법에 의거하여 그 의회의 의결로 제정

⑤ 규칙 : 지방자치단체의 장(시장, 군수)이 조례의 범위 안에서 사무에 관하여 제정

4. 법 분류

① 공법 : 공익보호 목적(헌법, 형법)

② 사법 : 개인의 이익보호 목적(민법, 상법)

③ 사회법 : 인간다운 생활보장(근로기준법, 국민건강보험법)

5. 형벌의 종류

① 사형

② 징역 : 교도소에 구치(유기, 무기징역, 노역 부과)

③ 금고 : 명예 존중(노역 비부과)

④ 구류 : 30일 미만 교도소에서 구치(노역 비부과)

⑤ 벌금 : 금액을 강제 부담

⑥ 과태료 : 공법에서, 의무 이행을 태만히 한 사람에게 벌로 물게 하는 돈(경범죄처벌법, 교통범칙금)

⑦ 몰수 : 강제로 국가 소유로 권리를 넘김

⑧ 자격정지 : 명예형(名譽刑), 일정 기간 동안 자격을 정지시킴(유기징역 이하)

⑨ 자격상실 : 명예형(名譽刑), 일정한 자격을 갖지 못하게 하는 일(무기금고이상). 공법상 공무원이 될 자격, 피선거권, 법인 임원 등

차례

제1부

대기환경보전법

제1장 총칙

제1조 목적

이 법은 대기오염으로 인한 국민건강이나 환경에 관한 위해(危害)를 예방하고 대기환경을 적정하고 지속가능하게 관리 · 보전하여 모든 국민이 건강하고 쾌적한 환경에서 생활할 수 있게 하는 것을 목적으로 한다.

제2조(정의)

이 법에서 사용하는 용어의 뜻은 다음과 같다. 〈개정 2007. 1. 19., 2008. 12. 31., 2012. 2. 1., 2012. 5. 23., 2013. 4. 5., 2015. 12. 1., 2017. 11. 28., 2019. 1. 15., 2019. 4. 2.〉

1. "대기오염물질"이란 대기 중에 존재하는 물질 중 제7조에 따른 심사 · 평가 결과 대기오염의 원인으로 인정된 가스 · 입자상물질로서 환경부령으로 정하는 것을 말한다.

1의2. "유해성대기감시물질"이란 대기오염물질 중 제7조에 따른 심사 · 평가 결과 사람의 건강이나 동식물의 생육(生育)에 위해를 끼칠 수 있어 지속적인 측정이나 감시 · 관찰 등이 필요하다고 인정된 물질로서 환경부령으로 정하는 것을 말한다.

2. "기후 · 생태계 변화유발물질"이란 지구 온난화 등으로 생태계의 변화를 가져올 수 있는 기체상물질(氣體狀物質)로서 온실가스와 환경부령으로 정하는 것을 말한다.

3. "온실가스"란 적외선 복사열을 흡수하거나 다시 방출하여 온실효과를 유발하는 대기 중의 가스상태 물질로서 이산화탄소, 메탄, 아산화질소, 수소불화탄소, 과불화탄소, 육불화황을 말한다.

4. "가스"란 물질이 연소 · 합성 · 분해될 때에 발생하거나 물리적 성질로 인하여 발생하는 기체상물질을 말한다.

5. "입자상물질(粒子狀物質)"이란 물질이 파쇄 · 선별 · 퇴적 · 이적(移積)될 때, 그 밖에 기계적으로 처리되거나 연소 · 합성 · 분해될 때에 발생하는 고체상(固體狀) 또는 액체상(液體狀)의 미세한 물질을 말한다.

6. "먼지"란 대기 중에 떠다니거나 흩날려 내려오는 입자상물질을 말한다.

7. "매연"이란 연소할 때에 생기는 유리(遊離) 탄소가 주가 되는 미세한 입자상물질을 말한다.

8. "검댕"이란 연소할 때에 생기는 유리(遊離) 탄소가 응결하여 입자의 지름이 1미크론 이상이 되는 입자상물질을 말한다.

9. "특정대기유해물질"이란 유해성대기감시물질 중 제7조에 따른 심사 · 평가 결과 저농도에서도 장기적인 섭취나 노출에 의하여 사람의 건강이나 동식물의 생육에 직접 또는 간접으로 위해를 끼칠 수 있어 대기 배출에 대한 관리가 필요하다고 인정된 물질로서 환경부령으로 정하는 것을 말한다.

10. "휘발성유기화합물"이란 탄화수소류 중 석유화학제품, 유기용제, 그 밖의 물질로서 환경부장관이 관계 중앙행정 기관의 장과 협의하여 고시하는 것을 말한다.

11. "대기오염물질배출시설"이란 대기오염물질을 대기에 배출하는 시설물, 기계, 기구, 그 밖의 물체로서 환경부령 으로 정하는 것을 말한다.

12. "대기오염방지시설"이란 대기오염물질배출시설로부터 나오는 대기오염물질을 연소조절에 의한 방법 등으로 없 애거나 줄이는 시설로서 환경부령으로 정하는 것을 말한다.

13. "자동차"란 다음 각 목의 어느 하나에 해당하는 것을 말한다.

　가. 「자동차관리법」 제2조제1호에 규정된 자동차 중 환경부령으로 정하는 것

　나. 「건설기계관리법」 제2조제1항제1호에 따른 건설기계 중 주행특성이 가목에 따른 것과 유사한 것으로서 환경 부령으로 정하는 것

13의2. "원동기"란 다음 각 목의 어느 하나에 해당하는 것을 말한다.

　가. 「건설기계관리법」 제2조제1항제1호에 따른 건설기계 중 제13호나목 외의 건설기계로서 환경부령으로 정하 는 건설기계에 사용되는 동력을 발생시키는 장치

　나. 농림용 또는 해상용으로 사용되는 기계로서 환경부령으로 정하는 기계에 사용되는 동력을 발생시키는 장치 다. 「철도산업발전기본법」 제3조제4호에 따른 철도차량 중 동력차에 사용되는 동력을 발생시키는 장치

14. "선박"이란 「해양환경관리법」 제2조제16호에 따른 선박을 말한다.

15. "첨가제"란 자동차의 성능을 향상시키거나 배출가스를 줄이기 위하여 자동차의 연료에 첨가하는 탄소와 수소만 으로 구성된 물질을 제외한 화학물질로서 다음 각 목의 요건을 모두 충족하는 것을 말한다.

　가. 자동차의 연료에 부피 기준(액체첨가제의 경우만 해당한다) 또는 무게 기준(고체첨가제의 경우만 해당한다)으 로 1퍼센트 미만의 비율로 첨가하는 물질. 다만, 「석유 및 석유대체연료 사업법」 제2조제7호 및 제8호에 따른 석유정제업자 및 석유수출입자가 자동차연료인 석유제품을 제조하거나 품질을 보정(補正)하는 과정에 첨가 하는 물질의 경우에는 그 첨가비율의 제한을 받지 아니한다.

　나. 「석유 및 석유대체연료 사업법」 제2조제10호에 따른 가짜석유제품 또는 같은 조 제11호에 따른 석유대체연 료에 해당하지 아니하는 물질

15의2. "촉매제"란 배출가스를 줄이는 효과를 높이기 위하여 배출가스저감장치에 사용되는 화학물질로서 환경부령으로 정하는 것을 말한다.

16. "저공해자동차"란 다음 각 목의 자동차로서 대통령령으로 정하는 것을 말한다.

　　가. 대기오염물질의 배출이 없는 자동차

　　나. 제46조제1항에 따른 제작차의 배출허용기준보다 오염물질을 적게 배출하는 자동차

17. "배출가스저감장치"란 자동차에서 배출되는 대기오염물질을 줄이기 위하여 자동차에 부착 또는 교체하는 장치로서 환경부령으로 정하는 저감효율에 적합한 장치를 말한다.

18. "저공해엔진"이란 자동차에서 배출되는 대기오염물질을 줄이기 위한 엔진(엔진 개조에 사용하는 부품을 포함한 다)으로서 환경부령으로 정하는 배출허용기준에 맞는 엔진을 말한다.

19. "공회전제한장치"란 자동차에서 배출되는 대기오염물질을 줄이고 연료를 절약하기 위하여 자동차에 부착하는 장치로서 환경부령으로 정하는 기준에 적합한 장치를 말한다.

20. "온실가스 배출량"이란 자동차에서 단위 주행거리당 배출되는 이산화탄소(CO_2) 배출량(g/㎞)을 말한다.

21. "온실가스 평균배출량"이란 자동차제작자가 판매한 자동차 중 환경부령으로 정하는 자동차의 온실가스 배출량의 합계를 해당 자동차 총 대수로 나누어 산출한 평균값(g/㎞)을 말한다.

22. "장거리이동대기오염물질"이란 황사, 먼지 등 발생 후 장거리 이동을 통하여 국가 간에 영향을 미치는 대기오염 물질로서 환경부령으로 정하는 것을 말한다. 23. "냉매(冷媒)"란 기후·생태계 변화유발물질 중 열전달을 통한 냉난방, 냉동·냉장 등의 효과를 목적으로 사용되는 물질로서 환경부령으로 정하는 것을 말한다.

제3조(상시 측정 등)

① 환경부장관은 전국적인 대기오염 및 기후·생태계 변화유발물질의 실태를 파악하기 위하여 환경부령으로 정하는 바에 따라 측정망을 설치하고 대기오염도 등을 상시 측정하여야 한다.

② 특별시장·광역시장·특별자치시장·도지사 또는 특별자치도지사(이하 "시·도지사"라 한다)는 해당 관할 구역 안의 대기오염 실태를 파악하기 위하여 환경부령으로 정하는 바에 따라 측정망을 설치하여 대기오염도를 상시 측정하고, 그 측정 결과를 환경부장관에게 보고하여야 한다.　　　　　　　　　　　　　　　　　　　　　　　〈개정 2012. 5. 23.〉

③ 환경부장관은 대기오염도에 관한 정보에 국민이 쉽게 접근할 수 있도록 제1항 및 제2항에 따른 측정결과를 전산 처리할 수 있는 전산망을 구축·운영할 수 있다.　　　〈신설 2016. 1. 27.〉

[제목개정 2016. 1. 27.]

제3조의2(환경위성 관측망의 구축 · 운영 등)

① 환경부장관은 대기환경 및 기후 · 생태계 변화유발물질의 감시와 기후 변화에 따른 환경영향을 파악하기 위하여 환경위성 관측망을 구축 · 운영하고, 관측된 정보를 수집 · 활용할 수 있다.

② 제1항에 따른 환경위성 관측망의 구축 · 운영 및 정보의 수집 · 활용에 필요한 사항은 대통령령으로 정한다.

[본조신설 2016. 1. 27.]

제4조(측정망설치계획의 결정 등)

① 환경부장관은 제3조제1항에 따른 측정망의 위치와 구역 등을 구체적으로 밝힌 측 정망설치계획을 결정하여 환경부령으로 정하는 바에 따라 고시하고 그 도면을 누구든지 열람할 수 있게 하여야 한 다. 이를 변경한 경우에도 또한 같다.

② 제3조제2항에 따라 시 · 도지사가 측정망을 설치하는 경우에는 제1항을 준용한다.

③ 국가는 제2항에 따라 시 · 도지사가 결정 · 고시한 측정망설치계획이 목표기간에 달성될 수 있도록 필요한 재정적 · 기술적 지원을 할 수 있다.

제5조(토지 등의 수용 및 사용)

① 환경부장관 또는 시 · 도지사는 제4조에 따라 고시된 측정망설치계획에 따라 측정망 설치에 필요한 토지 · 건축물 또는 그 토지에 정착된 물건을 수용하거나 사용할 수 있다.

② 제1항에 따른 수용 또는 사용의 절차 · 손실보상 등에 관하여는 「공익사업을 위한 토지 등의 취득 및 보상에 관한 법률」에서 정하는 바에 따른다.

제6조(다른 법률과의 관계)

① 경부장관 또는 시 · 도지사가 제4조에 따라 측정망설치계획을 결정 · 고시한 경우에는 「도로법」 제61조에 따른 도로점용의 허가를 받은 것으로 본다. 〈개정 2008. 3. 21., 2014. 1. 14.〉

② 환경부장관 또는 시 · 도지사는 제4조에 따른 측정망설치계획에 제1항의 도로점용 허가사항이 포함되어 있으면 그 결정 · 고시 전에 해당 도로 관리기관의 장과 협의하여야 한다.

제7조(대기오염물질에 대한 심사 · 평가)

① 환경부장관은 대기 중에 존재하는 물질의 위해성을 다음 각 호의 기준에 따 라 심사 · 평가할 수 있다.

　　1. 독성

　　2. 생태계에 미치는 영향

　　3. 배출량

　　4. 「환경정책기본법」 제12조에 따른 환경기준에 대비한 오염도

② 제1항에 따른 심사 · 평가의 구체적인 방법과 절차는 환경부령으로 정한다.

[본조신설 2012. 5. 23.]

제7조의2(대기오염도 예측 · 발표)

① 환경부장관은 대기오염이 국민의 건강 · 재산이나 동식물의 생육 및 산업 활동에 미치는 영향을 최소화하기 위하여 대기예측 모형 등을 활용하여 대기오염도를 예측하고 그 결과를 발표하여야 한다.

② 제1항에 따라 환경부장관이 대기오염도 예측결과를 발표할 때에는 방송사, 신문사, 통신사 등 보도 관련 기관을 이용하거나 그 밖에 일반인에게 알릴 수 있는 적정한 방법으로 하여야 한다.

③ 제1항에 따른 대기오염도 예측 · 발표의 대상 지역, 대상 오염물질, 예측 · 발표의 기준 및 내용 등 대기오염도의 예측 · 발표에 필요한 사항은 대통령령으로 정한다.

[본조신설 2013. 7. 16.]

제7조의3(국가 대기질통합관리센터의 지정 · 위임 등)

① 환경부장관은 제7조의2에 따라 대기오염도를 과학적으로 예 측 · 발표하고 대기질 통합관리 및 대기환경개선 정책을 체계적으로 추진하기 위하여 국가 대기질통합관리센터(이하이 조에서 "통합관리센터"라 한다)를 운영할 수 있으며, 국공립 연구기관 등 대통령령으로 정하는 전문기관을 통합관 리센터로 지정 · 위임할 수 있다.

② 통합관리센터는 다음 각 호의 업무를 수행한다.

　　1. 대기오염예보 및 대기 중 유해물질 정보의 제공

　　2. 대기오염 관련 자료의 수집 및 분석 · 평가

　　3. 대기환경개선을 위한 정책 수립의 지원

　　4. 그 밖에 대기질 통합관리를 위하여 대통령령으로 정하는 업무

③ 환경부장관은 제1항에 따라 지정된 통합관리센터에 대하여 예산의 범위에서 사업을 수행하는 데에 필요한 비용 을 지원하여야 한다.

④ 환경부장관은 통합관리센터가 다음 각 호의 어느 하나에 해당하는 경우에는 지정을 취소하거나 6개월 이내의 범 위에서 기간을 정하여 업무의 전부 또는 일부를 정지할 수 있다. 다만, 제1호에 해당하는 경우에는 지정을 취소하여 야 한다.

  1. 거짓이나 그 밖의 부정한 방법으로 지정을 받은 경우

  2. 지정받은 사항을 위반하여 업무를 행한 경우

  3. 제5항에 따른 지정기준에 적합하지 아니하게 된 경우

  4. 그 밖에 제1항부터 제3항까지에 준하는 경우로서 환경부령으로 정하는 경우

⑤ 통합관리센터의 지정 및 지정 취소의 기준, 기간, 절차 등에 필요한 사항은 대통령령으로 정한다.

[본조신설 2013. 7. 16.]

제8조(대기오염에 대한 경보)

① 시 · 도지사는 대기오염도가 「환경정책기본법」 제12조에 따른 대기에 대한 환경기준 (이하 "환경기준"이라 한다)을 초과하여 주민의 건강 · 재산이나 동식물의 생육에 심각한 위해를 끼칠 우려가 있다고 인정되면 그 지역에 대기오염경보를 발령할 수 있다. 대기오염경보의 발령 사유가 없어진 경우 시 · 도지사는 대기오 염경보를 즉시 해제하여야 한다.

〈개정 2011. 7. 21.〉

② 시 · 도지사는 대기오염경보가 발령된 지역의 대기오염을 긴급하게 줄일 필요가 있다고 인정하면 기간을 정하여 그 지역에서 자동차의 운행을 제한하거나 사업장의 조업 단축을 명하거나, 그 밖에 필요한 조치를 할 수 있다.

③ 제2항에 따라 자동차의 운행 제한이나 사업장의 조업 단축 등을 명령받은 자는 정당한 사유가 없으면 따라야 한 다.

④ 대기오염경보의 대상 지역, 대상 오염물질, 발령 기준, 경보 단계 및 경보 단계별 조치 등에 필요한 사항은 대통령 령으로 정한다.

제9조(기후 · 생태계 변화유발물질 배출 억제)

① 정부는 기후 · 생태계 변화유발물질의 배출을 줄이기 위하여 국가 간 에 환경정보와 기술을 교류하는 등 국제적인 노력에 적극 참여하여야 한다.

② 환경부장관은 기후 · 생태계 변화유발물질의 배출을 줄이기 위하여 다음 각 호의 사업을 추

진하여야 한다.

1. 기후·생태계 변화유발물질 배출저감을 위한 연구 및 변화유발물질의 회수·재사용·대체물질 개발에 관한 사업

2. 기후·생태계 변화유발물질 배출에 관한 조사 및 관련 통계의 구축에 관한 사업

3. 기후·생태계 변화유발물질 배출저감 및 탄소시장 활용에 관한 사업

4. 기후변화 관련 대국민 인식확산 및 실천지원에 관한 사업

5. 기후변화 관련 전문인력 육성 및 지원에 관한 사업

6. 그 밖에 대통령령으로 정하는 사업

③ 환경부장관은 기후·생태계 변화유발물질의 배출을 줄이기 위하여 환경부령으로 정하는 바에 따라 제2항 각 호의 사업의 일부를 전문기관에 위탁하여 추진할 수 있으며, 필요한 재정적·기술적 지원을 할 수 있다.

[전문개정 2012. 5. 23.]

제9조의2(국가 기후변화 적응센터 지정 및 평가 등)

① 환경부장관은 「저탄소 녹색성장 기본법」 제48조제4항에 따른 국가 기후변화 적응대책의 수립·시행을 위하여 국가 기후변화 적응센터를 지정할 수 있다.　　〈개정 2015. 1. 20.〉

② 국가 기후변화 적응센터는 국가 기후변화 적응대책 추진을 위한 조사·연구 등 기후변화 적응 관련 사업으로서 대통령령으로 정하는 사업을 수행한다.　　〈신설 2015. 1. 20.〉

③ 환경부장관은 국가 기후변화 적응센터에 대하여 수행실적 등을 평가할 수 있다.

〈신설 2015. 1. 20.〉

④ 환경부장관은 국가 기후변화 적응센터에 대하여 예산의 범위에서 대통령령으로 정하는 사업을 수행하는 데 필요한 비용의 전부 또는 일부를 지원할 수 있다.　　〈신설 2015. 1. 20.〉

⑤ 제1항부터 제3항까지의 규정에 따른 국가 기후변화 적응센터의 지정·사업 및 평가 등에 필요한 사항은 대통령령으로 정한다.　　〈개정 2015. 1. 20.〉

[본조신설 2012. 5. 23.]

[제목개정 2015. 1. 20.]

제9조의2삭제 〈2021. 9. 24.〉

[시행일: 2022. 3. 25.] 제9조의2

제9조의3삭제 〈2017. 11. 28.〉

제9조의4삭제 〈2017. 11. 28.〉

제10조(대기순환 장애의 방지)

관계 중앙행정기관의 장, 지방자치단체의 장 및 사업자는 각종 개발계획을 수립 · 이행 할 때에는 계획지역 및 주변 지역의 지형, 풍향 · 풍속, 건축물의 배치 · 간격 및 바람의 통로 등을 고려하여 대기오염 물질의 순환에 장애가 발생하지 아니하도록 하여야 한다.

제11조(대기환경개선 종합계획의 수립 등)

① 환경부장관은 대기오염물질과 온실가스를 줄여 대기환경을 개선하기 위 하여 대기환경개선 종합계획(이하 "종합계획"이라 한다)을 10년마다 수립하여 시행하여야 한다.

② 종합계획에는 다음 각 호의 사항이 포함되어야 한다. 〈개정 2012. 5. 23.〉

1. 대기오염물질의 배출현황 및 전망

2. 대기 중 온실가스의 농도 변화 현황 및 전망

3. 대기오염물질을 줄이기 위한 목표 설정과 이의 달성을 위한 분야별 · 단계별 대책

3의2. 대기오염이 국민 건강에 미치는 위해정도와 이를 개선하기 위한 위해수준의 설정에 관한 사항

3의3. 유해성대기감시물질의 측정 및 감시 · 관찰에 관한 사항

3의4. 특정대기유해물질을 줄이기 위한 목표 설정 및 달성을 위한 분야별 · 단계별 대책

4. 환경분야 온실가스 배출을 줄이기 위한 목표 설정과 이의 달성을 위한 분야별 · 단계별 대책

5. 기후변화로 인한 영향평가와 적응대책에 관한 사항

6. 대기오염물질과 온실가스를 연계한 통합대기환경 관리체계의 구축

7. 기후변화 관련 국제적 조화와 협력에 관한 사항

8. 그 밖에 대기환경을 개선하기 위하여 필요한 사항

③ 환경부장관은 종합계획을 수립하는 경우에는 미리 관계 중앙행정기관의 장과 협의하고 공청회 등을 통하여 의견 을 수렴하여야 한다. 〈개정 2012. 2. 1.〉

④ 환경부장관은 종합계획이 수립된 날부터 5년이 지나거나 종합계획의 변경이 필요하다고 인정되면 그 타당성을 검토하여 변경할 수 있다. 이 경우 미리 관계 중앙행정기관의 장과 협의하여야 한다.

제12조삭제 〈2010. 1. 13.〉

제13조(장거리이동대기오염물질피해방지 종합대책의 수립 등)

① 환경부장관은 장거리이동대기오염물질피해방지를 위하여 5년마다 관계 중앙행정기관의 장과 협의하고 시·도지사의 의견을 들은 후 제14조에 따른 장거리이동대기오염물질대책위원회의 심의를 거쳐 장거리이동대기오염물질피해방지 종합대책(이하 "종합대책"이라 한다)을 수립하여야 한다. 종합대책 중 대통령령으로 정하는 중요 사항을 변경하려는 경우에도 또한 같다. 〈개정 2015. 12. 1.〉

② 종합대책에는 다음 각 호의 사항이 포함되어야 한다. 〈개정 2015. 12. 1.〉

  1. 장거리이동대기오염물질 발생 현황 및 전망

  2. 종합대책 추진실적 및 그 평가

  3. 장거리이동대기오염물질피해 방지를 위한 국내 대책

  4. 장거리이동대기오염물질 발생 감소를 위한 국제협력

  5. 그 밖에 장거리이동대기오염물질피해 방지를 위하여 필요한 사항

③ 환경부장관은 종합대책을 수립한 경우에는 이를 관계 중앙행정기관의 장 및 시·도지사에게 통보하여야 한다.

④ 관계 중앙행정기관의 장 및 시·도지사는 대통령령으로 정하는 바에 따라 매년 소관별 추진대책을 수립·시행하여야 한다. 이 경우 관계 중앙행정기관의 장 및 시·도지사는 그 추진계획과 추진실적을 환경부장관에게 제출하여야 한다.

[제목개정 2015. 12. 1.]

제14조(장거리이동대기오염물질대책위원회)

① 장거리이동대기오염물질피해 방지에 관한 다음 각 호의 사항을 심의·조정하기 위하여 환경부에 장거리이동대기오염물질대책위원회(이하 "위원회"라 한다)를 둔다. 〈개정 2015. 12. 1.〉

  1. 종합대책의 수립과 변경에 관한 사항

  2. 장거리이동대기오염물질피해 방지와 관련된 분야별 정책에 관한 사항

  3. 종합대책 추진상황과 민관 협력방안에 관한 사항

  4. 그 밖에 장거리이동대기오염물질피해 방지를 위하여 위원장이 필요하다고 인정하는 사항

② 위원회는 위원장 1명을 포함한 25명 이내의 위원으로 성별을 고려하여 구성한다. 〈개정 2017. 11. 28.〉

③ 위원회의 위원장은 환경부차관이 되고, 위원은 다음 각 호의 사람으로서 환경부장관이 위촉하거나 임명하는 사람 으로 한다. 〈개정 2012. 5. 23., 2020. 5. 26.〉

  1. 대통령령으로 정하는 중앙행정기관의 공무원

2. 대통령령으로 정하는 분야의 학식과 경험이 풍부한 전문가

④ 위원회의 효율적인 운영과 안건의 원활한 심의를 지원하기 위하여 위원회에 실무위원회를 둔다.

⑤ 종합대책 및 제13조제4항에 따른 추진대책의 수립·시행에 필요한 조사·연구를 위하여 위원회에 장거리이동 대기오염물질연구단을 둔다. 〈신설 2012. 5. 23., 2015. 12. 1.〉

⑥ 위원회와 실무위원회 및 장거리이동대기오염물질연구단의 구성 및 운영 등에 관하여 필요한 사항은 대통령령으로 정한다. 〈개정 2012. 5. 23., 2015. 12. 1.〉

[제목개정 2015. 12. 1.]

제15조(장거리이동대기오염물질피해 방지 등을 위한 국제협력)

정부는 장거리이동대기오염물질로 인한 피해 방지를 위하여 다음 각 호의 사항을 관련 국가와 협력하여 추진하도록 노력하여야 한다. 〈개정 2013. 7. 16., 2015. 12. 1.〉

1. 국제회의·학술회의 등 각종 행사의 개최·지원 및 참가

2. 관련 국가 간 또는 국제기구와의 기술·인력 교류 및 협력

3. 장거리이동대기오염물질 연구의 지원 및 연구결과의 보급 4. 국제사회에서의 장거리이동대기오염물질에 대한 교육·홍보활동

5. 장거리이동대기오염물질로 인한 피해 방지를 위한 재원의 조성

6. 동북아 대기오염감시체계 구축 및 환경협력보전사업

7. 그 밖에 국제협력을 위하여 필요한 사항 [제목개정 2015. 12. 1.]

제2장 사업장 등의 대기오염물질 배출 규제

제16조(배출허용기준)

① 대기오염물질배출시설(이하 "배출시설"이라 한다)에서 나오는 대기오염물질(이하 "오염물질"이라 한다)의 배출허용기준은 환경부령으로 정한다.

② 환경부장관이 제1항에 따른 배출허용기준을 정하는 경우에는 관계 중앙행정기관의 장과 협의하여야 한다. 〈개정 2012. 2. 1.〉

③ 특별시·광역시·특별자치시·도(그 관할구역 중 인구 50만 이상 시는 제외한다. 이하 이 조, 제44조, 제45조 및 제77조에서 같다)·특별자치도(이하 "시·도"라 한다) 또는 특별시·광역시 및 특별자치시를 제외한 인구 50만 이 상 시(이하 "대도시"라 한다)는 「환경정책기본법」 제12조제3항에 따른 지역 환경기준의 유지가 곤란하다고 인정되 거나 「대기관리권역의 대기환경개선에 관한 특별법」 제2조제1호에 따른 대기관리권역(이하 "대기관리권역"이라 한 다)의 대기질에 대한 개선을 위하여 필요하다고 인정되면 그 시·도 또는 대도시의 조례로 제1항에 따른 배출허용 기준보다 강화된 배출허용기준(기준 항목의 추가 및 기준의 적용 시기를 포함한다)을 정할 수 있다.

〈개정 2011. 7. 21., 2012. 5. 23., 2019. 4. 2., 2020. 12. 29.〉

④ 시·도지사 또는 대도시 시장은 제3항에 따른 배출허용기준을 설정·변경하는 경우에는 조례로 정하는 바에 따 라 미리 주민 등 이해관계자의 의견을 듣고, 이를 반영하도록 노력하여야 한다.

〈신설 2020. 12. 29.〉

⑤ 시·도지사 또는 대도시 시장은 제3항에 따른 배출허용기준이 설정·변경된 경우에는 지체 없이 환경부장관에게 보고하고 이해 관계자가 알 수 있도록 필요한 조치를 하여야 한다.

〈개정 2012. 5. 23., 2020. 12. 29.〉

⑥ 환경부장관은 「환경정책기본법」 제38조에 따른 특별대책지역(이하 "특별대책지역"이라 한다)의 대기오염 방지를 위하여 필요하다고 인정하면 그 지역에 설치된 배출시설에 대하여 제1항의 기준보다 엄격한 배출허용기준을 정할 수 있으며, 그 지역에 새로 설치되는 배출시설에 대하여 특별배출허용기준을 정할 수 있다. 〈개정 2011. 7. 21., 2020. 12. 29.〉

⑦ 제3항에 따라 조례에 따른 배출허용기준이 적용되는 시·도 또는 대도시에 그 기준이 적용되지 아니하는 지역이 있으면 그 지역에 설치되었거나 설치되는 배출시설에도 조례에 따른 배출허용기준을 적용한다. 〈개정 2012. 5. 23., 2020. 12. 29.〉

제17조(대기오염물질의 배출원 및 배출량 조사)

① 환경부장관은 종합계획, 「환경정책기본법」 제14조에 따른 국가환경 종합계획(같은 법 제16조의2제1항에 따라 정비한 국가환경종합계획을 포함한다)과 「대기관리권역의 대기환경개선 에 관한 특별법」 제9조에 따른 권역별 대기환경관리 기본계획을 합리적으로 수립·시행하기 위하여 전국의 대기오 염물질 배출원(排出源) 및 배출량을 조사하여야 한다.

〈개정 2011. 7. 21., 2019. 4. 2., 2021. 1. 5.〉

② 시·도지사 및 지방 환경관서의 장은 환경부령으로 정하는 바에 따라 관할 구역의 배출시설 등 대기오염물질의 배출원 및 배출량을 조사하여야 한다.

③ 환경부장관 또는 시 · 도지사는 제1항이나 제2항에 따른 대기오염물질의 배출원 및 배출량 조사를 위하여 관계 기관의 장에게 필요한 자료의 제출이나 지원을 요청할 수 있다. 이 경우 요청을 받은 관계 기관의 장은 특별한 사유가 없으면 따라야 한다.

④ 환경부장관은 대기오염물질의 배출원과 배출량 및 이의 산정에 사용된 계수 등 각종 정보 및 통계를 검증할 수 있는 체계를 구축하여야 한다. 〈신설 2019. 11. 26.〉

⑤ 제1항, 제2항 및 제4항에 따른 대기오염물질의 배출원과 배출량의 조사방법, 조사절차, 배출량의 산정방법, 검증 체계 구축 등에 필요한 사항은 환경부령으로 정한다.

〈개정 2019. 11. 26.〉

제18조삭제 〈2019. 4. 2.〉

제19조삭제 〈2019. 4. 2.〉

제20조삭제 〈2019. 4. 2.〉

제21조삭제 〈2019. 4. 2.〉

제22조(총량규제)

① 환경부장관은 대기오염 상태가 환경기준을 초과하여 주민의 건강 · 재산이나 동식물의 생육에 심각한 위해를 끼칠 우려가 있다고 인정하는 구역 또는 특별대책지역 중 사업장이 밀집되어 있는 구역의 경우에는 그 구역의 사업장에서 배출되는 오염물질을 총량으로 규제할 수 있다.

② 제1항에 따른 총량규제의 항목과 방법, 그 밖에 필요한 사항은 환경부령으로 정한다.

제23조(배출시설의 설치 허가 및 신고)

① 배출시설을 설치하려는 자는 대통령령으로 정하는 바에 따라 시 · 도지사의 허가를 받거나 시 · 도지사에게 신고하여야 한다. 다만, 시 · 도가 설치하는 배출시설, 관할 시 · 도가 다른 둘 이상의 시 · 군 · 구가 공동으로 설치하는 배출시설에 대해서는 환경부장관의 허가를 받거나 환경부장관에게 신고하여야 한다. 〈개정 2012. 5. 23., 2019. 1. 15.〉

② 제1항에 따라 허가를 받은 자가 허가받은 사항 중 대통령령으로 정하는 중요한 사항을 변경하려면 변경허가를 받아야 하고, 그 밖의 사항을 변경하려면 변경신고를 하여야 한다.

③ 제1항에 따라 신고를 한 자가 신고한 사항을 변경하려면 환경부령으로 정하는 바에 따라 변경신고를 하여야 한다 .

④ 제1항부터 제3항까지의 규정에 따라 허가·변경허가를 받거나 신고·변경신고를 하려는 자가 제26조제1항 단서, 제28조 단서, 제41조제3항 단서, 제42조 단서에 해당하는 경우와 제29조에 따른 공동 방지시설을 설치하거나 변경 하려는 경우에는 환경부령으로 정하는 서류를 제출하여야 한다.

⑤ 환경부장관 또는 시·도지사는 제1항부터 제3항까지의 규정에 따른 신고 또는 변경신고를 받은 날부터 환경부 령으로 정하는 기간 내에 신고 또는 변경신고 수리 여부를 신고인에게 통지하여야 한다.　　　　　　　　　　　　　　　　　　　　　　〈신설 2019. 1. 15.〉

⑥ 환경부장관 또는 시·도지사가 제5항에서 정한 기간 내에 신고수리 여부 또는 민원 처리 관련 법령에 따른 처리 기간의 연장 여부를 신고인에게 통지하지 아니하면 그 기간(민원 처리 관련 법령에 따라 처리기간이 연장 또는 재 연장된 경우에는 해당 처리기간을 말한다)이 끝난 날의 다음 날에 신고를 수리한 것으로 본다.　　　　　　　　〈신설 2019. 1. 15.〉

⑦제1항과 제2항에 따른 허가 또는 변경허가의 기준은 다음 각 호와 같다.　〈개정 2019. 1. 15.〉

1. 배출시설에서 배출되는 오염물질을 제16조나 제29조제3항에 따른 배출허용기준 이하로 처리할 수 있을 것

2. 다른 법률에 따른 배출시설 설치제한에 관한 규정을 위반하지 아니할 것

⑧ 환경부장관 또는 시·도지사는 배출시설로부터 나오는 특정대기유해물질이나 특별대책지역의 배출시설로부터 나오는 대기오염물질로 인하여 환경기준의 유지가 곤란하거나 주민의 건강·재산, 동식물의 생육에 심각한 위해를 끼칠 우려가 있다고 인정되면 대통령령으로 정하는 바에 따라 특정대기유해물질을 배출하는 배출시설의 설치 또는 특별대책지역에서의 배출시설 설치를 제한할 수 있다.　　　　　　　　　　〈개정 2012. 5. 23., 2019. 1. 15.〉

⑨ 환경부장관 또는 시·도지사는 제1항 및 제2항에 따른 허가 또는 변경허가를 하는 경우에는 대통령령으로 정하 는 바에 따라 주민 건강이나 주변환경의 보호 및 배출시설의 적정관리 등을 위하여 필요한 조건(이하 "허가조건"이 라 한다)을 붙일 수 있다. 이 경우 허가조건은 허가 또는 변경허가의 시행에 필요한 최소한도의 것이어야 하며, 허가 또는 변경허가를 받는 자에게 부당한 의무를 부과하는 것이어서는 아니 된다.　　　　　　　〈신설 2021. 4. 13.〉

제24조(다른 법령에 따른 허가 등의 의제)

① 배출시설을 설치하려는 자가 제23조제1항부터 제3항까지의 규정에 따라 배출시설 설치의 허가 또는 변경허가를 받거나 신고 또는 변경신고를 한 경우에는 그 배출시설에 관련된 다음

각 호 의 허가 또는 변경허가를 받거나 신고 또는 변경신고를 한 것으로 본다.

〈개정 2007. 5. 17., 2009. 6. 9., 2017. 1. 17.〉

1. 「물환경보전법」 제33조제1항부터 제3항까지의 규정에 따라 배출시설의 설치허가·변경허가 또는 신고·변경신 고

2. 「소음·진동관리법」 제8조제1항이나 제2항에 따른 배출시설의 설치허가나 신고·변경신고

② 환경부장관 또는 시·도지사는 제1항 각 호의 어느 하나에 해당하는 사항이 포함되어 있는 배출시설의 설치허가 또는 변경허가를 하려면 같은 항 각 호의 어느 하나에 해당하는 허가 또는 신고의 권한이 있는 관계 행정기관의 장과 협의하여야 한다.

〈개정 2012. 5. 23., 2019. 1. 15.〉

③ 관계 행정기관의 장은 제2항에 따른 협의를 요청받은 날부터 20일 이내에 의견을 제출하여야 한다. 〈신설 2019. 1. 15.〉

④ 관계 행정기관의 장이 제3항에서 정한 기간(「민원 처리에 관한 법률」 제20조제2항에 따라 회신기간을 연장한 경우에는 그 연장된 기간을 말한다) 내에 의견을 제출하지 아니하면 협의가 이루어진 것으로 본다. 〈신설 2019. 1. 15.〉

⑤ 「소음·진동관리법」 제22조제1항에 따른 특정공사에 해당되는 비산(飛散)먼지를 발생시키는 사업을 하려는 자 가 이 법 제43조제1항에 따른 비산먼지 발생사업의 신고 또는 변경신고를 한 경우에는 「소음·진동규제법」 제22조 제1항 또는 같은 조 제2항에 따른 특정공사의 신고 또는 변경신고를 한 것으로 본다. 〈개정 2009. 6. 9., 2019. 1. 15.〉

⑥ 제1항 및 제5항에 따라 허가 등의 의제를 받으려는 자는 허가 또는 변경허가를 신청하거나 신고 또는 변경신고 를 할 때에 해당 법률에서 정하는 관련 서류를 함께 제출하여야 한다.

〈신설 2012. 2. 1., 2019. 1. 15.〉

제25조(사업장의 분류)

① 환경부장관은 배출시설의 효율적인 설치 및 관리를 위하여 그 배출시설에서 나오는 오염물질 발생량에 따라 사업장을 1종부터 5종까지로 분류하여야 한다.

② 제1항에 따른 사업장 분류기준은 대통령령으로 정한다.

제26조(방지시설의 설치 등)

① 제23조제1항부터 제3항까지의 규정에 따라 허가·변경허가를 받은 자 또는 신고·변경신고를 한 자(이하 "사업자"라 한다)가 해당 배출시설을 설치하거나 변경할 때에는 그 배출시설

로부터 나오는 오염 물질이 제16조의 배출허용기준 이하로 나오게 하기 위하여 대기오염방지시설(이하 "방지시설"이라 한다)을 설치하 여야 한다. 다만, 대통령령으로 정하는 기준에 해당하는 경우에는 설치하지 아니할 수 있다.

② 제1항 단서에 따라 방지시설을 설치하지 아니하고 배출시설을 설치 · 운영하는 자는 다음 각 호의 어느 하나에 해 당하는 경우에는 방지시설을 설치하여야 한다.

　1. 배출시설의 공정을 변경하거나 사용하는 원료나 연료 등을 변경하여 배출허용기준을 초과할 우려가 있는 경우

　2. 그 밖에 배출허용기준의 준수 가능성을 고려하여 환경부령으로 정하는 경우

③ 환경부장관은 연소조절에 의한 시설 설치를 지원할 수 있으며, 업무의 효율적 추진을 위하여 연소조절에 의한 시 설의 설치 지원 업무를 관계 전문기관에 위탁할 수 있다.

〈신설 2012. 5. 23.〉

제27조(권리와 의무의 승계 등)

① 사업자(제38조의2제1항 또는 제2항에 따른 비산배출시설 설치 신고 또는 변경신고를 한 자를 포함한다. 이하 이 조에서 같다)가 배출시설(제38조의2제1항에 따른 비산배출시설을 포함한다. 이하 이 조에 서 같다)이나 방지시설을 양도하거나 사망한 경우 또는 사업자인 법인이 합병한 경우에는 그 양수인이나 상속인 또 는 합병 후 존속하는 법인이나 합병에 따라 설립되는 법인은 허가 · 변경허가 · 신고 또는 변경신고에 따른 사업자의 권리 · 의무를 승계한다.

〈개정 2016. 1. 27.〉

② 배출시설이나 방지시설을 임대차하는 경우 임차인은 제31조부터 제35조까지, 제35조의2부터 제35조의4까지, 제 36조제1항(허가취소의 경우는 제외한다), 제38조의2, 제39조, 제40조 및 제82조제1항제1호 · 제1호의3을 적용할 때 에는 사업자로 본다.

〈개정 2012. 2. 1., 2016. 1. 27., 2020. 12. 29.〉

③ 다음 각 호의 어느 하나에 해당하는 절차에 따라 사업자의 배출시설 및 방지시설을 인수한 자는 허가 · 변경허가 또는 신고 · 변경신고 등에 따른 종전 사업자의 권리 · 의무를 승계한다. 이 경우 종전 사업자에 대한 허가 등은 그 효력을 잃는다.

〈신설 2012. 2. 1., 2016. 12. 27.〉

　1. 「민사집행법」에 따른 경매

　2. 「채무자 회생 및 파산에 관한 법률」에 따른 환가(換價)

　3. 「국세징수법」 · 「관세법」 또는 「지방세징수법」에 따른 압류재산의 매각

　4. 그 밖에 제1호부터 제3호까지의 어느 하나에 준하는 절차

제28조(방지시설의 설계와 시공)

방지시설의 설치나 변경은 「환경기술 및 환경산업 지원법」 제15조에 따른 환경전문 공사업자가 설계·시공하여야 한다. 다만, 환경부령으로 정하는 방지시설을 설치하는 경우 및 환경부령으로 정하는 바에 따라 사업자 스스로 방지시설을 설계·시공하는 경우에는 그러하지 아니하다.

〈개정 2008. 3. 21., 2011. 4. 28.〉

제29조(공동 방지시설의 설치 등)

① 산업단지나 그 밖에 사업장이 밀집된 지역의 사업자는 배출시설로부터 나오는 오 염물질의 공동처리를 위하여 공동 방지시설을 설치할 수 있다. 이 경우 각 사업자는 사업장별로 그 오염물질에 대한 방지시설을 설치한 것으로 본다.

② 사업자는 공동 방지시설을 설치·운영할 때에는 그 시설의 운영기구를 설치하고 대표자를 두어야 한다.

③ 공동 방지시설의 배출허용기준은 제16조에 따른 배출허용기준과 다른 기준을 정할 수 있으며, 그 배출허용기준 및 공동 방지시설의 설치·운영에 필요한 사항은 환경부령으로 정한다.

제30조(배출시설 등의 가동개시 신고)

① 사업자는 배출시설이나 방지시설의 설치를 완료하거나 배출시설의 변경(변경 신고를 하고 변경을 하는 경우에는 대통령령으로 정하는 규모 이상의 변경만 해당한다)을 완료하여 그 배출시설이나 방지시설을 가동하려면 환경부령으로 정하는 바에 따라 미리 환경부장관 또는 시·도지사에게 가동개시 신고를 하 여야 한다. 〈개정 2012. 5. 23., 2019. 1. 15.〉

② 제1항에 따라 신고한 배출시설이나 방지시설 중에서 발전소의 질소산화물 감소 시설 등 대통령령으로 정하는 시 설인 경우에는 환경부령으로 정하는 기간에는 제33조부터 제35조까지의 규정을 적용하지 아니한다.

제31조(배출시설과 방지시설의 운영)

① 사업자(제29조제2항에 따른 공동 방지시설의 대표자를 포함한다)는 배출시설 과 방지시설을 운영할 때에는 다음 각 호의 행위를 하여서는 아니 된다.

〈개정 2012. 2. 1., 2015. 1. 20., 2019. 1. 15.〉

1. 배출시설을 가동할 때에 방지시설을 가동하지 아니하거나 오염도를 낮추기 위하여 배출시설에서 나오는 오염물 질에 공기를 섞어 배출하는 행위. 다만, 화재나 폭발 등의 사고를 예방할 필요가 있어 환경부장관 또는 시·도지 사가 인정하는 경우에는 그러하지 아니하

다.

2. 방지시설을 거치지 아니하고 오염물질을 배출할 수 있는 공기 조절장치나 가지 배출관 등을 설치하는 행위. 다만, 화재나 폭발 등의 사고를 예방할 필요가 있어 환경부장관 또는 시 · 도지사가 인정하는 경우에는 그러하지 아니 하다. 3. 부식(腐蝕)이나 마모(磨耗)로 인하여 오염물질이 새나가는 배출시설이나 방지시설을 정당한 사유 없이 방치하는 행위

4. 방지시설에 딸린 기계와 기구류의 고장이나 훼손을 정당한 사유 없이 방치하는 행위

5. 그 밖에 배출시설이나 방지시설을 정당한 사유 없이 정상적으로 가동하지 아니하여 배출허용기준을 초과한 오염 물질을 배출하는 행위

② 사업자는 조업을 할 때에는 환경부령으로 정하는 바에 따라 그 배출시설과 방지시설의 운영에 관한 상황을 사실 대로 기록하여 보존하여야 한다.

제32조(측정기기의 부착 등)

① 사업자는 배출시설에서 나오는 오염물질이 제16조와 제29조제3항에 따른 배출허용기준에 맞는지를 확인하기 위하여 측정기기를 부착하는 등의 조치를 하여 배출시설과 방지시설이 적정하게 운영되도록 하여야 한다. 다만, 사업자가 「중소기업기본법」 제2조에 따른 중소기업인 경우에는 환경부장관 또는 시 · 도지사가 사업자의 동의를 받아 측정기기를 부착 · 운영하는 등의 조치를 할 수 있다. 〈개정 2012. 5. 23.〉

② 제1항에 따른 조치의 유형과 기준 등에 관하여 필요한 사항은 대통령령으로 정한다.

③ 사업자는 제1항에 따라 부착된 측정기기에 대하여 다음 각 호의 행위를 하여서는 아니 된다. 〈개정 2012. 5. 23.〉

1. 배출시설이 가동될 때에 측정기기를 고의로 작동하지 아니하거나 정상적인 측정이 이루어지지 아니하도록 하는 행위

2. 부식, 마모, 고장 또는 훼손되어 정상적으로 작동하지 아니하는 측정기기를 정당한 사유 없이 방치하는 행위(제 1항 본문에 따라 설치한 측정기기로 한정한다)

3. 측정기기를 고의로 훼손하는 행위

4. 측정기기를 조작하여 측정결과를 빠뜨리거나 거짓으로 측정결과를 작성하는 행위

④ 제1항에 따라 측정기기를 부착한 환경부장관, 시 · 도지사 및 사업자는 그 측정기기로 측정한 결과의 신뢰도와 정 확도를 지속적으로 유지할 수 있도록 환경부령으로 정하는 측정기기의 운영 · 관리기준을 지켜야 한다. 〈개정 2012. 5. 23.〉

⑤ 환경부장관 또는 시 · 도지사는 제4항에 따른 측정기기의 운영 · 관리기준을 지키지 아니하는 사업자에게 대통령 령으로 정하는 바에 따라 기간을 정하여 측정기기가 기준에 맞게 운

영·관리되도록 필요한 조치를 취할 것을 명할 수 있다. 〈개정 2012. 5. 23., 2019. 1. 15.〉

⑥ 환경부장관 또는 시·도지사는 제5항에 따라 조치명령을 받은 자가 이를 이행하지 아니하면 해당 배출시설의 전부 또는 일부에 대하여 조업정지를 명할 수 있다.

〈개정 2012. 5. 23., 2019. 1. 15.〉

⑦ 환경부장관은 제1항에 따라 사업장에 부착된 측정기기와 연결하여 그 측정결과를 전산처리할 수 있는 전산망을 운영할 수 있으며, 시·도지사 또는 사업자가 측정기기를 정상적으로 유지·관리할 수 있도록 기술지원을 할 수 있다. 〈개정 2012. 5. 23.〉

⑧ 환경부장관은 제7항에 따라 측정결과를 전산처리할 수 있는 전산망을 운영하는 경우 대통령령으로 정하는 방법에 따라 인터넷 홈페이지 등을 통하여 측정결과를 실시간으로 공개하고, 그 전산처리한 결과를 주기적으로 공개하여야 한다. 다만, 제33조 및 제34조에 따라 배출허용기준을 초과한 사업자에게 행정처분을 하거나 제35조에 따라 배출부과금을 부과하는 경우에는 전산처리한 결과를 사용하여야 한다. 〈신설 2015. 1. 20., 2019. 4. 2.〉

⑨ 제1항 단서에 따른 측정기기를 부착·운영하는 등의 조치에 필요한 비용 및 제4항에 따른 측정기기(환경부장관 또는 시·도지사가 부착·운영하는 측정기기로 한정한다)의 운영·관리에 필요한 비용은 환경부장관이 설치하는 경우에는 국가가, 시·도지사가 설치하는 경우에는 해당 시·도가 부담한다. 〈신설 2012. 5. 23., 2015. 1. 20.〉

⑩ 제1항에 따라 측정기기를 부착한 자는 제32조의2제1항에 따라 측정기기 관리대행업의 등록을 한 자(이하 "측정 기기 관리대행업자"라 한다)에게 측정기기의 관리 업무를 대행하게 할 수 있다. 〈신설 2016. 1. 27.〉

제32조의2(측정기기 관리대행업의 등록)

① 제32조제4항에 따라 측정기기로 측정한 결과의 신뢰도와 정확도를 지속적으로 유지할 수 있도록 측정기기를 관리하는 업무를 대행하는 영업(이하 "측정기기 관리대행업"이라 한다)을 하려는 자는 대통령령으로 정하는 시설·장비 및 기술인력 등의 기준을 갖추어 환경부장관에게 등록하여야 한다. 등록한 사항 중 대통령령으로 정하는 중요 사항을 변경하려는 경우에도 또한 같다.

② 다음 각 호의 어느 하나에 해당하는 자는 측정기기 관리대행업의 등록을 할 수 없다.

1. 피성년후견인 또는 피한정후견인

2. 파산자로서 복권되지 아니한 자

3. 이 법을 위반하여 징역 이상의 실형을 선고받고 그 집행이 끝나거나(집행이 끝난 것으로 보는 경우를 포함한다) 집행을 받지 아니하기로 확정된 날부터 2년이 지나지 아니한 사람

4. 제32조의3에 따라 등록이 취소(제32조의2제2항제1호 또는 제2호에 해당하여 등록이 취소된 경우는 제외한다)된 날부터 2년이 지나지 아니한 자

5. 임원 중 제1호부터 제4호까지의 어느 하나에 해당하는 사람이 있는 법인

③ 환경부장관은 측정기기 관리대행업자에 대하여 환경부령으로 정하는 등록증을 발급하여야 한다.

④ 측정기기 관리대행업자는 다른 자에게 자기의 명의를 사용하여 측정기기 관리 업무를 하게 하거나 등록증을 다 른 자에게 대여해서는 아니 된다.

⑤ 측정기기 관리대행업자는 측정기기로 측정한 결과의 신뢰도와 정확도를 지속적으로 유지할 수 있도록 환경부령 으로 정하는 관리기준을 지켜야 한다.

[본조신설 2016. 1. 27.]

제32조의3(측정기기 관리대행업의 등록취소 등)

① 환경부장관은 측정기기 관리대행업자가 다음 각 호의 어느 하나에 해당하는 경우에는 등록을 취소하거나 6개월 이내의 기간을 정하여 영업의 전부 또는 일부의 정지를 명할 수 있다. 다만, 제1호, 제4호, 제5호 또는 제7호에 해당하는 경우에는 그 등록을 취소하여야 한다.

1. 거짓이나 그 밖의 부정한 방법으로 등록을 한 경우

2. 등록 후 2년 이내에 영업을 개시하지 아니하거나 계속하여 2년 이상 영업실적이 없는 경우

3. 제32조의2제1항에 따른 등록 기준에 미달하게 된 경우

4. 제32조의2제2항에 따른 결격사유에 해당하는 경우. 다만, 제32조의2제2항제5호에 따른 결격사유에 해당하는 경 우로서 그 사유가 발생한 날부터 2개월 이내에 그 사유를 해소한 경우에는 그러하지 아니하다.

5. 제32조의2제4항을 위반하여 다른 자에게 자기의 명의를 사용하여 측정기기 관리 업무를 하게 하거나 등록증을 다른 자에게 대여한 경우

6. 제32조의2제5항에 따른 관리기준을 위반한 경우

7. 영업정지 기간 중 측정기기 관리 업무를 대행한 경우

② 제1항에 따른 행정처분의 세부기준은 환경부령으로 정한다.

[본조신설 2016. 1. 27.]

제33조(개선명령)

환경부장관 또는 시 · 도지사는 제30조에 따른 신고를 한 후 조업 중인 배출시설에서 나오는 오염물 질의 정도가 제16조나 제29조제3항에 따른 배출허용기준을 초과한다고 인정하면 대통령령

으로 정하는 바에 따라 기간을 정하여 사업자(제29조제2항에 따른 공동 방지시설의 대표자를 포함한다)에게 그 오염물질의 정도가 배출허용기준 이하로 내려가도록 필요한 조치를 취할 것(이하 "개선명령"이라 한다)을 명할 수 있다. 〈개정 2012. 5. 23., 2019. 1. 15.〉

제34조(조업정지명령 등)

① 환경부장관 또는 시·도지사는 제33조에 따라 개선명령을 받은 자가 개선명령을 이행하지 아니하거나 기간 내에 이행은 하였으나 검사결과 제16조 또는 제29조제3항에 따른 배출허용기준을 계속 초과하면 해당 배출시설의 전부 또는 일부에 대하여 조업정지를 명할 수 있다. 〈개정 2012. 5. 23., 2019. 1. 15.〉

② 환경부장관 또는 시·도지사는 대기오염으로 주민의 건강상·환경상의 피해가 급박하다고 인정하면 환경부령으로 정하는 바에 따라 즉시 그 배출시설에 대하여 조업시간의 제한이나 조업정지, 그 밖에 필요한 조치를 명할 수 있다. 〈개정 2012. 5. 23., 2019. 1. 15.〉

제35조(배출부과금의 부과·징수)

① 환경부장관 또는 시·도지사는 대기오염물질로 인한 대기환경상의 피해를 방지하거나 줄이기 위하여 다음 각 호의 어느 하나에 해당하는 자에 대하여 배출부과금을 부과·징수한다. 〈개정 2012. 2. 1., 2012. 5. 24., 2019. 1. 15.〉

1. 대기오염물질을 배출하는 사업자(제29조에 따른 공동 방지시설을 설치·운영하는 자를 포함한다)
2. 제23조제1항부터 제3항까지의 규정에 따른 허가·변경허가를 받지 아니하거나 신고·변경신고를 하지 아니하고 배출시설을 설치 또는 변경한 자

② 제1항에 따른 배출부과금은 다음 각 호와 같이 구분하여 부과한다. 〈개정 2012. 2. 1., 2015. 1. 20.〉

1. 기본부과금: 대기오염물질을 배출하는 사업자가 배출허용기준 이하로 배출하는 대기오염물질의 배출량 및 배출 농도 등에 따라 부과하는 금액
2. 초과부과금: 배출허용기준을 초과하여 배출하는 경우 대기오염물질의 배출량과 배출농도 등에 따라 부과하는 금액

③ 환경부장관 또는 시·도지사는 제1항에 따라 배출부과금을 부과할 때에는 다음 각 호의 사항을 고려하여야 한다. 〈개정 2012. 2. 1., 2012. 5. 23., 2019. 1. 15.〉

1. 배출허용기준 초과 여부
2. 배출되는 대기오염물질의 종류

3. 대기오염물질의 배출 기간

4. 대기오염물질의 배출량

5. 제39조에 따른 자가측정(自家測定)을 하였는지 여부

6. 그 밖에 대기환경의 오염 또는 개선과 관련되는 사항으로서 환경부령으로 정하는 사항

④ 제1항 및 제2항에 따른 배출부과금의 산정방법과 산정기준 등 필요한 사항은 대통령령으로 정한다. 다만, 초과부과금은 대통령령으로 정하는 바에 따라 본문의 산정기준을 적용한 금액의 10배의 범위에서 위반횟수에 따라 가중 하며, 이 경우 위반횟수는 사업장의 배출구별로 위반행위 시점 이전의 최근 2년을 기준으로 산정한다. 〈개정 2012. 2. 1., 2019. 11. 26.〉

⑤ 환경부장관 또는 시·도지사는 제1항에 따른 배출부과금을 내야 할 자가 납부기한까지 내지 아니하면 가산금을 징수한다. 〈개정 2012. 5. 23., 2019. 1. 15.〉

⑥ 제5항에 따른 가산금에 관하여는 「지방세징수법」 제30조 및 제31조를 준용한다.
〈개정 2012. 5. 23., 2016. 12. 27.〉

⑦ 제1항에 따른 배출부과금과 제5항에 따른 가산금은 「환경정책기본법」 에 따른 환경개선특별회계(이하 "환경개선 특별회계"라 한다)의 세입으로 한다. 〈개정 2011. 7. 21.〉

⑧ 환경부장관은 시·도지사가 그 관할 구역의 배출부과금 및 가산금을 징수한 경우에는 징수한 배출부과금과 가산 금 중 일부를 대통령령으로 정하는 바에 따라 징수비용으로 내줄 수 있다. 〈개정 2012. 5. 23.〉

⑨ 환경부장관 또는 시·도지사는 배출부과금이나 가산금을 내야 할 자가 납부기한까지 내지 아니하면 국세 체납처 분의 예 또는 「지방행정제재·부과금의 징수 등에 관한 법률」 에 따라 징수한다. 〈개정 2012. 2. 1., 2012. 5. 23., 2013. 8. 6., 2019. 1. 15., 2020. 3. 24.〉

[제목개정 2012. 2. 1.]

제35조의2(배출부과금의 감면 등)

① 제35조제1항에도 불구하고 다음 각 호의 어느 하나에 해당하는 자에게는 대통령 령으로 정하는 바에 따라 같은 조에 따른 배출부과금(기본부과금으로 한정한다. 이하 이 조에서 같다)을 부과하지 아 니한다. 〈개정 2020. 12. 29.〉

1. 대통령령으로 정하는 연료를 사용하는 배출시설을 운영하는 사업자

2. 대통령령으로 정하는 최적(最適)의 방지시설을 설치한 사업자

3. 대통령령으로 정하는 바에 따라 환경부장관이 국방부장관과 협의하여 정하는 군사시설을 운영하는 자

② 다음 각 호의 어느 하나에 해당하는 자에게는 대통령령으로 정하는 바에 따라 제35조에 따른

배출부과금을 감면 할 수 있다. 다만, 제2호에 따른 사업자에 대한 배출부과금의 감면은 해당 법률에 따라 부담한 처리비용의 금액 이 내로 한다.

1. 대통령령으로 정하는 배출시설을 운영하는 사업자
2. 다른 법률에 따라 대기오염물질의 처리비용을 부담하는 사업자

[본조신설 2012. 2. 1.]

제35조의3(배출부과금의 조정 등)

① 환경부장관 또는 시·도지사는 배출부과금 부과 후 오염물질 등의 배출상태가 처 음에 측정할 때와 달라졌다고 인정하여 다시 측정한 결과 오염물질 등의 배출량이 처음에 측정한 배출량과 다른 경 우 등 대통령령으로 정하는 사유가 발생한 경우에는 이를 다시 산정·조정하여 그 차액을 부과하거나 환급하여야 한다. 〈개정 2012. 5. 23., 2019. 1. 15.〉

② 제1항에 따른 산정·조정 방법 및 환급 절차 등 필요한 사항은 대통령령으로 정한다.

[본조신설 2012. 2. 1.]

제35조의4(배출부과금의 징수유예·분할납부 및 징수절차)

① 환경부장관 또는 시·도지사는 배출부과금의 납부의무 자가 다음 각 호의 어느 하나에 해당하는 사유로 납부기한 전에 배출부과금을 납부할 수 없다고 인정하면 징수를 유예하거나 그 금액을 분할하여 납부하게 할 수 있다. 〈개정 2012. 5. 23., 2019. 1. 15.〉

1. 천재지변이나 그 밖의 재해로 사업자의 재산에 중대한 손실이 발생한 경우
2. 사업에 손실을 입어 경영상으로 심각한 위기에 처하게 된 경우
3. 그 밖에 제1호 또는 제2호에 준하는 사유로 징수유예나 분할납부가 불가피하다고 인정되는 경우

② 배출부과금이 납부의무자의 자본금 또는 출자총액(개인사업자인 경우에는 자산총액을 말한다)을 2배 이상 초과 하는 경우로서 제1항각 호에 따른 사유로 징수유예기간 내에도 징수할 수 없다고 인정되면 징수유예기간을 연장하 거나 분할납부의 횟수를 늘려 배출부과금을 내도록 할 수 있다.

③ 환경부장관 또는 시·도지사가 제1항 또는 제2항에 따른 징수유예를 하는 경우에는 유예금액에 상당하는 담보 를 제공하도록 요구할 수 있다. 〈개정 2012. 5. 23., 2019. 1. 15.〉

④ 환경부장관 또는 시·도지사는 징수를 유예받은 납부의무자가 다음 각 호의 어느 하나에 해당하면 징수유예를 취소하고 징수유예된 배출부과금을 징수할 수 있다.

〈개정 2012. 5. 23., 2019. 1. 15.〉

1. 징수유예된 부과금을 납부기한까지 내지 아니한 경우

2. 담보의 변경이나 그 밖에 담보의 보전(保全)에 필요한 시 · 도지사의 명령에 따르지 아니한 경우

3. 재산상황이나 그 밖의 사정의 변화로 징수유예가 필요없다고 인정되는 경우

⑤ 제1항에 따른 배출부과금의 징수유예기간 또는 분할납부 방법, 제2항에 따른 징수유예기간 연장 등 필요한 사항 은 대통령령으로 정한다. [본조신설 2012. 2. 1.]

제36조(허가의 취소 등)

① 환경부장관 또는 시 · 도지사는 사업자가 다음 각 호의 어느 하나에 해당하는 경우에는 배출시설의 설치허가 또는 변경허가를 취소하거나 배출시설의 폐쇄를 명하거나 6개월 이내의 기간을 정하여 배출시설 조업정지를 명할 수 있다. 다만, 제1호 · 제2호 · 제10호 · 제11호 또는 제18호부터 제20호까지의 어느 하나에 해당하 면 배출시설의 설치허가 또는 변경허가를 취소하거나 폐쇄를 명하여야 한다.

〈개정 2012. 2. 1., 2012. 5. 23., 2019. 1. 15., 2019. 11. 26., 2020. 12. 29., 2021. 4. 13.〉

1. 거짓이나 그 밖의 부정한 방법으로 허가 · 변경허가를 받은 경우

2. 거짓이나 그 밖의 부정한 방법으로 신고 · 변경신고를 한 경우 3. 제23조제2항 또는 제3항에 따른 변경허가를 받지 아니하거나 변경신고를 하지 아니한 경우 3의

2. 제23조제9항에 따른 허가조건을 위반한 경우 4. 제26조제1항 본문이나 제2항에 따른 방지시설을 설치하지 아니하고 배출시설을 설치 · 운영한 경우

5. 제30조제1항에 따른 가동개시 신고를 하지 아니하고 조업을 한 경우

6. 제31조제1항 각 호의 어느 하나에 해당하는 행위를 한 경우

7. 제31조제2항에 따른 배출시설 및 방지시설의 운영에 관한 상황을 거짓으로 기록하거나 기록을 보존하지 아니한 경우

8. 제32조제1항을 위반하여 측정기기를 부착하는 등 배출시설 및 방지시설의 적합한 운영에 필요한 조치를 하지 아 니한 경우

9. 제32조제3항 각 호의 어느 하나에 해당하는 행위를 한 경우

10. 제32조제6항에 따른 조업정지명령을 이행하지 아니한 경우

11. 제34조에 따른 조업정지명령을 이행하지 아니한 경우

12. 제39조제1항을 위반하여 자가측정을 하지 아니하거나 측정방법을 위반하여 측정한 경우

13. 제39조제1항을 위반하여 자가측정결과를 거짓으로 기록하거나 기록을 보존하지 아니한 경우

13의2. 제39조제2항 각 호의 어느 하나에 해당하는 행위를 한 경우

14. 제40조제1항에 따라 환경기술인을 임명하지 아니하거나 자격기준에 못 미치는 환경기술인을 임명한 경우

15. 제40조제3항에 따른 감독을 하지 아니한 경우

16. 제41조제4항에 따른 연료의 공급·판매 또는 사용금지·제한이나 조치명령을 이행하지 아니한 경우

17. 제42조에 따른 연료의 제조·공급·판매 또는 사용금지·제한이나 조치명령을 이행하지 아니한 경우 18. 조업정지 기간 중에 조업을 한 경우

19. 제23조제1항에 따른 허가를 받거나 신고를 한 후 특별한 사유 없이 5년 이내에 배출시설 또는 방지시설을 설치 하지 아니하거나 배출시설의 멸실 또는 폐업이 확인된 경우

20. 배출시설을 설치·운영하던 사업자가 사업을 하지 아니하기 위하여 해당 시설을 철거한 경우

② 환경부장관 또는 시·도지사는 사업자가 제1항제19호 또는 같은 항 제20호에 따른 배출시설의 설치허가 또는 변경허가의 취소나 폐쇄 명령의 요건에 해당하는지를 확인하기 위하여 필요한 경우 관할 세무서장에게 「부가가치 세법」 제8조에 따른 사업자의 폐업신고 여부 또는 사업자등록 말소에 관한 정보의 제공을 요청할 수 있다. 이 경우 요청을 받은 관할 세무서장은 「전자정부법」 제36조제1항에 따라 해당 정보를 제공하여야 한다.

〈신설 2020. 12. 29.〉

제37조(과징금 처분)

① 환경부장관 또는 시·도지사는 다음 각 호의 어느 하나에 해당하는 배출시설을 설치·운영하는 사업자에 대하여 제36조제1항에 따라 조업정지를 명하여야 하는 경우로서 그 조업정지가 주민의 생활, 대외적인 신 용·고용·물가 등 국민경제, 그 밖에 공익에 현저한 지장을 줄 우려가 있다고 인정되는 경우 등 그 밖에 대통령령으 로 정하는 경우에는 조업정지처분을 갈음하여 매출액에 100분의 5를 곱한 금액을 초과하지 아니하는 범위에서 과징 금을 부과할 수 있다. 다만, 매출액이 없거나 매출액의 산정이 곤란한 경우로서 대통령령으로 정하는 경우에는 2억 원을 초과하지 아니하는 범위에서 과징금을 부과할 수 있다.

〈개정 2012. 5. 23., 2019. 1. 15., 2020. 12. 29.〉

1. 「의료법」에 따른 의료기관의 배출시설

2. 사회복지시설 및 공동주택의 냉난방시설

3. 발전소의 발전 설비

4. 「집단에너지사업법」에 따른 집단에너지시설

5. 「초·중등교육법」 및 「고등교육법」에 따른 학교의 배출시설

6. 제조업의 배출시설

7. 그 밖에 대통령령으로 정하는 배출시설

② 제1항에도 불구하고 다음 각 호의 어느 하나에 해당하는 경우에는 조업정지처분을 갈음하여 과징금을 부과할 수 없다. 〈신설 2012. 2. 1., 2020. 12. 29.〉

1. 제26조에 따라 방지시설(제29조에 따른 공동 방지시설을 포함한다)을 설치하여야 하는 자가 방지시설을 설치하 지 아니하고 배출시설을 가동한 경우

2. 제31조제1항 각 호의 금지행위를 한 경우로서 30일 이상의 조업정지처분을 받아야 하는 경우

3. 제33조에 따른 개선명령을 이행하지 아니한 경우

4. 과징금 처분을 받은 날부터 2년이 경과되기 전에 제36조에 따른 조업정지처분 대상이 되는 경우

③ 제1항에 따른 과징금을 부과하는 위반행위의 종류·정도 등에 따른 과징금의 금액과 그 밖에 필요한 사항은 대통 령령으로 정하되, 그 금액의 2분의 1의 범위에서 가중(加重)하거나 감경(減輕)할 수 있다. 〈개정 2012. 2. 1., 2020. 12. 29.〉

④ 환경부장관 또는 시·도지사는 제1항에 따른 과징금을 내야 할 자가 납부기한까지 내지 아니하면 국세 체납처분 의 예 또는 「지방행정제재·부과금의 징수 등에 관한 법률」에 따라 징수한다. 〈개정 2012. 2. 1., 2012. 5. 23., 2013. 8. 6., 2019. 1. 15., 2020. 3. 24.〉

⑤ 제1항에 따라 징수한 과징금은 환경개선특별회계의 세입으로 한다. 〈개정 2012. 2. 1.〉

⑥ 제1항에 따라 시·도지사가 과징금을 징수한 경우 그 징수비용의 교부에 관하여는 제35조제8항을 준용한다. 〈개정 2012. 2. 1., 2012. 5. 23.〉

제38조(위법시설에 대한 폐쇄조치 등)

환경부장관 또는 시·도지사는 제23조제1항부터 제3항까지의 규정에 따른 허가 를 받지 아니하거나 신고를 하지 아니하고 배출시설을 설치하거나 사용하는 자에게는 그 배출시설의 사용중지를 명하여야 한다. 다만, 그 배출시설을 개선하거나 방지시설을 설치·개선하더라도 그 배출시설에서 배출되는 오염물질 의 정도가 제16조에 따른 배출허용기준 이하로 내려갈 가능성이 없다고 인정되는 경우 또는 그 설치장소가 다른 법 률에 따라 그 배출시설의 설치가 금지된 경우에는 그 배출시설의 폐쇄를 명하여야 한다. 〈개정 2012. 5. 23., 2019. 1. 15.〉

제38조의2(비산배출시설의 설치신고 등)

① 대통령령으로 정하는 업종에서 굴뚝 등 환경부령으로 정하는 배출구 없이 대기 중에 대기오염물질을 직접 배출(이하 "비산배출"이라 한다)하는 공정 및 설비 등의 시설(이하 "비산배출시설"이 라 한다)을 설치 · 운영하려는 자는 환경부령으로 정하는 바에 따라 환경부장관에게 신고하여야 한다. 〈개정 2016. 1. 27.〉

② 제1항에 따른 신고를 한 자는 신고한 사항 중 환경부령으로 정하는 사항을 변경하는 경우 변경신고를 하여야 한 다.

③ 환경부장관은 제1항에 따른 신고 또는 제2항에 따른 변경신고를 받은 날부터 10일 이내에 신고 또는 변경신고 수리 여부를 신고인에게 통지하여야 한다. 〈신설 2019. 1. 15.〉

④ 환경부장관이 제3항에서 정한 기간 내에 신고수리 여부 또는 민원 처리 관련 법령에 따른 처리기간의 연장 여부 를 신고인에게 통지하지 아니하면 그 기간(민원 처리 관련 법령에 따라 처리기간이 연장 또는 재연장된 경우에는 해당 처리기간을 말한다)이 끝난 날의 다음 날에 신고를 수리한 것으로 본다. 〈신설 2019. 1. 15.〉

⑤ 제1항에 따른 신고 또는 제2항에 따른 변경신고를 한 자는 환경부령으로 정하는 시설관리기준을 지켜야 한다. 〈개정 2016. 1. 27., 2019. 1. 15.〉

⑥ 제1항에 따른 신고 또는 제2항에 따른 변경신고를 한 자는 제5항에 따른 시설관리기준의 준수 여부 확인을 위하 여 국립환경과학원, 유역환경청, 지방환경청, 수도권대기환경청 또는 「한국환경공단법」에 따른 한국환경공단 등으 로부터 정기점검을 받아야 한다. 〈개정 2016. 1. 27., 2019. 1. 15.〉

⑦ 제6항에 따른 정기점검의 내용 · 주기 · 방법 및 실시기관 등은 환경부령으로 정한다. 〈개정 2019. 1. 15.〉

⑧ 환경부장관은 제5항에 따른 시설관리기준을 위반하는 자에게 비산배출되는 대기오염물질을 줄이기 위한 시설의 개선 등 필요한 조치를 명할 수 있다. 〈개정 2019. 1. 15.〉

⑨ 환경부장관은 비산배출시설을 설치 · 운영하는 자가 다음 각 호의 어느 하나에 해당하는 경우에는 6개월 이내의 기간을 정하여 해당 비산배출시설의 조업정지를 명할 수 있다. 〈신설 2021. 4. 13.〉

　　1. 제1항 및 제2항에 따른 신고 또는 변경신고를 하지 아니한 경우

　　2. 제5항에 따른 시설관리기준을 지키지 아니한 경우

　　3. 제6항에 따른 비산배출시설의 정기점검을 받지 아니한 경우

　　4. 제8항에 따른 조치명령을 이행하지 아니한 경우

⑩ 환경부장관은 비산배출시설을 설치 · 운영하는 자에 대하여 제9항에 따라 조업정지를 명하

여야 하는 경우로서 그 조업정지가 주민의 생활, 대외적인 신용·고용·물가 등 국민경제, 그 밖의 공익에 현저한 지장을 줄 우려가 있다고 인정되는 경우에는 조업정지처분을 갈음하여 과징금을 부과할 수 있다. 이 경우 과징금 처분의 부과기준 및 절차 등에 관하여는 제37조제1항 및 제3항부터 제5항까지를 준용한다. 〈신설 2021. 4. 13.〉

⑪ 제10항에도 불구하고 과징금 처분을 받은 날부터 2년이 경과되기 전에 제9항에 따른 조업정지처분 대상이 되는 경우에는 조업정지처분을 갈음하여 과징금을 부과할 수 없다.
〈신설 2021. 4. 13.〉

⑫ 환경부장관은 제1항에 따른 신고 또는 제2항에 따른 변경신고를 한 자 중 「중소기업기본법」 제2조제1항에 따른 중소기업에 해당하는 자에 대하여 예산의 범위에서 제6항에 따른 정기점검에 필요한 비용의 전부 또는 일부를 지원할 수 있다.
〈개정 2016. 1. 27., 2019. 1. 15., 2021. 4. 13.〉

[전문개정 2015. 1. 20.] [제목개정 2016. 1. 27.]

제39조(자가측정)

① 사업자가 그 배출시설을 운영할 때에는 나오는 오염물질을 자가측정하거나 「환경분야 시험·검사 등에 관한 법률」 제16조에 따른 측정대행업자에게 측정하게 하여 그 결과를 사실대로 기록하고, 환경부령으로 정하는 바에 따라 보존하여야 한다.

② 사업자는 제1항에 따라 측정대행업자에게 측정을 하게 하려는 경우 다음 각 호의 행위를 하여서는 아니 된다. 〈신설 2019. 11. 26.〉

1. 측정결과를 누락하게 하는 행위
2. 거짓으로 측정결과를 작성하게 하는 행위 3. 정상적인 측정을 방해하는 행위

③ 사업자는 제1항에 따라 측정한 결과를 환경부령으로 정하는 바에 따라 환경부장관 또는 시·도지사에게 제출하여야 한다. 〈신설 2019. 11. 26.〉

④ 측정의 대상, 항목, 방법, 그 밖의 측정에 필요한 사항은 환경부령으로 정한다.
〈개정 2019. 11. 26.〉

제40조(환경기술인)

① 사업자는 배출시설과 방지시설의 정상적인 운영·관리를 위하여 환경기술인을 임명하여야 한다. 〈개정 2012. 2. 1.〉

② 환경기술인은 그 배출시설과 방지시설에 종사하는 자가 이 법 또는 이 법에 따른 명령을 위반하지 아니하도록 지도·감독하고, 배출시설 및 방지시설의 운영결과를 기록·보관하여야

하며, 사업장에 상근하는 등 환경부령으로 정하는 준수사항을 지켜야 한다.

③ 사업자는 환경기술인이 제2항에 따른 준수사항을 철저히 지키도록 감독하여야 한다.

④ 사업자 및 배출시설과 방지시설에 종사하는 자는 배출시설과 방지시설의 정상적인 운영·관리를 위한 환경기술인의 업무를 방해하여서는 아니 되며, 그로부터 업무수행을 위하여 필요한 요청을 받은 경우에 정당한 사유가 없으면 그 요청에 따라야 한다.

〈개정 2020. 5. 26.〉

⑤ 제1항에 따라 환경기술인을 두어야 할 사업장의 범위, 환경기술인의 자격기준, 임명(바꾸어 임명하는 것을 포함한다) 기간은 대통령령으로 정한다.

제3장 생활환경상의 대기오염물질 배출 규제

제41조(연료용 유류 및 그 밖의 연료의 황함유기준)

① 환경부장관은 연료용 유류 및 그 밖의 연료에 대하여 관계 중앙 행정기관의 장과 협의하여 그 종류별로 황의 함유 허용기준(이하 "황함유기준"이라 한다)을 정할 수 있다.

② 환경부장관은 제1항에 따라 황함유기준이 정하여진 연료는 대통령령으로 정하는 바에 따라 그 공급지역과 사용 시설의 범위를 정하고 관계 중앙행정기관의 장에게 지역별 또는 사용시설별로 필요한 연료의 공급을 요청할 수 있다.

③ 제2항에 따른 공급지역 또는 사용시설에 연료를 공급·판매하거나 같은 지역 또는 시설에서 연료를 사용하려는 자는 황함유기준을 초과하는 연료를 공급·판매하거나 사용하여서는 아니 된다. 다만, 황함유기준을 초과하는 연료를 사용하는 배출시설로서 환경부령으로 정하는 바에 따라 제23조에 따른 배출시설 설치의 허가 또는 변경허가를 받거나 신고 또는 변경신고를 한 경우에는 황함유기준을 초과하는 연료를 공급·판매하거나 사용할 수 있다.

④ 시·도지사는 제2항에 따른 공급지역이나 사용시설에 황함유기준을 초과하는 연료를 공급·판매하거나 사용하는 자(제3항 단서에 해당하는 경우는 제외한다)에 대하여 대통령령으로 정하는 바에 따라 그 연료의 공급·판매 또는 사용을 금지 또는 제한하거나 필요한 조치를 명할 수 있다.

〈개정 2012. 5. 23.〉

제42조(연료의 제조와 사용 등의 규제)

환경부장관 또는 시·도지사는 연료의 사용으로 인한 대기오염을 방지하기 위하여 특히 필요하다고 인정하면 관계 중앙행정기관의 장과 협의하여 대통령령으로 정하는 바에 따라 그 연료를 제조·판매하거나 사용하는 것을 금지 또는 제한하거나 필요한 조치를 명할 수 있다. 다만, 대통령령으로 정하는 바에 따라 환경부장관 또는 시·도지사의 승인을 받아 그 연료를 사용하는 자에 대하여는 그러하지 아니하다.

제43조(비산먼지의 규제)

① 비산배출되는 먼지(이하 "비산먼지"라 한다)를 발생시키는 사업으로서 대통령령으로 정하는 사업을 하려는 자는 환경부령으로 정하는 바에 따라 특별자치시장·특별자치도지사·시장·군수·구청장(자치구의 구청장을 말한다. 이하 같다)에게 신고하고 비산먼지의 발생을 억제하기 위한 시설을 설치하거나 필요한 조치를 하여야 한다. 이를 변경하려는 경우에도 또한 같다. 〈개정 2012. 5. 23., 2013. 7. 16., 2019. 1. 15.〉

② 제1항에 따른 사업의 구역이 둘 이상의 특별자치시·특별자치도·시·군·구(자치구를 말한다)에 걸쳐 있는 경우에는 그 사업 구역의 면적이 가장 큰 구역(제1항에 따른 신고 또는 변경신고를 할 때 사업의 규모를 길이로 신고 하는 경우에는 그 길이가 가장 긴 구역을 말한다)을 관할하는 특별자치시장·특별자치도지사·시장·군수·구청장 에게 신고하여야 한다. 〈신설 2020. 12. 29.〉

③ 특별자치시장·특별자치도지사·시장·군수·구청장은 제1항에 따른 신고 또는 변경신고를 받은 경우 그 내용 을 검토하여 이 법에 적합하면 신고 또는 변경신고를 수리하여야 한다. 〈신설 2019. 1. 15., 2020. 12. 29.〉

④ 제3항에 따라 신고 또는 변경신고를 수리한 특별자치시장·특별자치도지사·시장·군수·구청장은 제1항에 따 른 비산먼지의 발생을 억제하기 위한 시설의 설치 또는 필요한 조치를 하지 아니하거나 그 시설이나 조치가 적합하 지 아니하다고 인정하는 경우에는 그 사업을 하는 자에게 필요한 시설의 설치나 조치의 이행 또는 개선을 명할 수 있다. 〈개정 2012. 5. 23., 2013. 7. 16., 2019. 1. 15., 2020. 12. 29.〉

⑤ 제3항에 따라 신고 또는 변경신고를 수리한 특별자치시장·특별자치도지사·시장·군수·구청장은 제4항에 따 른 명령을 이행하지 아니하는 자에게는 그 사업을 중지시키거나 시설 등의 사용 중지 또는 제한하도록 명할 수 있 다. 〈개정 2012. 5. 23., 2013. 7. 16., 2019. 1. 15., 2020. 12. 29.〉

⑥ 제2항 및 제3항에 따라 신고 또는 변경신고를 수리한 특별자치시장·특별자치도지사·시

장·군수·구청장은 해당 사업이 걸쳐 있는 다른 구역을 관할하는 특별자치시장·특별자치도지사·시장·군수·구청장이 그 사업을 하는 자에 대하여 제4항 또는 제5항에 따른 조치를 요구하는 경우 그에 해당하는 조치를 명할 수 있다. 〈신설 2020. 12. 29.〉

⑦ 환경부장관 또는 시·도지사는 제6항에 따른 요구를 받은 특별자치시장·특별자치도지사·시장·군수·구청장 이 정당한 사유 없이 해당 조치를 명하지 않으면 해당 조치를 이행하도록 권고할 수 있다. 이 경우 권고를 받은 특 별자치시장·특별자치도지사·시장·군수·구청장은 특별한 사유가 없으면 이에 따라야 한다. 〈신설 2020. 12. 29.〉

[제목개정 2012. 5. 23.]

제44조(휘발성유기화합물의 규제)

① 다음 각 호의 어느 하나에 해당하는 지역에서 휘발성유기화합물을 배출하는 시설 로서 대통령령으로 정하는 시설을 설치하려는 자는 환경부령으로 정하는 바에 따라 시·도지사 또는 대도시 시장에 게 신고하여야 한다. 〈개정 2012. 5. 23., 2015. 1. 20., 2019. 4. 2.〉

1. 특별대책지역

2. 대기관리권역

3. 제1호 및 제2호의 지역 외에 휘발성유기화합물 배출로 인한 대기오염을 개선할 필요가 있다고 인정되는 지역으 로 환경부장관이 관계 중앙행정기관의 장과 협의하여 지정·고시하는 지역(이하 "휘발성유기화합물 배출규제 추 가지역"이라 한다)

② 제1항에 따라 신고를 한 자가 신고한 사항 중 환경부령으로 정하는 사항을 변경하려면 변경신고를 하여야 한다.

③ 시·도지사 또는 대도시 시장은 제1항에 따른 신고 또는 제2항에 따른 변경신고를 받은 날부터 7일 이내에 신고 또는 변경신고 수리 여부를 신고인에게 통지하여야 한다.

〈신설 2019. 1. 15.〉

④ 시·도지사 또는 대도시 시장이 제3항에서 정한 기간 내에 신고수리 여부 또는 민원 처리 관련 법령에 따른 처 리기간의 연장 여부를 신고인에게 통지하지 아니하면 그 기간(민원 처리 관련 법령에 따라 처리기간이 연장 또는 재연장된 경우에는 해당 처리기간을 말한다)이 끝난 날의 다음 날에 신고를 수리한 것으로 본다. 〈신설 2019. 1. 15.〉

⑤ 제1항에 따른 시설을 설치하려는 자는 휘발성유기화합물의 배출을 억제하거나 방지하는 시설을 설치하는 등 휘 발성유기화합물의 배출로 인한 대기환경상의 피해가 없도록 조치하여야 한다. 〈개정 2019. 1. 15.〉

⑥ 제5항에 따른 휘발성유기화합물의 배출을 억제·방지하기 위한 시설의 설치 기준 등에 필요

한 사항은 환경부령으로 정한다. 〈개정 2019. 1. 15.〉

⑦ 시·도 또는 대도시는 그 시·도 또는 대도시의 조례로 제6항에 따른 기준보다 강화된 기준을 정할 수 있다. 〈개정 2012. 5. 23., 2019. 1. 15.〉

⑧ 제7항에 따라 강화된 기준이 적용되는 시·도 또는 대도시에 제1항에 따라 시·도지사 또는 대도시 시장에게 설치신고를 하였거나 설치신고를 하려는 시설이 있으면 그 시설의 휘발성유기화합물 억제·방지시설에 대하여도 제7항에 따라 강화된 기준을 적용한다. 〈개정 2012. 5. 23., 2019. 1. 15.〉

⑨ 시·도지사 또는 대도시 시장은 제5항에 따른 조치를 하지 아니하거나 제6항 또는 제7항에 따른 기준을 지키지 아니한 자에게 휘발성유기화합물을 배출하는 시설 또는 그 배출의 억제·방지를 위한 시설의 개선 등 필요한 조치를 명할 수 있다. 〈개정 2012. 5. 23., 2019. 1. 15., 2021. 4. 13.〉

⑩ 시·도지사 또는 대도시 시장은 휘발성유기화합물을 배출하는 시설을 설치·운영하는 자가 다음 각 호의 어느 하나에 해당하는 경우에는 6개월 이내의 기간을 정하여 해당 시설의 조업정지를 명할 수 있다. 〈신설 2021. 4. 13.〉

1. 제1항 및 제2항에 따른 신고 또는 변경신고를 하지 아니한 경우

2. 제5항에 따른 조치를 하지 아니하거나, 조치를 하였으나 제6항 또는 제7항에 따른 기준에 미치지 못하는 경우

3. 제9항에 따른 조치명령을 이행하지 아니한 경우

⑪ 시·도지사 또는 대도시 시장은 휘발성유기화합물을 배출하는 시설을 설치·운영하는 자에 대하여 제10항에 따라 조업정지를 명하여야 하는 경우로서 그 조업정지가 주민의 생활, 대외적인 신용·고용·물가 등 국민경제, 그 밖의 공익에 현저한 지장을 줄 우려가 있다고 인정되는 경우에는 조업정지처분을 갈음하여 과징금을 부과할 수 있다. 이 경우 과징금 처분의 부과기준 및 절차 등에 관하여는 제37조제1항 및 제3항부터 제6항까지를 준용한다. 〈신설 2021. 4. 13.〉

⑫ 제11항에도 불구하고 과징금 처분을 받은 날부터 2년이 경과되기 전에 제10항에 따른 조업정지처분 대상이 되는 경우에는 조업정지처분을 갈음하여 과징금을 부과할 수 없다. 〈신설 2021. 4. 13.〉

⑬ 제1항에 따라 신고를 한 자는 휘발성유기화합물의 배출을 억제하기 위하여 환경부령으로 정하는 바에 따라 휘발성유기화합물을 배출하는 시설에 대하여 휘발성유기화합물의 배출 여부 및 농도 등을 검사·측정하고, 그 결과를 기록·보존하여야 한다. 〈신설 2012. 5. 23., 2019. 1. 15., 2021. 4. 13.〉

⑭ 제1항제3호에 따른 휘발성유기화합물 배출규제 추가지역의 지정에 필요한 세부적인 기준 및 절차 등에 관한 사 항은 환경부령으로 정한다. 〈신설 2015. 1. 20., 2019. 1. 15., 2021. 4. 13.〉

제44조의2(도료의 휘발성유기화합물함유기준 등)

① 도료(塗料)에 대한 휘발성유기화합물의 함유기준(이하 "휘발성유 기화합물함유기준"이라 한다)은 환경부령으로 정한다. 이 경우 환경부장관은 관계 중앙행정기관의 장과 협의하여야 한다.

② 다음 각 호의 어느 하나에 해당하는 자는 휘발성유기화합물함유기준을 초과하는 도료를 공급하거나 판매하여서 는 아니 된다. 〈개정 2015. 1. 20.〉

1. 도료를 제조하거나 수입하여 공급하거나 판매하는 자

2. 제1호 외에 도료를 공급하거나 판매하는 자

③ 환경부장관은 제2항제1호에 해당하는 자가 휘발성유기화합물함유기준을 초과하는 도료를 공급하거나 판매하는 경우에는 대통령령으로 정하는 바에 따라 그 도료의 공급ㆍ판매 중지 또는 회수 등 필요한 조치를 명할 수 있다. 〈신설 2015. 1. 20.〉

④ 환경부장관은 제2항제2호에 해당하는 자가 휘발성유기화합물함유기준을 초과하는 도료를 공급하거나 판매하는 경우에는 대통령령으로 정하는 바에 따라 그 도료의 공급ㆍ판매 중지를 명할 수 있다. 〈신설 2015. 1. 20.〉

[본조신설 2012. 5. 23.] [제목개정 2015. 1. 20.]

제44조의3(다른 법률에 따른 변경신고의 의제)

① 제44조제2항에 따른 변경신고를 한 경우에는 그 배출시설에 관련된 다음 각 호의 변경신고를 한 것으로 본다. 다만, 변경신고의 사항이 사업장의 명칭 또는 대표자가 변경되는 경우로 한정한다. 〈개정 2017. 1. 17.〉

1. 「토양환경보전법」 제12조제1항 후단에 따른 특정토양오염관리대상시설의 변경신고

2. 「물환경보전법」 제33조제2항 단서 및 같은 조 제3항에 따른 배출시설의 변경신고

② 제1항에 따른 변경신고의 의제를 받고자 하는 자는 변경신고의 신청을 하는 때에 해당 법률이 정하는 관련 서류 를 함께 제출하여야 한다.

③ 제1항에 따라 변경신고를 접수하는 행정기관의 장은 변경신고를 처리한 때에는 지체 없이 제1항 각 호의 변경신 고 소관 행정기관의 장에게 그 내용을 통보하여야 한다.

④ 제1항에 따라 변경신고를 한 것으로 보는 경우에는 관계 법률에 따라 부과되는 수수료를 면제한다. [본조신설 2015. 12. 1.]

제45조(기존 휘발성유기화합물 배출시설에 대한 규제)

① 특별대책지역, 대기관리권역 또는 휘발성유기화합물 배출규제 추가지역으로 지정·고시될 당시 그 지역에서 휘발성유기화합물을 배출하는 시설을 운영하고 있는 자는 특별대책지 역, 대기관리권역 또는 휘발성유기화합물 배출규제 추가지역으로 지정·고시된 날부터 3개월 이내에 제44조제1항에 따른 신고를 하여야 하며, 특별대책지역, 대기관리권역 또는 휘발성 유기화합물 배출규제 추가지역으로 지정·고시된 날부터 2년 이내에 제44조제5항에 따른 조치를 하여야 한다. 〈개정 2015. 1. 20., 2016. 1. 27., 2019. 1. 15., 2019. 4. 2.〉

② 휘발성유기화합물이 추가로 고시된 경우 특별대책지역, 대기관리권역 또는 휘발성유기화합 물 배출규제 추가지역 에서 그 추가된 휘발성유기화합물을 배출하는 시설을 운영하고 있는 자는 그 물질이 추가로 고시된 날부터 3개월 이내에 제44조제1항에 따른 신고를 하여야 하 며, 그 물질이 추가로 고시된 날부터 2년 이내에 제44조제5항에 따른 조치를 하여야 한다.

〈개정 2015. 1. 20., 2016. 1. 27., 2019. 1. 15., 2019. 4. 2.〉

③ 제1항이나 제2항에 따라 신고를 한 자가 신고한 사항을 변경하려면 제44조제2항에 따른 변경신고를 하여야 한다.

④ 제1항과 제2항에도 불구하고 제44조제5항에 따른 조치에 특수한 기술이 필요한 경우 등 대통령령으로 정하는 사 유에 해당하는 경우에는 시·도지사 또는 대도시 시장의 승인을 받아 1년의 범위에서 그 조치기간을 연장할 수 있 다. 〈개정 2012. 5. 23., 2019. 1. 15.〉

⑤ 제1항, 제2항 또는 제4항에 따른 기간에 이들 각 항에 규정된 조치를 하지 아니한 경우에는 제44조제9항부터 제 12항까지를 준용한다. 〈개정 2019. 1. 15., 2021. 4. 13.〉

제45조의2(권리와 의무의 승계 등)

① 제44조제1항 및 제2항에 따라 신고 또는 변경신고를 한 자(이하 이 조에서 "설치 자"라 한다) 가 제44조제1항 및 제5항에 따른 휘발성유기화합물을 배출하는 시설 및 휘발성유기화합물 의 배출을 억 제하거나 방지하는 시설을 양도하는 경우 또는 설치자가 사망하거나 설치자인 법인이 합병한 경우에는 그 양수인이 나 상속인 또는 합병 후 존속하는 법인이나 합병에 따 라 설립되는 법인이 신고 또는 변경신고에 따른 설치자의 권리·의무를 승계한다.

〈개정 2019. 1. 15.〉

② 제44조제1항 및 제5항에 따른 휘발성유기화합물을 배출하는 시설 및 휘발성유기화합물의 배출을 억제하거나 방 지하는 시설을 임대차하는 경우 임차인은 제44조, 제45조 및 제82조제 1항제5호를 적용할 때에는 설치자로 본다. 〈개정 2019. 1. 15.〉

[본조신설 2012. 5. 23.]

제45조의3(휘발성유기화합물 배출 억제 · 방지시설 검사)

① 제44조제5항 및 제45조제1항에 따른 휘발성유기화합물의 배출을 억제하거나 방지하는 시설의 제작자(수입판매자를 포함한다)와 설치자는 환경부령으로 정하는 검사기관으로 부터 검사를 받아야 한다. 제44조제2항 및 제45조제3항에 따른 변경신고를 한 경우로서 환경부령으로 정하는 경우 에도 또한 같다. 〈개정 2019. 1. 15.〉

② 환경부장관은 휘발성유기화합물의 배출을 억제 · 방지하기 위하여 제1항에 따른 검사기관의 검사업무에 필요한 지원을 할 수 있다.

③ 제1항에 따른 검사대상시설, 검사방법 및 검사기준, 그 밖에 검사업무에 필요한 사항은 환경부령으로 정한다. [본조신설 2013. 7. 16.]

제4장 자동차 · 선박 등의 배출가스 규제

제46조(제작차의 배출허용기준 등)

① 자동차(원동기 및 저공해자동차를 포함한다. 이하 이 조, 제47조부터 제50조까지, 제50조의2, 제50조의3, 제51조부터 제56조까지, 제82조제1항제6호, 제89조제6호 · 제7호 및 제91조제4호에서 같다)를 제작(수입을 포함한다. 이하 같다)하려는 자(이하 "자동차제작자"라 한다)는 그 자동차(이하 "제작차"라 한다)에서 나오는 오염물질(대통령령으로 정하는 오염물질만 해당한다. 이하 "배출가스"라 한다)이 환경부령으로 정하는 허용 기준(이하 "제작차배출허용기준"이라 한다)에 맞도록 제작하여야 한다. 다만, 저공해자동차를 제작하려는 자동차제 작자는 환경부령으로 정하는 별도의 허용기준(이하 "저공해자동차배출허용기준"이라 한다)에 맞도록 제작하여야 한 다. 〈개정 2008. 12. 31., 2012. 2. 1., 2019. 4. 2.〉

② 환경부장관이 제1항의 환경부령을 정하는 경우 관계 중앙행정기관의 장과 협의하여야 한다.

③ 자동차제작자는 제작차에서 나오는 배출가스가 환경부령으로 정하는 기간(이하 "배출가스보증기간"이라 한다)동 안 제작차배출허용기준에 맞게 성능을 유지하도록 제작하여야 한다. 〈개정 2012. 2. 1.〉

④ 자동차제작자는 제48조제1항에 따라 인증받은 내용과 다르게 배출가스 관련 부품의 설계를 고의로 바꾸거나 조 작하는 행위를 하여서는 아니 된다. 〈신설 2016. 1. 27.〉

제46조의2(제작차배출허용기준 관련 연구 · 개발 등에 대한 지원)

① 환경부장관은 제작차배출허용기준 및 제작차배출 허용기준의 검사방법에 대한 연구 · 개발이 필요한 경우에는 다음 각 호의 어느 하나에 해당하는 자에게 연구 · 개발 을 하게 할 수 있다. 이 경우 예산의 범위에서 연구 · 개발에 필요한 비용을 지원할 수 있다.

1. 제48조제1항에 따른 인증업무를 제87조에 따라 위임 · 위탁받은 자

2. 제48조의2제1항에 따라 인증시험대행기관으로 지정된 자

② 환경부장관은 제작차배출허용기준이 국제기준에 맞도록 하기 위하여 국제기준을 조사 · 분석하고, 제작차배출허 용기준과 관련하여 환경부령으로 정하는 기관 · 단체의 국제협력 활동을 지원할 수 있다. [본조신설 2013. 7. 16.]

제47조(기술개발 등에 대한 지원)

① 국가는 자동차로 인한 대기오염을 줄이기 위하여 다음 각 호의 어느 하나에 해당하 는 시설 등의 기술개발 또는 제작에 필요한 재정적 · 기술적 지원을 할 수 있다.

1. 저공해자동차 및 그 자동차에 연료를 공급하기 위한 시설 중 환경부장관이 정하는 시설

2. 배출가스저감장치

3. 저공해엔진

② 환경부장관은 환경개선특별회계에서 제1항에 따른 기술개발이나 제작에 필요한 비용의 일부를 지원할 수 있다.

제48조(제작차에 대한 인증)

① 자동차제작자가 자동차를 제작하려면 미리 환경부장관으로부터 그 자동차의 배출가스 가 배출가스보증기간에 제작차배출허용기준(저공해자동차배출허용기준을 포함한다. 이하 같다)에 맞게 유지될 수 있다는 인증을 받아야 한다. 다만, 환경부장관은 대통령령으로 정하는 자동차에는 인증을 면제하거나 생략할 수 있다. 〈개정 2019. 4. 2.〉

② 자동차제작자가 제1항에 따라 인증을 받은 자동차의 인증내용 중 환경부령으로 정하는 중요한 사항을 변경하려 면 변경인증을 받아야 한다. 〈개정 2008. 12. 31.〉

③ 제1항 또는 제2항에 따라 인증 · 변경인증을 받은 자동차제작자는 환경부령으로 정하는 바에 따라 인증 · 변경인 증을 받은 자동차에 인증 · 변경인증의 표시를 하여야 한다.

〈신설 2017. 11. 28.〉

④ 제1항부터 제3항까지의 규정에 따른 인증신청, 인증에 필요한 시험의 방법 · 절차, 시험수수료, 인증방법, 인증의 면제 · 생략 및 인증 표시방법에 관하여 필요한 사항은 환경부령으로

정한다. 〈개정 2008. 12. 31., 2017. 11. 28.〉

제48조의2(인증시험업무의 대행)

① 환경부장관은 제48조에 따른 인증에 필요한 시험(이하 "인증시험"이라 한다)업무 를 효율적으로 수행하기 위하여 필요한 경우에는 전문기관을 지정하여 인증시험업무를 대행하게 할 수 있다.

② 제1항에 따라 지정을 받은 전문기관(이하 "인증시험대행기관"이라 한다)은 지정받은 사항 중 인력·시설 등 환경 부령으로 정하는 중요한 사항을 변경한 경우에는 환경부장관에게 신고 하여야 한다. 〈신설 2020. 12. 29.〉

③ 인증시험대행기관 및 인증시험업무에 종사하는 자는 다음 각 호의 행위를 하여서는 아니 된다. 〈개정 2017. 11. 28., 2020. 12. 29.〉

1. 다른 사람에게 자신의 명의로 인증시험업무를 하게 하는 행위

2. 거짓이나 그 밖의 부정한 방법으로 인증시험을 하는 행위

3. 인증시험과 관련하여 환경부령으로 정하는 준수사항을 위반하는 행위

4. 제48조제4항에 따른 인증시험의 방법과 절차를 위반하여 인증시험을 하는 행위

④ 인증시험대행기관의 지정기준, 지정절차, 그 밖에 인증업무에 필요한 사항은 환경부령으로 정한다. 〈개정 2020. 12. 29.〉

[본조신설 2008. 12. 31.]

제48조의3(인증시험대행기관의 지정 취소 등)

환경부장관은 인증시험대행기관이 다음 각 호의 어느 하나에 해당하는 경우에는 그 지정을 취소하거나 6개월 이내의 기간을 정하여 업무의 전부 또는 일부의 정지를 명할 수 있다. 다만, 제1호에 해당하는 경우에는 그 지정을 취소하여야 한다. 〈개정 2020. 12. 29.〉

1. 거짓이나 그 밖의 부정한 방법으로 지정을 받은 경우

2. 제48조의2제3항 각 호의 금지행위를 한 경우

3. 제48조의2제4항에 따른 지정기준을 충족하지 못하게 된 경우

[본조신설 2008. 12. 31.]

제48조의4(과징금 처분)

① 환경부장관은 제48조의3에 따라 업무의 정지를 명하려는 경우로서 그 업무의 정지로 인하여 이용자 등에게 심한 불편을 주거나 그 밖에 공익에 현저한 지장을 줄 우려가 있다고 인정

하는 경우에는 그 업무 의 정지를 갈음하여 5천만원 이하의 과징금을 부과할 수 있다.

② 제1항에 따른 과징금을 부과하는 위반행위의 종류·정도 등에 따른 과징금의 금액과 그 밖에 필요한 사항은 대 통령령으로 정한다.

③ 제1항에 따라 부과되는 과징금의 징수 및 용도에 대하여는 제37조제4항 및 제5항을 준용한다.

[본조신설 2012. 5. 23.]

제49조(인증의 양도 · 양수 등)

자동차제작자가 그 사업을 양도하거나 사망한 경우 또는 법인인 자동차제작자가 합병한 경우에는 그 양수인이나 상속인 또는 합병 후 존속하는 법인이나 합병에 따라 설립되는 법인은 제48조에 따른 인증 이나 변경인증에 따른 자동차제작자의 권리 · 의무를 승계한다.

제50조(제작차배출허용기준 검사 등)

① 환경부장관은 제48조에 따른 인증을 받아 제작한 자동차의 배출가스가 제작차 배출허용기준에 맞는지를 확인하기 위하여 대통령령으로 정하는 바에 따라 검사를 하여야 한다.

② 환경부장관은 자동차제작자가 환경부령으로 정하는 인력과 장비를 갖추고 환경부장관이 정하는 검사의 방법 및 절차에 따라 검사를 실시한 경우에는 대통령령으로 정하는 바에 따라 제1항에 따른 검사를 생략할 수 있다.

③ 환경부장관은 자동차제작자가 제2항에 따른 검사를 하기 위한 인력과 장비를 적정하게 관리하는지를 환경부령 으로 정하는 기간마다 확인하여야 한다.　　　　　　〈신설 2012. 2. 1.〉

④ 환경부장관은 제1항에 따른 검사를 할 때에 특히 필요한 경우에는 환경부령으로 정하는 바에 따라 자동차제작자 의 설비를 이용하거나 따로 지정하는 장소에서 검사할 수 있다.

　　　　　　　　　　　　　　　　　　　　　　　　〈개정 2012. 2. 1.〉

⑤제1항 및 제4항과 제51조에 따른 검사에 드는 비용은 자동차제작자의 부담으로 한다.

　　　　　　　　　　　　　　　　　　　　　　　　〈개정 2012. 2. 1.〉

⑥ 제1항에 따른 검사의 방법 · 절차 등 검사에 필요한 자세한 사항은 환경부장관이 정하여 고시한다.　　　　　　　　　　　　　　　　　　　　〈개정 2012. 2. 1.〉

⑦ 환경부장관은 제1항에 따른 검사 결과 불합격된 자동차의 제작자에게 그 자동차와 동일한 조건으로 환경부장관 이 정하는 기간에 생산된 것으로 인정되는 같은 종류의 자동차에 대하여는 판매정지 또는 출고정지를 명할 수 있고, 이미 판매된 자동차에 대하여는 배출가스 관련 부품의 교체를 명할 수 있다.　　　　　　　　　〈개정 2012. 2. 1., 2016. 12. 27.〉

⑧ 제7항에도 불구하고 자동차제작자가 배출가스 관련 부품의 교체 명령을 이행하지 아니하거나 제1항에 따른 검사 결과 불합격된 원인을 부품 교체로 시정할 수 없는 경우에는 환경부장관은 자동차제작자에게 대통령령으로 정 하는 바에 따라 자동차의 교체, 환불 또는 재매입을 명할 수 있다. 〈신설 2016. 12. 27.〉

제50조의2(자동차의 평균 배출량 등)

① 자동차제작자는 제작하는 자동차에서 나오는 배출가스를 차종별로 평균한 값 (이하 "평균 배출량"이라 한다)이 환경부령으로 정하는 기준(이하 "평균 배출허용기준"이라 한다)에 적합하도록 자동 차를 제작하여야 한다.

② 제1항에 따라 평균 배출허용기준을 적용받는 자동차를 제작하는 자는 매년 2월 말일까지 환경부령으로 정하는 바에 따라 전년도의 평균 배출량 달성 실적을 작성하여 환경부장관에게 제출하여야 한다.

③ 제1항에 따른 평균 배출허용기준을 적용받는 자동차 및 자동차제작자의 범위, 평균 배출량의 산정방법 등 필요 한 사항은 환경부령으로 정한다.

[본조신설 2012. 2. 1.]

제50조의3(평균 배출허용기준을 초과한 자동차제작자에 대한 상환명령 등)

① 자동차제작자는 해당 연도의 평균 배출 량이 평균 배출허용기준 이내인 경우 그 차이분 중 환경부령으로 정하는 연도별 차이분에 대한 인정범위만큼을 다 음 연도부터 환경부령으로 정하는 기간 동안 이월하여 사용할 수 있다.

② 환경부장관은 해당 연도의 평균 배출량이 평균 배출허용기준을 초과한 자동차제작자에 대하여 그 초과분이 발 생한 연도부터 환경부령으로 정하는 기간 내에 초과분을 상환할 것을 명할 수 있다.

③ 제2항에 따른 명령(이하 "상환명령"이라 한다)을 받은 자동차제작자는 같은 항에 따른 초과분을 상환하기 위한 계획서(이하 "상환계획서"라 한다)를 작성하여 상환명령을 받은 날부터 2개월 이내에 환경부장관에게 제출하여야 한다.

④ 제1항부터 제3항까지에 따른 차이분 및 초과분의 산정 방법, 연도별 인정범위, 상환계획서에 포함되어야 할 사항 등 필요한 사항은 환경부령으로 정한다.

[본조신설 2012. 2. 1.]

제51조(결함확인검사 및 결함의 시정)

① 자동차제작자는 배출가스보증기간 내에 운행 중인 자동차에서 나오는 배출가 스가 배출허용기준에 맞는지에 대하여 환경부장관의 검사(이하 "결함확인검사"라 한다)를 받아야 한다.

② 결함확인검사 대상 자동차의 선정기준, 검사방법, 검사절차, 검사기준, 판정방법, 검사수수료 등에 필요한 사항은 환경부령으로 정한다.

③ 환경부장관이 제2항의 환경부령을 정하는 경우에는 관계 중앙행정기관의 장과 협의하여야 하며, 매년 같은 항의 선정기준에 따라 결함확인검사를 받아야 할 대상 차종을 결정·고시하여야 한다.

④ 환경부장관은 결함확인검사에서 검사 대상차가 제작차배출허용기준에 맞지 아니하다고 판정되고, 그 사유가 자 동차제작자에게 있다고 인정되면 그 차종에 대하여 결함을 시정하도록 명하여야 한다. 다만, 자동차제작자가 검사 판정 전에 결함사실을 인정하고 스스로 그 결함을 시정하려는 경우에는 결함시정명령을 생략할 수 있다. 〈개정 2020. 12. 29.〉

⑤ 제4항에 따른 결함시정명령을 받거나 스스로 자동차의 결함을 시정하려는 자동차제작자는 환경부령으로 정하는 바에 따라 그 자동차의 결함시정에 관한 계획을 수립하여 환경부장관의 승인을 받아 시행하고, 그 결과를 환경부장 관에게 보고하여야 한다.

⑥ 환경부장관은 제5항에 따른 결함시정결과를 보고받아 검토한 결과 결함시정계획이 이행되지 아니한 경우, 그 사 유가 결함시정명령을 받은 자 또는 스스로 결함을 시정하고자 한 자에게 있다고 인정하는 경우에는 기간을 정하여 다시 결함을 시정하도록 명하여야 한다.

⑦ 제5항에 따른 결함시정계획을 수립·제출하지 아니하거나 환경부장관의 승인을 받지 못한 경우에는 결함을 시 정할 수 없는 것으로 본다. 〈신설 2020. 12. 29.〉

⑧ 환경부장관은 자동차제작자가 제4항 본문 또는 제6항에 따른 결함시정명령을 이행하지 아니하거나 제7항에 따 라 결함을 시정할 수 없는 것으로 보는 경우에는 자동차제작자에게 대통령령으로 정하는 바에 따라 자동차의 교체, 환불 또는 재매입을 명할 수 있다.

〈신설 2020. 12. 29.〉

제52조(부품의 결함시정)

① 배출가스보증기간 내에 있는 자동차의 소유자 또는 운행자는 환경부장관이 산업통상자원부장관 및 국토교통부장관과 협의하여 환경부령으로 정하는 배출가스관련부품(이하 "부품"이라 한다)이 정상적인 성 능을 유지하지 아니하는 경우에는 자동차제작자에게 그 결함을 시정할 것을 요구할 수 있다. 〈개정 2008. 2. 29., 2013. 3. 23.〉

② 제1항에 따라 결함의 시정을 요구받은 자동차제작자는 지체 없이 그 요구사항을 검토하여

결함을 시정하여야 한 다. 다만, 자동차제작자가 자신의 고의나 과실이 없음을 입증한 경우에는 그러하지 아니하다.

③ 환경부장관은 제2항 본문에 따라 부품의 결함을 시정하여야 하는 자동차제작자가 정당한 사유 없이 그 부품의 결함을 시정하지 아니한 경우에는 환경부령으로 정하는 기간 내에 결함의 시정을 명할 수 있다. 〈신설 2015. 12. 1.〉

제53조(부품의 결함 보고 및 시정)

① 자동차제작자는 제52조제1항에 따른 부품의 결함시정 요구 건수나 비율이 대통령 령으로 정하는 요건에 해당하는 경우에는 대통령령으로 정하는 바에 따라 배출가스보증기간 이내에 이루어진 부품 의 결함시정 현황 및 결함원인 분석 현황을 환경부장관에게 보고하여야 한다. 다만, 제52조제1항에 따른 결함시정 요구가 있었던 부품과 동일한 조건하에 생산된 같은 종류의 부품에 대하여 스스로 결함을 시정할 것을 환경부장관 에게 서면으로 통지한 경우에는 그러하지 아니하다. 〈개정 2017. 11. 28., 2020. 5. 26.〉

② 자동차제작자는 제52조제1항에 따른 부품의 결함시정 요구 건수나 비율이 대통령령으로 정하는 요건에 해당하 지 아니한 경우에는 매년 1월 31일까지 환경부령으로 정하는 바에 따라 배출가스보증기간 이내에 이루어진 부품의 결함시정 현황을 환경부장관에게 보고하여야 한다. 〈신설 2015. 12. 1., 2017. 11. 28.〉

③ 환경부장관은 부품의 결함 건수 또는 결함 비율이 대통령령으로 정하는 요건에 해당하는 경우에는 해당 자동차 제작자에게 환경부령으로 정하는 기간 이내에 그 부품의 결함을 시정하도록 명하여야 한다. 다만, 자동차제작자가 그 부품의 결함에도 불구하고 배출가스보증기간 동안 자동차가 제작차배출허용기준에 맞게 유지된다는 것을 입증 한 경우에는 그러하지 아니하다. 〈개정 2015. 12. 1., 2017. 11. 28.〉

④ 제1항 단서 및 제3항 본문에 따라 결함을 시정하려는 자동차제작자는 환경부령으로 정하는 바에 따라 그 자동차 의 결함시정계획을 수립하여 환경부장관의 승인을 받아 시행하고, 그 결과를 환경부장관에게 보고하여야 한다. 〈개 정 2020. 12. 29.〉

⑤ 환경부장관은 제4항에 따라 보고받은 결함시정결과를 검토한 후, 결함시정계획이 이행되지 아니하였고 그 사유 가 결함시정명령을 받은 자 또는 스스로 결함을 시정하려고 한 자에게 있다고 인정되는 경우에는 기간을 정하여 다 시 결함을 시정하도록 명하여야 한다. 〈신설 2020. 12. 29.〉

⑥ 제4항에 따른 결함시정계획을 수립·제출하지 아니하거나 환경부장관의 승인을 받지 못한 경우에는 결함을 시 정할 수 없는 것으로 본다. 〈신설 2020. 12. 29.〉

⑦ 환경부장관은 자동차제작자가 제3항 본문 또는 제5항에 따른 결함시정명령을 이행하지 아니하거나 제6항에 따라 결함을 시정할 수 없는 것으로 보는 경우에는 자동차제작자에게 대통령령으로 정하는 바에 따라 자동차의 교체, 환불 또는 재매입을 명할 수 있다.

〈신설 2020. 12. 29.〉

제54조(자동차 배출가스 정보관리 전산망 설치 및 운영)

환경부장관은 자동차의 배출가스에 관한 자료의 수집·관리를 위하여 「자동차관리법」 제69조에 따른 전산정보처리조직과 연계한 전산망(이하 "자동차 배출가스 종합전산체계"라한다)을 환경부령으로 정하는 바에 따라 설치·운영할 수 있다. 〈개정 2012. 2. 1., 2015. 1. 20.〉

[제목개정 2015. 1. 20.]

제55조(인증의 취소)

환경부장관은 다음 각 호의 어느 하나에 해당하는 경우에는 인증을 취소할 수 있다. 다만, 제1호나 제2호에 해당하는 경우에는 그 인증을 취소하여야 한다. 〈개정 2012. 2. 1.〉

1. 거짓이나 그 밖의 부정한 방법으로 인증을 받은 경우
2. 제작차에 중대한 결함이 발생되어 개선을 하여도 제작차배출허용기준을 유지할 수 없는 경우
3. 제50조제7항에 따른 자동차의 판매 또는 출고 정지명령을 위반한 경우
4. 제51조제4항이나 제6항에 따른 결함시정명령을 이행하지 아니한 경우

제56조(과징금 처분)

① 환경부장관은 자동차제작자가 다음 각 호의 어느 하나에 해당하는 경우에는 그 자동차제작자에 대하여 매출액에 100분의 5를 곱한 금액을 초과하지 아니하는 범위에서 과징금을 부과할 수 있다. 이 경우 과징금의 금액은 500억원을 초과할 수 없다.

〈개정 2016. 1. 27., 2016. 12. 27.〉

1. 제48조제1항을 위반하여 인증을 받지 아니하고 자동차를 제작하여 판매한 경우
2. 거짓이나 그 밖의 부정한 방법으로 제48조에 따른 인증 또는 변경인증을 받은 경우
3. 제48조제1항에 따라 인증받은 내용과 다르게 자동차를 제작하여 판매한 경우

② 제1항에 따른 과징금은 위반행위의 종류, 배출가스의 증감 정도 등을 고려하여 대통령령으로 정하는 기준에 따라 부과한다. 〈개정 2016. 12. 27.〉

③ 제1항에 따라 부과되는 과징금의 징수 및 용도에 관하여는 제37조제4항 및 제5항을 준용한

다. 〈개정 2012. 2. 1.〉

제57조(운행차배출허용기준)

자동차(제2조제13호가목에 따른 자동차 중 이륜자동차를 포함한다. 다만, 전기이륜자동차 등 환경부령으로 정하는 이륜자동차는 그러하지 아니하다)의 소유자는 그 자동차에서 배출되는 배출가스가 환경부령으로 정하는 운행차 배출가스허용기준(이하 "운행차배출허용기준"이라 한다)에 맞게 운행하거나 운행하게 하여야 한다. 〈개정 2012. 2. 1., 2012. 5. 23.〉

제57조의2(배출가스 관련 부품의 탈거 등 금지)

누구든지 환경부령으로 정하는 자동차의 배출가스 관련 부품을 탈거·훼손·해체·변경·임의설정 하거나 촉매제(요소수 등을 말한다. 이하 같다)를 사용하지 아니하거나 적게 사용하여 그 기능이나 성능이 저하되는 행위를 하거나 그 행위를 요구하여서는 아니 된다. 다만, 다음 각 호의 어느 하나에 해당하는 경우에는 그러하지 아니하다.

1. 자동차의 점검·정비 또는 튜닝(「자동차관리법」 제34조에 따른 튜닝을 말한다)을 하려는 경우
2. 폐차하는 경우
3. 교육·연구의 목적으로 사용하는 등 환경부령으로 정하는 사유에 해당하는 경우 [본조신설 2019. 4. 2.]

제58조(저공해자동차의 운행 등)

① 시·도지사 또는 시장·군수는 관할 지역의 대기질 개선 또는 기후·생태계 변화유 발물질 배출감소를 위하여 필요하다고 인정하면 그 지역에서 운행하는 자동차 및 건설기계(제2조제13호의2가목에 따른 건설기계를 말한다. 이하 이 조에서 같다) 중 차령과 대기오염물질 또는 기후·생태계 변화유발물질 배출정도 등에 관하여 환경부령으로 정하는 요건을 충족하는 자동차 및 건설기계의 소유자에게 그 시·도 또는 시·군의 조례에 따라 그 자동차 및 건설기계에 대하여 다음 각 호의 어느 하나에 해당하는 조치를 하도록 명령하거나 조기에 폐차할 것을 권고할 수 있다. 〈개정 2012. 2. 1., 2012. 5. 23., 2017. 11. 28., 2019. 4. 2.〉

1. 저공해자동차로의 전환 또는 개조
2. 배출가스저감장치의 부착 또는 교체 및 배출가스 관련 부품의 교체
3. 저공해엔진(혼소엔진을 포함한다)으로의 개조 또는 교체

② 배출가스보증기간이 지난 자동차의 소유자는 해당 자동차에서 배출되는 배출가스가 제57조

에 따른 운행차배출 허용기준에 적합하게 유지되도록 환경부령으로 정하는 바에 따라 배출가스저감장치를 부착 또는 교체하거나 저공해엔진으로 개조 또는 교체할 수 있다.

〈신설 2012. 2. 1., 2020. 5. 26.〉

③ 국가나 지방자치단체는 저공해자동차의 보급, 배출가스저감장치의 부착 또는 교체와 저공해엔진으로의 개조 또 는 교체를 촉진하기 위하여 다음 각 호의 어느 하나에 해당하는 자에 대하여 예산의 범위에서 필요한 자금을 보조 하거나 융자할 수 있다.

〈개정 2009. 5. 21., 2012. 2. 1., 2012. 5. 23., 2016. 1. 27., 2019. 4. 2., 2021. 4. 13.〉

1. 저공해자동차를 구입하는 자. 이 경우 제58조의2제1항에 따른 자동차판매자로부터의 구매 여부, 저공해자동차 판매가격 등 환경부령으로 정하는 기준에 따라 자금의 보조 및 융자를 차등적으로 할 수 있다. 1의2. 저공해자동차로 개조하는 자

2. 저공해자동차에 연료를 공급하기 위한 시설 중 다음 각 목의 시설을 설치하는 자

　가. 천연가스를 연료로 사용하는 자동차에 천연가스를 공급하기 위한 시설로서 환경부장관이 정하는 시설

　나. 전기를 연료로 사용하는 자동차(이하 "전기자동차"라 한다)에 전기를 충전하기 위한 시설로서 환경부장관이 정하는 시설

　다. 수소가스를 연료로 사용하는 자동차(이하 "수소전기자동차"라 한다)에 수소가스를 충전하기 위한 시설로서 환 경부장관이 정하는 시설(이하 "수소연료공급시설"이라 한다)

　라. 그 밖에 태양광 등 환경부장관이 정하는 저공해자동차 연료공급시설

3. 제1항 또는 제2항에 따라 자동차 및 건설기계에 배출가스저감장치를 부착 또는 교체하거나 자동차 및 건설기계 의 엔진을 저공해엔진으로 개조 또는 교체하는 자

4. 제1항에 따라 자동차 및 건설기계의 배출가스 관련 부품을 교체하는 자

5. 제1항에 따른 권고에 따라 자동차를 조기에 폐차하는 자 6. 그 밖에 배출가스가 매우 적게 배출되는 것으로서 환경부장관이 정하여 고시하는 자동차를 구입하는 자

④ 환경부장관은 제3항제1호 · 제1호의2 · 제3호 · 제4호 및 제6호에 따라 경비를 지원받은 자동차의 소유자 및 제 3항제3호 및 제4호의 경비를 지원받은 건설기계의 소유자(해당 소유자로부터 소유권을 이전받은 자를 포함한다. 이 하 이 조에서 "소유자"라 한다)에게 환경부령으로 정하는 기간의 범위에서 해당 자동차 및 건설기계의 의무운행 기 간을 설정할 수 있다.

〈신설 2008. 3. 21., 2012. 2. 1., 2013. 4. 5., 2019. 4. 2., 2020. 5. 26., 2021. 4. 13.〉

⑤ 소유자는 해당 자동차 및 건설기계의 폐차 또는 수출 등을 위하여 자동차 및 건설기계의 등록을 말소하고자 하 는 경우(건설기계 엔진을 전기모터로 교체하는 경우는 제외한다) 환경부령으로 정하는 바에 따라 다음 각 호의 장 치 및 부품 등을 해당 지방자치단체의 장에게 반

납하여야 한다. 이 경우 국가나 지방자치단체는 장치 및 부품 등의 반납에 드는 비용의 일부를 예산의 범위에서 지원할 수 있다. 〈신설 2008. 3. 21., 2012. 2. 1., 2013. 4. 5., 2016. 1. 27., 2017. 11. 28., 2019. 4. 2., 2020. 12. 29.〉

1. 부착 또는 교체된 배출가스저감장치

2. 개조 또는 교체된 저공해엔진

3. 삭제〈2020. 12. 29.〉

⑥ 제5항에도 불구하고 소유자는 같은 항 제1호 및 제2호의 장치 및 부품 등의 경우에는 환경부령으로 정하는 바에 따라 해당 장치 또는 부품의 잔존가치에 해당하는 금액을 금전으로 납부할 수 있다. 〈신설 2016. 12. 27.〉

⑦ 환경부장관 또는 지방자치단체의 장은 제5항에 따라 반납받은 배출가스저감장치 등을 재사용 또는 재활용하여 야 한다. 〈신설 2013. 4. 5., 2016. 12. 27.〉

⑧ 환경부장관 또는 지방자치단체의 장은 제5항에 따라 반납받은 배출가스저감장치 등이 재사용 · 재활용이 불가능 하다고 환경부령으로 정한 사유에 해당하는 경우에는 매각하여야 한다. 〈신설 2013. 4. 5., 2016. 12. 27.〉

⑨ 제6항에 따라 징수한 금액과 제8항에 따른 매각대금은 「환경정책기본법」에 따른 환경개선특별회계의 세입으로 하고, 제3항에 따른 지원 및 저공해자동차의 개발 · 연구 사업에 필요한 경비 등 환경부령으로 정하는 경비에 충당 할 수 있다. 〈신설 2016. 12. 27.〉

⑩ 환경부장관 및 지방자치단체의 장은 소유자가 제4항에 따른 의무운행 기간을 충족하지 못한 경우 환경부령으로 정하는 바에 따라 제3항에 따라 지원된 경비의 일부를 회수할 수 있다. 〈신설 2012. 2. 1., 2013. 4. 5., 2016. 12. 27.〉

⑪ 저공해자동차 또는 제1항에 따라 배출가스저감장치를 부착하거나 저공해엔진으로 개조 또는 교체한 자동차 및 건설기계(이하 이 조에서 "저공해자동차등"이라 한다)의 소유자는 특별시장 · 광역시장 · 특별자치시장 · 특별자치도 지사 · 시장 · 군수에게 저공해자동차등에 해당함을 인증하는 표지의 발급을 신청할 수 있다. 〈신설 2012. 5. 23., 2013. 4. 5., 2016. 12. 27., 2019. 4. 2.〉

⑫ 특별시장 · 광역시장 · 특별자치시장 · 특별자치도지사 · 시장 · 군수는 제11항에 따른 인증신청이 있는 경우 해 당 자동차 및 건설기계가 저공해자동차등에 해당하는지 여부를 검토하여 표지를 발급할 수 있고, 저공해자동차등의 소유자는 발급받은 표지를 저공해자동차등에 붙일 수 있다. 〈신설 2019. 4. 2., 2020. 5. 26.〉

⑬ 환경부장관이나 특별시장 · 광역시장 · 특별자치시장 · 특별자치도지사 · 시장 · 군수는 제12항에 따라 발급받은 표지를 붙인 자동차에 대하여 주차료 감면 등 지원에 관한 시책을 마

련하여야 한다.　　　〈신설 2012. 5. 23., 2013. 4. 5., 2016. 12. 27., 2019. 4. 2., 2020. 5. 26.〉

⑭ 지방자치단체는 제3항제5호에 따른 경비지원에 필요한 절차를 제78조에 따라 설립된 한국
자동차환경협회로 하 여금 대행하도록 할 수 있다.

〈신설 2012. 5. 23., 2013. 4. 5., 2016. 12. 27., 2019. 4. 2.〉

⑮ 제14항에 따라 경비지원에 필요한 절차를 대행하는 한국자동차환경협회는 「전기·전자제
품 및 자동차의 자원 순환에 관한 법률」 제25조제1항에 따라 폐자동차 재활용비율을 높이
달성하는 자동차폐차업자에게 환경부장관이 정하는 바에 따라 제3항에 따른 경비를 지원받
는 자의 자동차 폐차가 우선하여 배정되도록 하여야 한다.

〈신설 2012. 5. 23., 2013. 4. 5., 2016. 12. 27., 2017. 11. 28., 2019. 4. 2.〉

1^ 환경부장관은 저공해자동차 중 제2조제16호가목에 따른 자동차에 연료를 공급하기 위한 시
설에 관한 정보를 관 리하기 위하여 전산망을 환경부령으로 정하는 바에 따라 설치·운영할 수 있
다.　　　〈신설 2015. 1. 20., 2016. 12. 27., 2019. 4. 2., 2020. 12. 29.〉

1& 환경부장관은 관계 행정기관 및 「공공기관의 운영에 관한 법률」 제4조에 따른 공공기관
등에 대하여 제16항에 따른 전산망의 설치·운영에 필요한 자료의 제공을 요청할 수 있다. 이 경
우 요청을 받은 기관의 장은 특별한 사유 가 없으면 그 요청에 따라야 한다.　　〈신설 2020. 12. 29.〉

1* 환경부장관은 저공해자동차 중 전기자동차 보급을 활성화하기 위하여 제3항제2호나목에 따
른 전기자동차 충전 시설을 환경부령으로 정하는 바에 따라 설치·운영할 수 있다.

〈신설 2016. 1. 27., 2016. 12. 27., 2019. 4. 2., 2020. 12. 29.〉

1(환경부장관은 제3항에 따라 자금을 보조하거나 융자할 수 있는 지원 대상을 정하기 위하여 환
경부령으로 정하는 바에 따라 전기자동차 성능 평가를 실시할 수 있다.

〈신설 2016. 1. 27., 2016. 12. 27., 2019. 4. 2., 2020. 12. 29.〉

제58조의2(저공해자동차의 보급)

① 환경부장관은 자동차를 제작하거나 수입하여 대통령령으로 정하는 수량 이상을 판매(위탁
등을 하여 판매하는 경우를 포함한다)하는 자(이하 "자동차판매자"라 한다)가 연간 보급하여
야 할 저공해 자동차에 관한 목표(이하 "연간 저공해자동차 보급목표"라 한다)를 매년 산업통
상자원부 등 관계 중앙행정기관의 장 과 협의하여 정하고 이를 고시하여야 한다.

〈개정 2020. 12. 29.〉

② 환경부장관은 저공해자동차 중에서 대기오염물질의 배출이 없는 자동차로서 대통령령으로
정하는 자동차(이하 "무공해자동차"라 한다)의 보급 촉진을 위하여 제1항에 따라 연간 저공
해자동차 보급목표를 정할 때 자동차판매자 가 연간 보급하여야 할 무공해자동차에 관한 목

표를 별도로 정할 수 있다.

③ 환경부장관은 제1항 및 제2항에 따라 연간 저공해자동차 보급목표를 정할 때에는 저공해자
동차의 개발현황, 자 동차판매량 등을 고려하여야 한다.

④ 자동차판매자는 연간 저공해자동차 보급목표에 따라 매년 저공해자동차 보급계획서를 작성
하여 환경부장관의 승인을 받아야 한다.

⑤ 자동차판매자는 제4항에 따라 승인을 받은 저공해자동차 보급계획서에 따라 저공해자동차
를 보급하고 그 실적 을 환경부장관에게 제출하여야 한다.

⑥ 제4항과 제5항에 따른 저공해자동차 보급계획서의 작성방법ㆍ승인절차 및 보급실적의 제출
에 필요한 사항은 환 경부령으로 정한다.

[본조신설 2019. 4. 2.]

제58조의3(저공해자동차 보급실적의 이월ㆍ거래 등)

① 자동차판매자는 해당 연도의 저공해자동차ㆍ무공해자동차 보 급실적이 제58조의2제1항 및
제2항에 따른 보급목표를 초과한 경우에는 그 초과분을 다음 연도부터 환경부령으로 정하는
기간 동안 이월하여 사용하거나 자동차판매자 간에 거래할 수 있다.

② 자동차판매자는 무공해자동차 충전시설을 설치ㆍ운영하거나 무공해자동차 생산ㆍ수입 후
판매되지 아니한 재 고가 있는 경우 등 저공해자동차 보급에 기여한 실적이 있는 경우에는
이를 저공해자동차 보급실적으로 전환하여 줄 것을 환경부장관에게 신청할 수 있다.

③ 제1항 및 제2항에 따른 초과실적의 이월ㆍ거래에 관한 사항, 저공해자동차 보급 기여실적 인
정방법 등은 환경부 장관이 정하여 고시한다.

[본조신설 2020. 12. 29.]

[종전 제58조의3은 제58조의5로 이동 〈2020. 12. 29.〉]

제58조의4(저공해자동차 보급 기여금)

① 환경부장관은 연간 저공해자동차 보급목표를 달성하지 못한 자동차판매자(이 하 "기여금 납
부의무자"라 한다)에게 대통령령으로 정하는 매출액에 100분의 1을 곱한 금액을 초과하지
아니하는 범 위에서 저공해자동차 보급 기여금(이하 "기여금"이라 한다)을 부과ㆍ징수할 수
있다. 이 경우 기여금 납부의무자는 「민법」 제32조에 따른 비영리법인 중 환경부장관이
지정하는 기관에 기여금을 납부하여야 한다.

② 기여금은 무공해자동차 충전시설의 설치ㆍ운영 등 저공해자동차 보급 활성화를 위한 사업
에 사용되어야 한다.

③ 환경부장관은 기여금 납부의무자가 납부기한까지 기여금을 내지 아니하면 그 납부기한의 다음 날부터 납부한 날까지의 기간에 대하여 대통령령으로 정하는 가산금을 징수한다. 이 경우 가산금은 체납된 기여금의 100분의 3을 초과하여서는 아니 된다.

④ 환경부장관은 기여금 납부의무자가 납부기한까지 기여금을 내지 아니하면 30일 이상의 기간을 정하여 독촉하고 , 그 지정한 기간 내에 기여금 및 제3항에 따른 가산금을 내지 아니하면 국세 체납처분의 예에 따라 징수할 수 있다.

⑤ 환경부장관은 기여금 납부의무자가 제76조의6에 따른 과징금을 동시에 납부하는 경우 대통령령으로 정하는 바 에 따라 기여금을 감액할 수 있다.

⑥ 기여금의 부과기준, 부과절차 등에 관하여 필요한 사항은 대통령령으로 정한다.

[본조신설 2020. 12. 29.]

[종전 제58조의4는 제58조의6으로 이동 〈2020. 12. 29.〉]

제58조의5(저공해자동차의 구매 · 임차 등)

① 대통령령으로 정하는 수량 이상의 자동차를 가지고 있는 다음 각 호의 기관은 자동차를 새로 구매하거나 임차하는 경우 환경부령으로 정하는 비율 이상의 저공해자동차를 구매하거나 임 차하여야 한다.

1. 국가기관

2. 지방자치단체

3. 대통령령으로 정하는 공공기관

② 환경부장관은 제1항에 따른 국가기관, 지방자치단체 및 공공기관(이하 "국가기관등"이라 한다) 외의 자로서 환경 부령으로 정하는 수량 이상의 자동차를 가진 자가 자동차를 새로 구매하거나 임차하는 경우에는 저공해자동차를 우선 구매하거나 임차하도록 권고할 수 있다.

③ 국가나 지방자치단체는 저공해자동차를 구매 또는 임차하는 자에게 저공해자동차의 구매 또는 임차에 필요한 재정적 지원을 할 수 있다.

[본조신설 2019. 4. 2.]

[제58조의3에서 이동, 종전 제58조의5는 제58조의7로 이동 〈2020. 12. 29.〉]

제58조의6(저공해자동차의 구매 · 임차 계획)

① 국가기관등의 장은 자동차를 새로 구매하거나 임차하려는 경우 회계 연도의 시작 전까지 해당 회계연도의 저공해자동차 구매 · 임차 계획(이하 "구매 · 임차계획"이라 한다)을 환경부장관에게 제출하여야 한다.

② 환경부장관은 국가기관등의 장이 구매ㆍ임차계획을 제출하면 지체 없이 이를 공표하여야 한다.

[본조신설 2019. 4. 2.]

[제58조의4에서 이동, 종전 제58조의6은 제58조의8로 이동 〈2020. 12. 29.〉]

제58조의7(저공해자동차의 구매ㆍ임차 실적)

① 국가기관등의 장은 구매ㆍ임차계획에 따른 저공해자동차의 구매ㆍ임차 실적을 회계연도가 끝난 후 2개월 이내에 환경부장관에게 제출하여야 한다.

② 환경부장관은 국가기관등의 장이 제1항에 따른 구매ㆍ임차 실적을 제출하면 지체 없이 이를 공표하여야 한다.

[본조신설 2019. 4. 2.]

[제58조의5에서 이동, 종전 제58조의7은 제58조의9로 이동 〈2020. 12. 29.〉]

제58조의8(저공해자동차의 구매ㆍ임차 촉진을 위한 협조요청)

환경부장관은 저공해자동차의 구매ㆍ임차 촉진을 위하여 필요하다고 인정하는 때에는 국가기관등의 장에게 업무를 평가하는 항목에 저공해자동차 구매ㆍ임차 실적의 반영 등 필요한 조치를 취할 것을 요청할 수 있다. 이 경우 요청을 받은 국가기관등의 장은 특별한 사유가 없으면 이에 협조하여야 한다.

[본조신설 2019. 4. 2.]

[제58조의6에서 이동 〈2020. 12. 29.〉]

제58조의9(저공해자동차 관련 정보의 제공 등)

환경부장관은 국가기관등의 장에게 저공해자동차의 출시와 관련한 정보를 제공하거나 저공해자동차의 구매ㆍ임차를 촉진하기 위하여 홍보를 실시할 수 있다.

[본조신설 2019. 4. 2.]

[제58조의7에서 이동 〈2020. 12. 29.〉]

제58조의10(수소연료공급시설 배치계획의 수립)

① 환경부장관은 수소연료공급시설의 효율적 설치를 위하여 다음 각 호의 사항을 고려하여 수소연료공급시설 배치계획(이하 "배치계획"이라 한다)을 수립하여야 한다.

1. 수소연료공급시설의 지역적 배분

2. 수소전기자동차의 보급 실적 및 계획

3. 수소전기자동차 이용자의 접근성

4. 교통량

5. 그 밖에 배치계획 수립을 위하여 필요한 사항으로서 환경부령으로 정하는 사항

② 환경부장관은 배치계획을 수립할 때에는 미리 관계 중앙행정기관의 장, 시·도지사 및 시장·군수·구청장과 협의한 후 「수소경제 육성 및 수소 안전관리에 관한 법률」 제6조에 따른 수소경제위원회의 심의를 거쳐야 한다.

③ 환경부장관은 배치계획을 수립하기 위하여 필요한 경우에는 관계 중앙행정기관의 장, 시·도지사 또는 시장·군수·구청장에게 관련 자료의 제출을 요청할 수 있다. 이 경우 자료의 제출을 요청받은 기관의 장은 특별한 사유가 없으면 이에 따라야 한다.

④ 환경부장관은 수립된 배치계획을 환경부 인터넷 홈페이지 등을 통하여 공개하고, 관계 중앙행정기관의 장, 시·도지사 및 시장·군수·구청장에게 통보하여야 한다.

⑤ 제1항부터 제4항까지에서 규정한 사항 외에 배치계획의 수립, 심의, 공개 등에 필요한 사항은 환경부령으로 정한다. [본조신설 2021. 4. 13.]

제58조의11(수소연료공급시설 설치계획의 승인)

① 수소연료공급시설을 설치하려는 자는 대통령령으로 정하는 바에 따라 수소연료공급시설 설치계획(이하 "설치계획"이라 한다)을 작성하여 환경부장관의 승인을 받아야 한다.

② 설치계획에는 다음 각 호의 사항이 포함되어야 한다.

1. 수소연료공급시설을 설치하려는 자의 성명 또는 명칭

2. 수소연료공급시설의 위치, 면적 등 설치 부지에 관한 사항

3. 수소연료공급시설의 용량, 공급방식 등 설비에 관한 사항

4. 그 밖에 제1항에 따른 승인을 위하여 필요한 사항으로서 대통령령으로 정하는 사항

③ 수소연료공급시설을 설치하려는 자가 제1항에 따라 승인을 받은 설치계획 중 대통령령으로 정하는 중요한 사항을 변경하려는 경우에는 변경승인을 받아야 한다.

④ 환경부장관은 제1항 및 제3항에 따른 승인 또는 변경승인을 하려는 때에는 배치계획과 설치계획의 정합성(整合性)을 고려하여야 하며, 미리 관계 행정기관의 장과 협의를 거쳐야 한다.

⑤ 제1항부터 제4항까지에서 규정한 사항 외에 설치계획의 승인, 변경승인, 관계 행정기관의 장과의 협의 등에 필요한 사항은 대통령령으로 정한다.

[본조신설 2021. 4. 13.]

[법률 제18028호(2021. 4. 13..) 부칙 제2조의 규정에 의하여 이 조는 2025년 12월 31일까지

유효함]

제58조의12(인·허가 등의 의제)

① 환경부장관이 제58조의11제1항 및 같은 조 제3항에 따라 설치계획의 승인 또는 변경승인을 한 경우에는 다음 각 호의 허가·신고·지정·인가·협의 등(이하 "인·허가 등"이라 한다)에 관하여 이 조 제3항에 따라 관계 행정기관의 장과 협의한 사항에 대하여는 해당 인·허가 등을 받은 것으로 본다.

1. 「건축법」 제11조·제16조에 따른 건축허가 또는 변경허가, 같은 법 제20조제1항·제3항에 따른 가설건축물의 건축허가 또는 축조신고 및 같은 법 제83조에 따른 공작물의 축조신고

2. 「고압가스 안전관리법」 제4조에 따른 고압가스 제조허가 또는 변경허가

3. 「국토의 계획 및 이용에 관한 법률」 제56조에 따른 개발행위의 허가, 같은 법 제86조에 따른 도시·군계획시설 사업 시행자의 지정 및 같은 법 제88조에 따른 실시계획의 인가

4. 「산지관리법」 제14조·제15조에 따른 산지전용허가와 산지전용신고 및 같은 법 제15조의2에 따른 산지일시사 용허가·신고. 다만, 보전산지인 경우에는 「국토의 계획 및 이용에 관한 법률」에 따른 도시지역만 해당한다.

5. 「농지법」 제34조, 제35조 및 제43조에 따른 농지전용허가·신고 및 협의

6. 「도로법」 제36조에 따른 도로관리청이 아닌 자에 대한 도로공사 시행의 허가, 같은 법 제52조제1항에 따른 도로 와 다른 시설의 연결 허가 및 같은 법 제61조에 따른 도로의 점용 허가

7. 「하천법」 제33조에 따른 하천점용 등의 허가

8. 「하수도법」 제27조에 따른 배수설비(配水設備)의 설치신고 및 같은 법 제34조제2항에 따른 개인하수처리시설의 설치신고

9. 「수도법」 제38조에 따라 수도사업자가 지방자치단체인 경우 그 지방자치단체가 정한 조례에 따른 상수도 공급 신청

10. 「전기안전관리법」 제8조에 따른 자가용전기설비 공사계획의 인가 또는 신고

11. 「물환경보전법」 제33조에 따른 수질오염물질 배출시설 설치의 허가나 신고

12. 제23조에 따른 대기오염물질 배출시설 설치의 허가나 신고

13. 「소음·진동관리법」 제8조에 따른 소음·진동 배출시설 설치의 허가나 신고

14. 「도시공원 및 녹지 등에 관한 법률」 제24조에 따른 도시공원의 점용허가

② 제1항에 따른 허가 또는 변경허가의 의제를 받으려는 자는 제58조의11제1항 및 같은 조 제3

항에 따른 승인 또는 변경승인을 신청할 때에 환경부장관에게 해당 법률에서 정하는 관계 서류를 함께 제출하여야 한다.

③ 환경부장관은 제58조의11제1항 및 같은 조 제3항에 따른 승인 또는 변경승인을 할 경우에는 제2항에 따른 관계 서류를 첨부하여 미리 관계 행정기관의 장과 협의하여야 한다. 이 경우 관계 행정기관의 장은 협의 요청을 받은 날 부터 20일 이내에 의견을 제출하여야 하며, 그 기간 내에 의견을 제출하지 아니하면 협의가 이루어진 것으로 본다.

④ 환경부장관은 제58조의11제1항 및 같은 조 제3항에 따른 승인 또는 변경승인을 하였을 때에는 지체 없이 이 조 제3항에 따른 관계 행정기관의 장에게 그 내용을 통보하여야 한다.

⑤ 제1항에 따라 다른 법률에 따른 허가 또는 변경허가를 받은 것으로 보는 경우에는 관계 법률 또는 조례에 따라 부과되는 수수료·사용료 등을 면제한다.

[본조신설 2021. 4. 13.]

[법률 제18028호(2021. 4. 13..)

부칙 제2조의 규정에 의하여 이 조는 2025년 12월 31일까지 유효함]

제59조(공회전의 제한)

① 시·도지사는 자동차의 배출가스로 인한 대기오염 및 연료 손실을 줄이기 위하여 필요하다고 인정하면 그 시·도의 조례로 정하는 바에 따라 터미널, 차고지, 주차장 등의 장소에서 자동차의 원동기를 가동한 상 태로 주차하거나 정차하는 행위를 제한할 수 있다.

〈개정 2009. 5. 21., 2020. 5. 26.〉

② 시·도지사는 대중교통용 자동차 등 환경부령으로 정하는 자동차에 대하여 시·도 조례에 따라 공회전제한장치 의 부착을 명령할 수 있다. 〈신설 2009. 5. 21., 2012. 5. 23.〉

③ 국가나 지방자치단체는 제2항에 따른 부착 명령을 받은 자동차 소유자에 대하여는 예산의 범위에서 필요한 자금 을 보조하거나 융자할 수 있다. 〈신설 2009. 5. 21.〉

제60조(배출가스저감장치 및 공회전제한장치의 인증 등)

① 배출가스저감장치, 저공해엔진 또는 공회전제한장치를 제조 ·공급 또는 판매하려는 자는 환경부장관으로부터 그 장치나 엔진이 보증기간 동안 환경부령으로 정하는 저감효율 또는 기준에 맞게 유지될 수 있다는 인증을 받아야 한다. 다만, 제작단계에서 배출가스저감장치, 저공해엔진 또는 공 회전제한장치를 부착하여 제작차 인증을 받은 경우에는 인증을 받지 아니할 수 있다. 〈개정 2012. 5. 23.〉

② 제1항에 따라 인증을 받은 자가 인증받은 내용을 변경하려면 변경인증을 받아야 한다.

③ 삭제〈2019. 4. 2.〉

④ 환경부장관은 제1호에 해당하면 인증을 취소하여야 한다. 다만, 제2호와 제3호에 해당하는 경우에는 인증을 취소 할 수 있다. 〈개정 2012. 5. 23., 2019. 4. 2.〉

   1. 거짓이나 그 밖의 부정한 방법으로 인증을 받은 경우

   2. 배출가스저감장치, 저공해엔진 또는 공회전제한장치에 결함이 생겨 이를 개선하여도 제1항에 따른 저감효율 또는 기준을 유지할 수 없는 경우

   3. 제60조의4에 따른 검사 결과 인증의 기준을 유지하지 못하는 경우

⑤ 제1항과 제2항에 따른 인증 또는 변경인증을 받으려는 자는 환경부령으로 정하는 바에 따라 수수료를 내야 한다.

⑥ 제1항에 따른 인증의 신청ㆍ시험ㆍ기준 및 방법 등에 필요한 사항은 환경부령으로 정한다.

   [제목개정 2012. 5. 23.]

제60조의2(배출가스저감장치 등의 관리)

① 제58조제1항 또는 제2항에 따른 조치를 한 자동차의 소유자는 그 조치를 한 날부터 2개월이 되는 날 전후 각각 15일 이내에 환경부령으로 정하는 바에 따라 자동차에 부착 또는 교체한 배출 가스저감장치나 개조 또는 교체한 저공해엔진이 제60조제1항에 따른 저감효율에 맞게 유지되는지 성능유지 확인을 받아야 한다. 다만, 자동차 배출가스 종합전산체계를 통하여 배출가스저감장치 또는 저공해엔진의 성능이 유지되는 지를 확인할 수 있는 경우에는 성능유지 확인을 받은 것으로 본다. 〈개정 2015. 1. 20.〉

② 제1항에 따른 성능유지 확인 방법, 확인기관 등 필요한 사항은 환경부령으로 정한다.

③ 제1항에 따라 성능을 유지할 수 있다는 확인을 받은 자동차는 제58조제1항 또는 제2항에 따른 조치를 한 날부터 3년간 제62조제1항에 따른 배출가스 정기검사 및 제63조제1항에 따른 배출가스 정밀검사를 받지 아니하여도 된다.

④ 제58조제1항 또는 제2항에 따른 조치를 한 자동차의 소유자는 배출가스저감장치 또는 저공해엔진의 성능을 유 지하기 위하여 배출가스저감장치의 점검 등 환경부령으로 정하는 사항을 지켜야 한다.

⑤ 시ㆍ도지사는 자동차의 소유자가 제4항에 따른 준수사항을 지키지 아니한 경우에는 배출가스저감장치의 점검 등 제4항에 따른 준수사항의 이행에 필요한 조치를 명할 수 있다.

⑥ 배출가스저감장치나 저공해엔진을 제조ㆍ공급 또는 판매하려는 자는 환경부령으로 정하는 바에 따라 자동차에 부착한 배출가스저감장치 또는 저공해엔진으로 개조한 자동차의 성능을 점검하고, 그 결과를 환경부장관과 시ㆍ도 지사에게 제출하여야 한다. 다만, 자동차 배출

가스 종합전산체계를 통하여 배출가스저감장치의 성능이 유지되는지를 확인할 수 있는 경우에는 점검결과를 제출하지 아니할 수 있다. 〈신설 2019. 4. 2.〉

[본조신설 2012. 2. 1.]

제60조의3(배출가스저감장치 등의 저감효율 확인검사)

① 환경부장관은 자동차에 부착 또는 교체한 배출가스저감장치 나 개조 또는 교체한 저공해엔진이 제60조제1항 본문에 따른 보증기간 동안 저감효율을 유지하는지 검사할 수 있다.

② 제1항에 따른 검사의 대상 장치 또는 엔진의 선정기준, 검사의 방법·절차·기준, 판정방법 및 검사수수료 등에 관하여 필요한 사항은 환경부령으로 정한다.

[본조신설 2012. 2. 1.]

제60조의4(배출가스저감장치 등의 수시검사)

① 환경부장관은 제60조제1항에 따라 인증을 받은 배출가스저감장치나 저공해엔진에 대하여 자동차에 부착하거나 저공해엔진으로 개조하기 전에 인증의 기준을 유지할 수 있는지를 수시 로 검사할 수 있다.

② 제1항에 따른 검사의 대상·방법·절차 등에 필요한 사항은 환경부령으로 정한다.

[본조신설 2019. 4. 2.]

제61조(운행차의 수시 점검)

① 환경부장관, 특별시장·광역시장·특별자치시장·특별자치도지사·시장·군수·구청 장은 자동차에서 배출되는 배출가스가 제57조에 따른 운행차배출허용기준에 맞는지 확인하기 위하여 도로나 주차 장 등에서 자동차의 배출가스 배출상태를 수시로 점검하여야 한다.

〈개정 2012. 2. 1., 2013. 7. 16.〉

② 자동차 운행자는 제1항에 따른 점검에 협조하여야 하며 이에 따르지 아니하거나 기피 또는 방해하여서는 아니 된 다. 〈개정 2020. 5. 26.〉

③제1항에 따른 점검 방법 등에 필요한 사항은 환경부령으로 정한다.

제62조(운행차의 배출가스 정기검사)

① 자동차[「자동차관리법」 제3조제1항제5호에 따른 이륜자동차(이하 "이륜자동차 "라 한다)는 제외한다. 이하 이 항에서 같다]의 소유자는 「자동차관리법」 제43조제1항제2호와 「건설기계관리법」 제 13조제1항제2호에 따라 일정 기간마다 그 자동차에서 나오는 배출가스

가 운행차배출허용기준에 맞는지를 검사하는 운행차 배출가스 정기검사를 받아야 한다. 다만, 저공해자동차 중 환경부령으로 정하는 자동차와 제63조에 따른 정 밀검사 대상 자동차의 경우에는 해당 연도의 배출가스 정기검사 대상에서 제외한다.

〈개정 2012. 2. 1., 2012. 5. 23., 2013. 7. 16.〉

② 이륜자동차의 소유자는 이륜자동차에 대하여 환경부령으로 정하는 바에 따라 환경부장관이 일정 기간마다 그 이륜자동차에서 나오는 배출가스가 운행차배출허용기준에 맞는지를 검사하는 배출가스 정기검사(이하 "이륜자동차 정기검사"라 한다)를 받아야 한다. 다만, 전기이륜자동차 등 환경부령으로 정하는 이륜자동차의 경우에는 이륜자동 차정기검사 대상에서 제외한다.

〈신설 2013. 7. 16.〉

③ 환경부장관은 이륜자동차의 소유자가 천재지변이나 그 밖의 부득이한 사유로 이륜자동차정기검사를 받을 수 없 다고 인정하는 경우에는 환경부령으로 정하는 바에 따라 그 검사 기간을 연장하거나 이륜자동차정기검사를 유예 (猶豫)할 수 있다.

〈신설 2013. 7. 16.〉

④ 환경부장관은 이륜자동차정기검사를 받지 아니한 이륜자동차 소유자에게 환경부령으로 정하는 바에 따라 이륜 자동차정기검사를 받도록 명할 수 있다.

〈신설 2013. 7. 16.〉

⑤ 제2항에 따라 이륜자동차정기검사를 받으려는 자는 제62조의2제1항에 따른 이륜자동차정기검사 업무 대행기관 및 제62조의3에 따른 지정정비사업자가 정하는 수수료를 내야 한다.

〈신설 2013. 7. 16.〉

⑥ 제1항에 따른 배출가스 정기검사 및 이륜자동차정기검사(이하 "정기검사"라 한다)의 방법, 검사항목, 검사기관의 검사능력, 검사의 대상 및 검사 주기 등에 관하여 필요한 사항은 자동차의 종류에 따라 각각 환경부령으로 정한다.

〈개정 2013. 7. 16.〉

⑦ 환경부장관이 제6항에 따라 환경부령을 정하는 경우에는 국토교통부장관과 협의하여야 한다. 다만, 이륜자동차 정기검사에 관한 사항을 정하는 경우에는 그러하지 아니하다.

〈개정 2013. 7. 16.〉

⑧ 환경부장관은 제1항에 따른 배출가스 정기검사의 결과에 관한 자료를 국토교통부장관에게 요청할 수 있다. 이 경 우 국토교통부장관은 특별한 사유가 없으면 그 요청에 따라야 한다.

〈개정 2008. 2. 29., 2013. 3. 23., 2013. 7. 16., 2020. 5. 26.〉

제62조의2(이륜자동차정기검사 업무의 대행)

① 환경부장관은 이륜자동차정기검사 업무를 효율적으로 수행하기 위하 여 필요한 경우에는 대통령령으로 정하는 전문기관에 이륜자동차정기검사 업무를 대행하게 할 수 있다.

② 제1항에 따른 이륜자동차정기검사 업무 대행기관이 갖추어야 할 시설·장비 및 기술인력 등

에 관하여 필요한 사항은 환경부령으로 정한다. [본조신설 2013. 7. 16.]

제62조의3(지정정비사업자의 지정 등)

① 환경부장관은 이륜자동차정기검사를 효율적으로 하기 위하여 필요하다고 인정하면 자동차정비업자 중 일정한 시설과 기술인력을 확보한 자를 지정정비사업자로 지정하여 정기검사업무(그 결과의 통지를 포함한다)를 수행하게 할 수 있다.

② 제1항에 따른 지정정비사업자(이하 "지정정비사업자"라 한다)로 지정받으려는 자동차정비업자는 환경부령으로 정하는 시설 및 기술인력기준을 갖추어 환경부장관에게 지정을 신청하여야 한다.

③ 지정정비사업자의 시설, 기술인력기준, 지정 절차 및 검사업무의 범위 등에 관하여 필요한 사항은 환경부령으로 정한다.

[본조신설 2013. 7. 16.]

제62조의4(지정의 취소 등)

① 환경부장관은 이륜자동차정기검사대행자 또는 지정정비사업자가 다음 각 호의 어느 하나에 해당하는 경우에는 그 지정을 취소하거나 6개월 이내의 기간을 정하여 그 업무의 전부 또는 일부의 정지를 명할 수 있다. 다만, 제1호에 해당하는 경우에는 그 지정을 취소하여야 한다.   〈개정 2020. 5. 26.〉

1. 거짓이나 그 밖의 부정한 방법으로 지정을 받은 경우

2. 업무와 관련하여 부정한 금품을 수수(授受)하거나 그 밖의 부정한 행위를 한 경우

3. 자산상태의 불량 등의 사유로 그 업무를 계속하는 것이 적합하지 아니하다고 인정될 경우

4. 검사를 실시하지 아니하고 거짓으로 자동차검사표를 작성하거나 검사 결과와 다르게 자동차검사표를 작성한 경우

5. 그 밖에 이륜자동차정기검사와 관련된 제62조의3에 따른 기준 및 절차를 위반하는 사항으로서 환경부령으로 정하는 경우

② 제1항에 따른 처분의 세부 기준과 절차, 그 밖에 필요한 사항은 환경부령으로 정한다.

[본조신설 2013. 7. 16.]

제63조(운행차의 배출가스 정밀검사)

① 다음 각 호의 지역 중 어느 하나에 해당하는 지역에 등록(「자동차관리법」 제5조와 「건설기계관리법」 제3조에 따른 등록을 말한다)된 자동차의 소유자는 관할 시·도지사가 그

시·도의 조례로 정하는 바에 따라 실시하는 운행차 배출가스 정밀검사(이하 "정밀검사"라 한다)를 받아야 한다. 〈개정 2019. 4. 2.〉

1. 대기관리권역

2. 인구 50만명 이상의 도시지역 중 대통령령으로 정하는 지역

② 제1항에도 불구하고 다음 각 호의 어느 하나에 해당하는 자동차는 정밀검사를 면제한다. 〈개정 2019. 4. 2.〉

1. 저공해자동차 중 환경부령으로 정하는 자동차

2. 「대기관리권역의 대기환경개선에 관한 특별법」 제26조제2항에 따라 검사를 받은 특정경유자동차

3. 「대기관리권역의 대기환경개선에 관한 특별법」 제26조제3항에 따른 조치를 한 날부터 3년 이내인 특정경유자동 차

③ 정밀검사에 관하여는 「자동차관리법」 제43조의2에 따른다.

④ 정밀검사 결과(관능 및 기능검사는 제외한다) 2회 이상 부적합 판정을 받은 자동차의 소유자는 제68조제1항에 따라 등록한 전문정비사업자에게 정비·점검을 받은 후 전문정비사업자가 발급한 정비·점검 결과표를 「자동차관리법」 제44조의2 또는 제45조의2에 따라 지정을 받은 종합검사대행자 또는 종합검사지정정비사업자에게 제출하고 재검사를 받아야 한다. 〈개정 2015. 1. 20.〉

⑤ 정밀검사의 기준 및 방법, 검사항목 등 필요한 사항은 환경부령으로 정한다.

⑥ 제1항 각 호에 따른 지역을 관할하는 시·도지사는 자동차 소유자가 「자동차관리법」 제8조·제11조·제12조에 따라 신규·변경·이전 등록을 신청하는 경우에는 정밀검사 대상임을 알 수 있도록 자동차등록증에 검사주기 등을 기재하여야 한다.

[전문개정 2012. 2. 1.]

제64조삭제 〈2012. 2. 1.〉

제65조삭제 〈2012. 2. 1.〉

제66조삭제 〈2012. 2. 1.〉

제67조삭제 〈2012. 2. 1.〉

제68조(배출가스 전문정비사업의 등록 등)

① 자동차의 배출가스 관련 부품 등의 정비 · 점검 및 확인검사 업무를 하려는 자는 「자동차관리법」 제53조에 따라 자동차관리사업의 등록을 한 후 대통령령으로 정하는 기준에 맞는 시설 · 장비 및 기술인력을 갖추어 특별자치시장 · 특별자치도지사 · 시장 · 군수 · 구청장에게 배출가스 전문정비사업의 등록을 하여야 한다. 등록한 사항 중 대통령령으로 정하는 중요한 사항을 변경하려는 경우에도 또한 같다. 〈개정 2013. 7. 16.〉

② 제1항에 따라 배출가스 전문정비사업의 등록을 한 자(이하 "전문정비사업자"라 한다)가 이 법에 따른 정비 · 점검 및 확인검사를 한 경우에는 자동차 소유자에게 정비 · 점검 및 확인검사 결과표를 발급하고 그 내용을 제54조에 따른 자동차 배출가스 종합전산체계에 입력하여야 한다. 〈개정 2015. 1. 20.〉

③ 전문정비사업자는 등록된 기술인력에게 환경부령으로 정하는 바에 따라 환경부장관이 실시하는 교육을 받도록 하여야 한다. 이 경우 환경부장관은 관련 전문기관에 교육의 실시를 위탁할 수 있다.

④ 전문정비사업자와 정비업무에 종사하는 기술인력은 다음 각 호의 어느 하나에 해당하는 행위를 하여서는 아니 된다. 1. 거짓이나 그 밖의 부정한 방법으로 정비 · 점검 및 확인검사 결과표를 발급하거나 전산 입력을 하는 행위 2. 다른 자에게 등록증을 대여하거나 다른 자에게 자신의 명의로 정비 · 점검 및 확인검사 업무를 하게 하는 행위 3. 등록된 기술인력 외의 사람에게 정비 · 점검 및 확인검사를 하게 하는 행위 4. 그 밖에 정비 · 점검 및 확인검사 업무에 관하여 환경부령으로 정하는 준수사항을 위반하는 행위

⑤ 제1항에 따른 전문정비사업자의 등록 기준 및 절차 등 필요한 사항은 환경부령으로 정한다.

[전문개정 2012. 2. 1.]

제69조(등록의 취소 등)

① 특별자치시장 · 특별자치도지사 · 시장 · 군수 · 구청장은 전문정비사업자가 다음 각 호의 어느 하나에 해당하면 6개월 이내의 기간을 정하여 업무의 전부 또는 일부의 정지를 명하거나 그 등록을 취소할 수 있다. 다만, 제1호 · 제2호 · 제4호 및 제5호에 해당하는 경우에는 등록을 취소하여야 한다. 〈개정 2013. 7. 16.〉

1. 거짓이나 그 밖의 부정한 방법으로 등록을 한 경우

2. 제69조의2에 따른 결격 사유에 해당하게 된 경우. 다만, 제69조의2제5호에 따른 결격 사유에 해당하는 경우로서 그 사유가 발생한 날부터 2개월 이내에 그 사유를 해소한 경우에는 그러하지 아니하다.

3. 고의 또는 중대한 과실로 정비 · 점검 및 확인검사 업무를 부실하게 한 경우

4. 「자동차관리법」 제66조에 따라 자동차관리사업의 등록이 취소된 경우

5. 업무정지기간에 정비 · 점검 및 확인검사 업무를 한 경우

6. 제68조제1항에 따른 등록기준을 충족하지 못하게 된 경우 7. 제68조제1항 후단에 따른 변경등록을 하지 아니한 경우 8. 제68조제4항에 따른 금지행위를 한 경우

② 제1항에 따른 행정처분의 세부기준은 환경부령으로 정한다. [전문개정 2012. 2. 1.]

제69조의2(결격 사유)

다음 각 호의 어느 하나에 해당하는 자는 전문정비사업의 등록을 할 수 없다.

〈개정 2015. 1. 20., 2020. 12. 29.〉

1. 피성년후견인 또는 피한정후견인

2. 파산선고를 받고 복권되지 아니한 자

3. 이 법을 위반하여 징역 이상의 실형을 선고받고 그 집행이 끝나거나(집행이 끝난 것으로 보는 경우를 포함한다) 집행을 받지 아니하기로 확정된 날부터 2년이 지나지 아니한 자

4. 제69조에 따라 등록이 취소(이 조 제1호 또는 제2호에 해당하여 등록이 취소된 경우는 제외한다)된 후 2년이 지 나지 아니한 자

5. 임원 중 제1호부터 제4호까지의 어느 하나에 해당하는 사람이 있는 법인

[본조신설 2012. 2. 1.]

제70조(운행차의 개선명령)

① 환경부장관, 특별시장 · 광역시장 · 특별자치시장 · 특별자치도지사 · 시장 · 군수 · 구청장은 제61조에 따른 운행차에 대한 점검 결과 그 배출가스가 운행차배출허용기준을 초과하는 경우에는 환경부령으로 정하는 바에 따라 자동차 소유자에게 개선을 명할 수 있다.

〈개정 2012. 2. 1., 2013. 7. 16.〉

② 제1항에 따라 개선명령을 받은 자는 환경부령으로 정하는 기간 이내에 전문정비사업자에게 정비 · 점검 및 확인 검사를 받아야 한다. 〈개정 2012. 2. 1.〉

③ 제2항에도 불구하고 배출가스 보증기간 이내인 자동차로서 자동차 소유자의 고의 또는 과실이 없는 경우(고의 또는 과실 여부는 자동자제작자가 입증하여야 한다)에는 자동차제작자가 비용을 부담하여 정비 · 점검 및 확인검사 를 하여야 한다. 다만, 자동차제작자가 직접 확인 검사를 할 수 없는 경우에는 전문정비사업자, 「자동차관리법」 제 44조의2에 따른 종합검사대행자 또는 같은 법 제45조의2에 따른 종합검사 지정정비사업자(이하 이 조에서 "전문정

비사업자등"이라 한다)에게 확인검사를 위탁할 수 있다. 〈개정 2012. 2. 1.〉

④ 제2항 및 제3항에 따라 정비·점검 및 확인검사를 받은 자동차는 환경부령으로 정하는 기간 동안 정기검사와 정 밀검사를 받지 아니하여도 된다. 〈신설 2012. 2. 1.〉

⑤ 전문정비사업자등이나 자동차제작자가 제2항 및 제3항에 따라 정비·점검 및 확인검사를 한 경우에는 자동차 소유자에게 정비·점검 및 확인검사 결과표를 발급하고 환경부령으로 정하는 바에 따라 특별시장·광역시장·특 별자치시장·특별자치도지사·시장·군수·구 청장에게 정비·점검 및 확인검사 결과를 보고하여야 한다. 〈신설 2012. 2. 1., 2013. 7. 16.〉

제70조의2(자동차의 운행정지)

① 환경부장관, 특별시장·광역시장·특별자치시장·특별자치도지사·시장·군수·구 청장은 제70조제1항에 따른 개선명령을 받은 자동차 소유자가 같은 조 제2항에 따른 확인검사를 환경부령으로 정하 는 기간 이내에 받지 아니하는 경우에는 10일 이내의 기간을 정하여 해당 자동차의 운행정지를 명할 수 있다. 〈개정 2013. 7. 16.〉

② 제1항에 따른 운행정지처분의 세부기준은 환경부령으로 정한다.

[본조신설 2012. 2. 1.]

제71조삭제 〈2012. 2. 1.〉

제72조삭제 〈2012. 2. 1.〉

제73조삭제 〈2012. 2. 1.〉

제74조(자동차연료·첨가제 또는 촉매제의 검사 등)

① 자동차연료·첨가제 또는 촉매제를 제조(수입을 포함한다. 이하 이 조, 제75조, 제82조제1항제11호, 제89조제9호·제13호, 제91조제10호 및 제94조제4항제14호에서 같다)하려는 자 는 환경부령으로 정하는 제조기준(이하 "제조기준"이라 한다)에 맞도록 제조하여야 한다.

〈개정 2008. 12. 31., 2013. 7. 16.〉

② 자동차연료·첨가제 또는 촉매제를 제조하려는 자는 제조기준에 맞는지에 대하여 미리 환경부장관으로부터 검 사를 받아야 한다.〈신설 2008. 12. 31.〉

③ 제2항에 따른 첨가제 또는 촉매제에 대한 검사의 유효기간은 제조기준에 맞는지를 확인받은 날부터 3년으로 한 다. 〈신설 2020. 12. 29.〉

④ 제3항에 따른 유효기간이 종료된 후에도 계속하여 첨가제 또는 촉매제를 제조하려는 자는 제2항에 따른 검사를 다시 받아야 한다. 〈신설 2020. 12. 29.〉

⑤ 환경부장관은 자동차연료·첨가제 또는 촉매제의 품질을 유지하기 위하여 필요한 경우에는 시중에 유통·판매 되는 자동차연료·첨가제 또는 촉매제가 제조기준에 적합한지 여부를 검사할 수 있다. 〈신설 2012. 5. 23., 2020. 12. 29.〉

⑥ 누구든지 다음 각 호의 어느 하나에 해당하는 것을 자동차연료·첨가제 또는 촉매제로 공급·판매하거나 사용하 여서는 아니 된다. 다만, 학교나 연구기관 등 환경부령으로 정하는 자가 시험·연구 목적으로 제조·공급하거나 사 용하는 경우에는 그러하지 아니하다.
〈개정 2008. 12. 31., 2012. 5. 23., 2013. 7. 16., 2020. 12. 29.〉

1. 제2항에 따른 검사 결과 제1항을 위반하여 제조기준에 맞지 아니한 것으로 판정된 자동차연료·첨가제 또는 촉 매제

2. 제2항을 위반하여 검사를 받지 아니하거나 검사받은 내용과 다르게 제조된 자동차연료·첨가제 또는 촉매제

⑦ 환경부장관은 자동차연료·첨가제 또는 촉매제로 환경상의 위해가 발생하거나 인체에 매우 유해한 물질이 배출 된다고 인정하면 환경부령으로 정하는 바에 따라 그 제조·판매 또는 사용을 규제할 수 있다. 〈개정 2008. 12. 31., 2012. 5. 23., 2020. 12. 29.〉

⑧ 첨가제 또는 촉매제를 제조하려는 자는 환경부령으로 정하는 바에 따라 첨가제 또는 촉매제가 제2항에 따른 검사 를 받고 제조기준에 맞는 제품임을 표시하여야 한다.
〈개정 2008. 12. 31., 2012. 5. 23., 2020. 12. 29.〉

⑨ 제2항에 따른 검사를 받으려는 자는 환경부령으로 정하는 수수료를 내야 한다.
〈개정 2008. 12. 31., 2012. 5. 23., 2020. 12. 29.〉

⑩ 제2항 및 제5항에 따른 검사의 방법 및 절차는 환경부령으로 정한다.
〈개정 2008. 12. 31., 2012. 5. 23., 2020. 12. 29.〉

⑪ 제2항에 따른 검사를 받고 첨가제 또는 촉매제를 제조하는 자가 업체명, 주소 등 환경부령으로 정하는 사항을 변 경하려는 경우에는 환경부령으로 정하는 바에 따라 변경신고를 하여야 한다. 〈신설 2020. 12. 29.〉

[제목개정 2008. 12. 31.]

제74조의2(검사업무의 대행)

① 환경부장관은 제74조에 따른 검사업무를 효율적으로 수행하기 위하여 필요한 경우에 는 전문기관을 지정하여 검사업무를 대행하게 할 수 있다.

② 제1항에 따라 지정을 받은 전문기관(이하 "검사대행기관"이라 한다)은 지정받은 사항 중 시설·장비 등 환경부령으로 정하는 중요한 사항을 변경한 경우에는 환경부장관에게 신고하여야 한다. 〈신설 2020. 12. 29.〉

③ 검사대행기관 및 검사업무에 종사하는 자는 다음 각 호의 행위를 하여서는 아니 된다. 〈개정 2012. 5. 23., 2020. 12. 29.〉

  1. 다른 사람에게 자신의 명의로 검사업무를 하게 하는 행위

  2. 거짓이나 그 밖의 부정한 방법으로 검사업무를 하는 행위

  3. 검사업무와 관련하여 환경부령으로 정하는 준수사항을 위반하는 행위

  4. 제74조제10항에 따른 검사의 방법 및 절차를 위반하여 검사업무를 하는 행위

④ 검사대행기관의 지정기준, 지정절차, 그 밖에 검사업무에 필요한 사항은 환경부령으로 정한다. 〈개정 2020. 12. 29.〉

[본조신설 2008. 12. 31.]

제74조의3(검사대행기관의 지정 취소 등)

환경부장관은 검사대행기관이 다음 각 호의 어느 하나에 해당하는 경우에는 그 지정을 취소하거나 6개월 이내의 기간을 정하여 업무의 전부 또는 일부의 정지를 명할 수 있다. 다만, 제1호에 해 당하는 경우에는 그 지정을 취소하여야 한다. 〈개정 2020. 12. 29.〉

  1. 거짓이나 그 밖의 부정한 방법으로 지정을 받은 경우

  2. 제74조의2제3항 각 호의 금지행위를 한 경우

  3. 제74조의2제4항에 따른 지정기준을 충족하지 못하게 된 경우 [본조신설 2008. 12. 31.]

제75조(자동차연료·첨가제 또는 촉매제의 제조·공급·판매 중지 및 회수)

① 환경부장관은 제74조제6항에 따라 공 급·판매 또는 사용이 금지되는 자동차연료·첨가제 또는 촉매제를 제조한 자에 대해서는 제조의 중지 및 유통·판 매 중인 제품의 회수를 명할 수 있다. 〈개정 2013. 7. 16., 2020. 12. 29.〉

② 환경부장관은 제74조제6항에 따라 공급·판매 또는 사용이 금지되는 자동차연료·첨가제 또는 촉매제를 공급하 거나 판매한 자에 대하여는 공급이나 판매의 중지를 명할 수 있다. 〈개정 2008. 12. 31., 2012. 5. 23., 2013. 7. 16., 2020. 12. 29.〉

[제목개정 2013. 7. 16.]

제75조의2(친환경연료의 사용 권고)

① 환경부장관 또는 시 · 도지사는 대기환경을 개선하기 위하여 필요하다고 인정 하는 경우에는 친환경연료를 자동차연료로 사용할 것을 권고할 수 있다.

② 제1항에 따른 친환경연료의 종류, 품질기준, 사용차량 및 사용지역 등 필요한 사항은 산업통상자원부장관과 협 의하여 환경부령으로 정한다. 〈개정 2013. 3. 23.〉

[본조신설 2012. 2. 1.]

제76조(선박의 배출허용기준 등)

① 선박 소유자는 「해양환경관리법」 제43조제1항에 따른 선박의 디젤기관에서 배출 되는 대기오염물질 중 대통령령으로 정하는 대기오염물질을 배출할 때 환경부령으로 정하는 허용기준에 맞게 하여 야 한다. 〈개정 2007. 1. 19.〉

② 환경부장관은 제1항에 따른 허용기준을 정할 때에는 미리 관계 중앙행정기관의 장과 협의하여야 한다.

③ 환경부장관은 필요하다고 인정하면 제1항에 따른 허용기준의 준수에 관하여 해양수산부장관에게 「해양환경관리 법」 제49조부터 제52조까지의 규정에 따른 검사를 요청할 수 있다.

〈개정 2007. 1. 19., 2008. 2. 29., 2013. 3. 23., 2020. 5. 26.〉

제5장 자동차 온실가스 배출 관리

제76조의2(자동차 온실가스 배출허용기준)

자동차제작자는 「저탄소 녹색성장 기본법」 제47조제2항에 따라 자동차 온 실가스 배출허용기준을 택하여 준수하기로 한 경우 환경부령으로 정하는 자동차에 대한 온실가스 평균배출량이 환 경부장관이 정하는 허용기준(이하 "온실가스 배출허용기준"이라 한다)에 적합하도록 자동차를 제작 · 판매하여야 한 다.

[본조신설 2013. 4. 5.]

제76조의2(자동차 온실가스 배출허용기준)

자동차제작자는 「기후위기 대응을 위한 탄소중립 · 녹색성장 기본법」 제 32조제2항에 따라 자동차 온실가스 배출허용기준을 택하여 준수하기로 한 경우 환경부령으로 정하는 자동차에 대한 온실가스 평균배출량이 환경부장관이 정하는 허용기준(이하 "온실가스 배출허용기준"이라 한다)에 적합하도록 자동 차를 제작 · 판매하여야 한다. 〈개정 2021. 9. 24.〉

[본조신설 2013. 4. 5.]

[시행일: 2022. 3. 25.] 제76조의2

제76조의3(자동차 온실가스 배출량의 보고)

① 자동차제작자는 제76조의2에 따른 환경부령으로 정하는 자동차를 판매 하고자 하는 경우 환경부장관이 지정하는 시험기관에서 해당 자동차의 온실가스 배출량을 측정하고 그 측정결과를 환경부장관에게 보고하여야 한다. 다만, 환경부령으로 정하는 장비 및 인력을 보유한 자동차제작자의 경우에는 자체 적으로 온실가스 배출량을 측정하여 그 측정결과를 보고할 수 있다.

② 환경부장관은 제1항에 따라 자동차제작자가 보고한 측정결과에 보완이 필요한 경우 30일 이내에 자동차제작자 에게 측정결과의 수정 또는 보완을 요청할 수 있다. 이 경우 자동차제작자는 정당한 사유가 없으면 이에 따라야 한 다.

③ 환경부장관은 자동차제작자가 제1항에 따라 보고한 측정결과에 적합하게 자동차를 제작하였는지를 확인하기 위 하여 같은 항에 따라 측정결과를 보고한 자동차에 대하여 환경부령으로 정하는 바에 따라 1년 이내에 사후검사를 실시할 수 있다. 이 경우 측정결과에 대한 사후검사 결과의 허용 오차범위는 환경부령으로 정한다.

[본조신설 2013. 4. 5.]

제76조의4(자동차 온실가스 배출량의 표시)

① 자동차제작자는 온실가스를 적게 배출하는 자동차의 사용 · 소비가 촉 진될 수 있도록 제76조의3에 따라 환경부장관에게 보고한 자동차 온실가스 배출량을 해당 자동차에 표시하여야 한 다.

② 제1항에 따른 온실가스 배출량의 표시방법과 그 밖에 필요한 사항은 환경부령으로 정한다.

[본조신설 2013. 4. 5.]

제76조의5(자동차 온실가스 배출허용기준 및 평균에너지소비효율기준의 적용·관리 등)

① 자동차제작자는 자동차 온 실가스 배출허용기준 또는 평균에너지소비효율기준(「저탄소 녹색성장 기본법」 제47조제2항에 따라 산업통상자원 부장관이 정하는 평균에너지소비효율기준을 말한다. 이하 같다) 준수 여부 확인에 필요한 판매실적 등 환경부장관이 정하는 자료를 환경부장관에게 제출하여야 한다.

② 자동차제작자는 해당 연도의 온실가스 평균배출량 또는 평균에너지소비효율이 온실가스 배출허용기준 또는 평 균에너지소비효율기준 이내인 경우 그 차이분을 다음 연도부터 환경부령으로 정하는 기간 동안 이월하여 사용하거 나 자동차제작자 간에 거래할 수 있으며, 해당 연도별 온실가스 평균배출량 또는 평균에너지소비효율이 온실가스 배출허용기준 또는 평균에너지소비효율기준을 초과한 경우에는 그 초과분을 다음 연도부터 환경부령으로 정하는 기간 내에 상환할 수 있다.

③ 제1항 및 제2항에 따른 자료의 작성방법·제출시기, 차이분·초과분의 산정방법, 상환·거래 방법, 그 밖에 필요 한 사항은 환경부장관이 정하여 고시한다.

[본조신설 2013. 4. 5.]

제76조의5(자동차 온실가스 배출허용기준 및 평균에너지소비효율기준의 적용·관리 등)

① 자동차제작자는 자동차 온 실가스 배출허용기준 또는 평균에너지소비효율기준(「기후위기 대응을 위한 탄소중립·녹색성장 기본법」 제32조제 2항에 따라 산업통상자원부장관이 정하는 평균에너지소비효율기준을 말한다. 이하 같다) 준수 여부 확인에 필요한 판매실적 등 환경부장관이 정하는 자료를 환경부장관에게 제출하여야 한다. 〈개정 2021. 9. 24.〉

② 자동차제작자는 해당 연도의 온실가스 평균배출량 또는 평균에너지소비효율이 온실가스 배출허용기준 또는 평 균에너지소비효율기준 이내인 경우 그 차이분을 다음 연도부터 환경부령으로 정하는 기간 동안 이월하여 사용하거 나 자동차제작자 간에 거래할 수 있으며, 해당 연도별 온실가스 평균배출량 또는 평균에너지소비효율이 온실가스 배출허용기준 또는 평균에너지소비효율기준을 초과한 경우에는 그 초과분을 다음 연도부터 환경부령으로 정하는 기간 내에 상환할 수 있다.

③ 제1항 및 제2항에 따른 자료의 작성방법·제출시기, 차이분·초과분의 산정방법, 상환·거래 방법, 그 밖에 필요 한 사항은 환경부장관이 정하여 고시한다.

[본조신설 2013. 4. 5.]

제76조의6(과징금 처분)

① 환경부장관은 온실가스 배출허용기준을 준수하지 못한 자동차제작자에게 초과분에 따라 대통령령으로 정하는 매출액에 100분의 1을 곱한 금액을 초과하지 아니하는 범위에서 과징금을 부과·징수할 수 있 다. 다만, 제76조의5제2항에 따라 자동차제작자가 초과분을 상환하는 경우에는 그러하지 아니하다.

② 제1항에 따른 과징금의 산정방법·금액, 징수시기, 그 밖에 필요한 사항은 대통령령으로 정한다. 이 경우 과징금 의 금액은 평균에너지소비효율기준을 준수하지 못하여 부과하는 과징금 금액과 동일한 수준이 될 수 있도록 정한 다.

③ 환경부장관은 제1항에 따른 과징금을 내야 할 자가 납부기한까지 내지 아니하면 국세 체납처분의 예에 따라 징 수한다.

④ 제1항에 따라 징수한 과징금은 「환경정책기본법」 에 따른 환경개선특별회계의 세입으로 한다.

[본조신설 2013. 4. 5.]

제76조의7삭제 〈2020. 12. 29.〉

제76조의8삭제 〈2020. 12. 29.〉

제6장 냉매의 관리

제76조의9(냉매의 관리기준 등)

① 환경부장관은 건축물의 냉난방용, 식품의 냉동·냉장용, 그 밖의 산업용으로 냉매를 사용하는 기기(이하 "냉매사용기기"라 한다)로부터 배출되는 냉매를 줄이기 위하여 다음 각 호의 사항에 관한 관리 기준(이하 "냉매관리기준"이라 한다)을 마련하여야 한다. 이 경우 환경부장관은 관계 중앙행정기관의 장과 협의하여 야 한다.

1. 냉매사용기기의 유지 및 보수

2. 냉매의 회수 및 처리

② 환경부장관은 냉매의 관리를 위하여 필요한 경우 관계 중앙행정기관의 장에게 관련 자료를 요청할 수 있다. 이 경우 요청을 받은 기관의 장은 특별한 사유가 없으면 이에 협조하여야 한다.

③ 냉매사용기기의 범위와 냉매관리기준은 환경부령으로 정한다.

[본조신설 2017. 11. 28.]

제76조의10(냉매사용기기의 관리 등)

① 냉매사용기기의 소유자·점유자 또는 관리자(이하 "소유자등"이라 한다)는 냉매관리기준을 준수하여 냉매사용기기를 유지·보수하거나 냉매를 회수·처리하여야 한다.

② 냉매사용기기의 소유자등은 냉매사용기기의 유지·보수 및 냉매의 회수·처리 내용을 환경부령으로 정하는 바 에 따라 기록·보존하고, 그 내용을 환경부장관에게 제출하여야 한다.

③ 냉매사용기기의 소유자등은 제76조의11제1항에 따라 냉매회수업의 등록을 한 자(이하 "냉매회수업자"라 한다)에게 냉매의 회수를 대행하게 할 수 있다.

[본조신설 2017. 11. 28.]

제76조의11(냉매회수업의 등록)

① 냉매사용기기의 냉매를 회수(회수한 냉매의 보관, 운반 및 환경부령으로 정하는 재 사용을 포함한다. 이하 이 장에서 같다)하는 영업(이하 "냉매회수업"이라 한다)을 하려는 자는 대통령령으로 정하는 시설·장비 및 기술인력의 기준을 갖추어 환경부장관에게 등록하여야 한다.

② 냉매회수업자는 등록사항 중 대통령령으로 정하는 중요한 사항을 변경하려는 경우에는 변경등록을 하여야 한다.

③ 환경부장관은 냉매회수업의 등록을 한 경우에는 환경부령으로 정하는 바에 따라 등록대장에 그 내용을 기록하 고, 등록증을 발급하여야 한다.

④ 제1항 및 제2항에 따른 등록 및 변경등록의 절차와 제3항에 따른 등록증의 발급 등에 필요한 사항은 환경부령으 로 정한다.

⑤ 다음 각 호의 어느 하나에 해당하는 자는 냉매회수업의 등록을 할 수 없다.

1. 피성년후견인 또는 피한정후견인

2. 파산선고를 받고 복권되지 아니한 사람

3. 이 법을 위반하여 징역 이상의 실형을 선고받고 그 집행이 끝나거나(집행이 끝난 것으로 보는 경우를 포함한다) 집행을 받지 아니하기로 확정된 날부터 2년이 지나지 아니한 사람

4. 제76조의13에 따라 등록이 취소(제1호 또는 제2호에 해당하여 등록이 취소된 경우는 제외한다)된 후 2년이 지나 지 아니한 자

5. 임원 중 제1호부터 제4호까지의 어느 하나에 해당하는 사람이 있는 법인

[본조신설 2017. 11. 28.]

제76조의12(냉매회수업자의 준수사항 등)

① 냉매회수업자는 다른 자에게 자기의 명의를 사용하여 냉매회수업을 하게 하거나 등록증을 다른 자에게 대여하여서는 아니 된다.

② 냉매회수업자는 냉매관리기준을 준수하여 냉매를 회수하여야 하며, 그 내용을 환경부령으로 정하는 바에 따라 기록·보존하고 환경부장관에게 제출하여야 한다.

③ 냉매회수업자는 등록된 기술인력으로 하여금 환경부령으로 정하는 바에 따라 환경부장관이 실시하는 냉매 회수 에 관한 교육을 받게 하여야 한다.

④ 환경부장관은 환경부령으로 정하는 바에 따라 제3항에 따른 교육에 드는 경비를 교육대상자를 고용한 자로부터 징수할 수 있다.

⑤ 환경부장관은 제3항에 따른 교육을 환경부령으로 정하는 전문기관에 위탁할 수 있다.

[본조신설 2017. 11. 28.]

제76조의13(냉매회수업 등록의 취소 등)

① 환경부장관은 냉매회수업자가 다음 각 호의 어느 하나에 해당하는 경우에 는 등록을 취소하거나 6개월 이내의 기간을 정하여 영업의 전부 또는 일부의 정지를 명할 수 있다. 다만, 제1호부터 제3호까지 또는 제5호에 해당하는 경우에는 등록을 취소하여야 한다.

1. 거짓이나 그 밖의 부정한 방법으로 등록을 한 경우

2. 등록을 한 날부터 2년 이내에 영업을 개시하지 아니하거나 정당한 사유 없이 계속하여 2년 이상 휴업을 한 경우

3. 영업정지 기간 중에 냉매회수업을 한 경우

4. 제76조의11제1항에 따른 등록기준을 충족하지 못하게 된 경우

5. 제76조의11제5항에 따른 결격사유에 해당하는 경우. 다만, 법인의 경우 2개월 이내에 결격사유가 있는 임원을 교 체 임명한 경우는 제외한다.

6. 제76조의12제1항을 위반하여 다른 자에게 자기의 명의를 사용하여 냉매회수업을 하게 하

거나 등록증을 다른 자 에게 대여한 경우

    7. 고의 또는 중대한 과실로 회수한 냉매를 대기로 방출한 경우

② 제1항에 따른 행정처분의 세부 기준 및 그 밖에 필요한 사항은 환경부령으로 정한다.

[본조신설 2017. 11. 28.]

제76조의14(냉매 판매량 신고)

  냉매를 제조 또는 수입하는 자는 환경부령으로 정하는 바에 따라 냉매의 종류, 양, 판매 처 등을 환경부장관에게 신고하여야 한다. 다만, 다른 법령에 따라 판매 현황 등이 파악되는 경우로서 환경부령으로 정하는 경우에는 그러하지 아니하다.

  [본조신설 2017. 11. 28.]

제76조의15(냉매정보관리전산망 설치 및 운영)

  환경부장관은 냉매의 판매 · 회수 및 처리 과정의 효율적인 관리를 위하 여 환경부령으로 정하는 바에 따라 냉매정보관리전산망을 설치 · 운영할 수 있다. [본조신설 2017. 11. 28.]

제7장 보 칙

제77조(환경기술인 등의 교육)

  ① 환경기술인을 고용한 자는 환경부령으로 정하는 바에 따라 해당하는 자에게 환경부장 관, 시 · 도지사 또는 대도시 시장이 실시하는 교육을 받게 하여야 한다. 〈개정 2020. 12. 29.〉

  ② 환경부장관, 시 · 도지사 또는 대도시 시장은 환경부령으로 정하는 바에 따라 제1항에 따른 교육에 드는 경비를 교육대상자를 고용한 자로부터 징수할 수 있다. 〈개정 2020. 12. 29.〉

  ③ 환경부장관, 시 · 도지사 또는 대도시 시장은 제1항에 따른 교육을 관계 전문기관에 위탁할 수 있다. 〈개정 2020. 12. 29.〉

제77조의2(친환경운전문화 확산 등)

  ① 환경부장관은 오염물질(온실가스를 포함한다)의 배출을 줄이고 에너지를 절약 할 수 있는

운전방법(이하 "친환경운전"이라 한다)이 널리 확산 · 정착될 수 있도록 다음 각 호의 시책을 추진하여야 한다.

1. 친환경운전 관련 교육 · 홍보 프로그램 개발 및 보급

2. 친환경운전 관련 교육 과정 개설 및 운영

3. 친환경운전 관련 전문인력의 육성 및 지원

4. 친환경운전을 체험할 수 있는 체험시설 설치 · 운영

5. 그 밖에 친환경운전문화 확산을 위하여 환경부령으로 정하는 시책

② 환경부장관은 제1항의 시책 추진을 위하여 민간 환경단체 등이 교육 · 홍보 등 각종 활동을 할 경우 이를 지원할 수 있다.

[본조신설 2009. 5. 21.]

제77조의3(자전거 이용 우수 기관 지원 등)

① 환경부장관은 온실가스 등 오염물질의 배출을 줄이고 쾌적한 대기환경 을 유지하기 위하여 자전거 이용을 적극적으로 추진하는 기관을 자전거 이용 우수 기관으로 지정할 수 있다.

② 제1항에 따른 자전거 이용 우수 기관의 지정 기준 및 절차 등에 관한 사항은 환경부장관이 정한다.

③ 환경부장관은 제1항에 따른 자전거 이용 우수 기관이 다음 각 호의 어느 하나에 해당되는 경우에는 지정을 취소 할 수 있다. 다만, 제1호에 해당하는 경우에는 지정을 취소하여야 한다.

1. 거짓이나 그 밖의 부정한 방법으로 지정을 받은 경우

2. 제2항에 따른 지정 기준에 적합하지 아니하게 된 경우

[본조신설 2012. 5. 23.]

제78조(한국자동차환경협회의 설립 등)

① 자동차 배출가스로 인하여 인체 및 환경에 발생하는 위해를 줄이기 위하여 제80조의 업무를 수행하기 위한 한국자동차환경협회를 설립할 수 있다. 〈개정 2012. 2. 1.〉

② 한국자동차환경협회는 법인으로 한다. 〈개정 2012. 2. 1.〉

③ 한국자동차환경협회를 설립하기 위하여는 환경부장관에게 허가를 받아야 한다.

〈개정 2012. 2. 1.〉

④ 한국자동차환경협회에 대하여 이 법에 특별한 규정이 있는 것 외에는 「민법」 중 사단법인에 관한 규정을 준용한 다. 〈개정 2012. 2. 1.〉

[제목개정 2012. 2. 1.]

제79조(회원)

다음 각 호의 어느 하나에 해당하는 자는 한국자동차환경협회의 회원이 될 수 있다.

1. 배출가스저감장치 제작자
2. 저공해엔진 제조 · 교체 등 배출가스저감사업 관련 사업자
3. 전문정비사업자
4. 배출가스저감장치 및 저공해엔진 등과 관련된 분야의 전문가
5. 「자동차관리법」 제44조의2에 따른 종합검사대행자
6. 「자동차관리법」 제45조의2에 따른 종합검사 지정정비사업자
7. 자동차 조기폐차 관련 사업자 [전문개정 2012. 2. 1.]

제80조(업무)

한국자동차환경협회는 정관으로 정하는 바에 따라 다음 각 호의 업무를 행한다.〈개정 2012. 2. 1.〉

1. 운행차 저공해화 기술개발 및 배출가스저감장치의 보급
2. 자동차 배출가스 저감사업의 지원과 사후관리에 관한 사항
3. 운행차 배출가스 검사와 정비기술의 연구 · 개발사업
4. 환경부장관 또는 시 · 도지사로부터 위탁받은 업무
5. 그 밖에 자동차 배출가스를 줄이기 위하여 필요한 사항

제80조의2(굴뚝자동측정기기협회)

① 굴뚝에서 배출되는 대기오염물질을 측정하는 측정기기(이하 이 조에서 "굴뚝자동 측정기기"라 한다)에 관한 기술개발 및 관련 산업의 육성 등을 위한 다음 각 호의 사업을 수행하기 위하여 굴뚝자동 측정기기협회를 설립할 수 있다.   〈개정 2015. 1. 20.〉

1. 굴뚝자동측정기기 관련 기술개발 및 보급
2. 굴뚝자동측정기기 관련 교육 및 교육교재 개발 · 보급
3. 굴뚝자동측정기기를 운영 · 관리하는 자에 대한 교육 및 기술 지원
4. 환경부장관 또는 지방자치단체의 장이 위탁하는 사업

② 굴뚝자동측정기기협회는 법인으로 한다.

③ 굴뚝자동측정기기협회를 설립하기 위하여는 환경부장관에게 허가를 받아야 한다.

④ 굴뚝자동측정기기 및 그 부속품을 수입 · 제조 · 판매하는 자 등은 굴뚝자동측정기기협회의 정관으로 정하는 바 에 따라 굴뚝자동측정기기협회의 회원이 될 수 있다.

⑤ 굴뚝자동측정기기협회에 대하여 이 법에 특별한 규정이 있는 것을 제외하고는 「민법」 중

사단법인에 관한 규정 을 준용한다.

[본조신설 2012. 2. 1.]

제81조(재정적 · 기술적 지원)

① 국가 또는 지방자치단체는 대기환경개선을 위하여 다음 각 호의 사업을 추진하는 지방 자치단체나 사업자 등에게 필요한 재정적 · 기술적 지원을 할 수 있다.

〈개정 2012. 2. 1., 2012. 5. 23., 2016. 1. 27., 2020. 12. 29.〉

1. 제11조에 따른 종합계획의 수립 및 시행을 위하여 필요한 사업

2. 제32조제1항 및 제4항에 따른 측정기기 부착 및 운영 · 관리

3. 제16조제6항에 따른 특별대책지역에서의 엄격한 배출허용기준과 특별배출허용기준의 준수 확보에 필요한 사업

3의2. 제38조의2에 따라 대기오염물질의 비산배출을 줄이기 위한 사업

3의3. 휘발성유기화합물함유기준에 적합한 도료에 관한 연구와 기술개발

4. 제32조에 따른 측정기기의 부착 및 측정결과를 전산망에 전송하는 사업

5. 제63조에 따른 정밀검사 기술개발과 연구 6. 제75조의2에 따른 친환경연료의 보급 확대와 기반구축 등에 필요한 사업

7. 그 밖에 대기환경을 개선하기 위하여 환경부장관이 필요하다고 인정하는 사업

② 국가는 황사피해 및 대기오염을 방지하기 위한 보호 및 감시활동, 피해방지사업, 그 밖에 황사피해, 대기오염 방 지 및 대기환경개선과 관련된 법인 또는 단체의 활동에 대하여 필요한 재정지원을 할 수 있다.   〈개정 2012. 2. 1.〉

③ 제2항에 따른 재정지원의 대상 · 절차 및 방법 등의 구체적인 내용은 대통령령으로 정한다.

제82조(보고와 검사 등)

① 환경부장관, 시 · 도지사 및 시장 · 군수 · 구청장은 환경부령으로 정하는 경우에는 다음 각 호의 자에게 필요한 보고를 명하거나 자료를 제출하게 할 수 있으며, 관계 공무원(제87조제2항에 따라 환경부장관의 업무를 위탁받은 관계 전문기관의 직원을 포함한다)으로 하여금 해당 시설이나 사업장 등에 출입하여 제16조나 제 46조제3항에 따른 배출허용기준 준수 여부, 제32조에 따른 측정기기의 정상운영 여부(제87조제2항에 따라 환경부장 관의 업무를 위탁받은 관계 전문기관 직원의 경우에는 제32조제7항에 따른 사항만 해당한다), 제32조의2에 따른 측 정기기 관리대행 업무의 적정이행 여부, 제38조의2제5항에 따른 시설관리기준 준수 여부, 황함유기준 준수 여부, 제 42조 본문에 따른 연료의 제조 · 판매 · 사용 금지 또는 제한 등

의 조치 이행 여부, 제44조의2에 따른 휘발성유기화합 물함유기준의 준수 여부, 제48조에 따른 인증시험, 제48조의2에 따른 인증시험업무의 대행, 제62조에 따른 검사업무 , 제62조의2에 따른 이륜자동차정기검사 업무의 대행, 제62조의3에 따른 이륜자동차정기검사 업무, 제74조에 따른 검사, 제74조의2에 따른 검사업무의 대행의 적정이행 여부, 제76조의5에 따른 온실가스 배출허용기준 또는 평균에 너지소비효율기준의 준수 여부, 제76조의10제1항 또는 제76조의12제2항에 따른 냉매 회수 등에서 냉매관리기준 준 수 여부를 확인하기 위하여 오염물질을 채취하거나 관계 서류, 시설, 장비 등을 검사하게 할 수 있다.

〈개정 2012. 2. 1., 2012. 5. 23., 2013. 4. 5., 2013. 7. 16., 2015. 1. 20., 2016. 1. 27., 2017. 11. 28., 2019. 1. 15.〉

1. 사업자

1의2. 삭제〈2017. 11. 28.〉

1의3. 측정기기 관리대행업자

1의4. 제38조의2제1항에 따른 비산배출시설을 운영하는 자

2. 제41조제1항에 따라 황함유기준이 정하여진 유류를 공급 · 판매하거나 사용하는 자

3. 제42조에 따라 연료를 제조 · 판매하거나 사용하는 것을 금지 또는 제한당한 자

4. 제43조제1항에 따라 비산먼지 발생사업의 신고를 한 자

5. 제44조에 띠리 휘발성유기화합물을 배출하는 시설을 설치하는 자

5의2. 제44조의2제2항에 따라 도료를 공급하거나 판매하는 자

6. 제46조에 따른 자동차제작자

7. 제48조의2제1항에 따라 인증시험대행기관으로 지정된 자

8. 제60조제1항에 따라 배출가스저감장치 또는 저공해엔진을 제조 · 공급 또는 판매하는 자

8의2. 제62조의2에 따라 이륜자동차정기검사 업무를 대행하는 자

8의3. 제62조의3에 따른 이륜자동차정기검사 지정정비사업자

9. 전문정비사업자

10. 제70조제3항에 따라 자동차제작자로부터 확인검사를 위탁받은 자

11. 제74조에 따라 자동차연료 · 첨가제 또는 촉매제를 제조 · 공급 또는 판매하는 자

12. 제74조의2에 따라 검사대행기관으로 지정된 자

12의2. 냉매사용기기의 소유자등

12의3. 냉매회수업자 13. 제87조제2항에 따라 환경부장관의 업무를 위탁받은 자

② 환경부장관, 시 · 도지사 또는 시장 · 군수 · 구청장은 제1항에 따라 배출허용기준 준수 여부를 확인하기 위하여 오염물질을 채취한 경우에는 환경부령으로 정하는 검사기관에 오염도 검사를 의뢰하여야 한다. 다만, 현장에서 배출 허용기준 초과 여부를 판정할 수 있는 경우로

서 환경부령으로 정하는 경우에는 그러하지 아니하다. 〈개정 2012. 5. 23.〉

③ 제1항에 따라 출입과 검사를 행하는 공무원은 그 권한을 표시하는 증표를 지니고 이를 관계인에게 내보여야 한다.

④ 시·도지사는 매년 배출시설 관리현황을 작성하여 환경부장관에게 제출하여야 한다.

〈신설 2015. 1. 20.〉

⑤ 제4항에 따른 배출시설 관리현황의 작성·제출에 필요한 사항은 환경부령으로 정한다.

〈신설 2015. 1. 20.〉

제83조(관계 기관의 협조)

환경부장관은 이 법의 목적을 달성하기 위하여 필요하다고 인정하면 다음 각 호에 해당하는 조치를 관계 중앙행정기관의 장, 시·도지사 또는 시장·군수·구청장에게 요청할 수 있다. 이 경우 요청받은 관계 중앙행정기관의 장, 시·도지사 또는 시장·군수·구청장은 특별한 사유가 없으면 그 요청에 따라야 한다. 〈개정 2009. 5. 21., 2012. 2. 1., 2013. 7. 16., 2019. 4. 2., 2020. 5. 26.〉

1. 난방기기의 개선
2. 자동차 엔진의 변경이나 대체
3. 자동차의 차령 제한
4. 자동차의 통행 제한
5. 황사피해 방지를 위한 조치
6. 정밀검사 업무와 이륜자동차정기검사 업무의 전산처리에 필요한 자동차의 등록, 검사, 규격, 성능 등에 관한 전산 자료
7. 친환경운전문화를 확산하기 위한 시책 8. 제61조에 따른 운행차 수시 점검에 필요한 자동차 제원 등 등록정보에 관한 전산자료
9. 「자동차관리법」 제43조의2에 따른 종합검사 대상 자동차의 등록현황, 검사내역 등 종합검사업무 관련 전산자료
10. 제58조제1항 및 「대기관리권역의 대기환경개선에 관한 특별법」 제26조제3항에 따른 배출가스저감장치의 부착, 저공해엔진으로의 개조 등 구조변경검사에 관한 전산자료
11. 제68조제2항에 따른 전문정비사업자의 정비·점검 및 확인검사결과에 관한 전산자료
12. 그 밖에 대통령령으로 정하는 사항

제84조(행정처분의 기준)

이 법 또는 이 법에 따른 명령을 위반한 행위에 대한 행정처분의 기준은 환경부령으로 정한다.

제85조(청문)

환경부장관, 시·도지사 또는 시장·군수·구청장은 다음 각 호의 어느 하나에 해당하는 처분을 하려면 청문을 하여야 한다. 〈개정 2008. 12. 31., 2012. 2. 1., 2012. 5. 23., 2013. 7. 16., 2016. 1. 27., 2017. 11. 28., 2019. 4. 2., 2020. 12. 29.〉

    1. 제7조의3제4항에 따른 지정의 취소 1의2. 제32조의3제1항에 따른 등록의 취소

    2. 제36조제1항 또는 제38조에 따른 허가의 취소나 배출시설의 폐쇄명령

    3. 제41조제4항에 따른 연료의 공급, 판매 또는 사용을 금지하는 명령

    4. 제42조에 따른 연료의 제조, 판매 또는 사용을 금지하는 명령

    4의2. 제48조의3에 따른 인증시험대행기관의 지정 취소 및 업무정지명령

    5. 제51조제4항이나 제6항에 따른 결함시정명령

    6. 제55조에 따른 인증의 취소

    6의2. 제60조제4항에 따른 인증의 취소

    6의3. 제62조의4에 따른 지정의 취소

    7. 제69조에 따른 전문정비사업자에 대한 등록의 취소

    8. 제74조의3에 따른 검사대행기관의 지정 취소 및 업무정지명령

    8의2. 제76조의13제1항에 따른 냉매회수업 등록의 취소

    9. 제77조의3제3항에 따른 자전거 이용 우수 기관의 지정 취소

제86조(수수료)

다음 각 호의 어느 하나에 해당하는 자는 환경부령으로 정하는 수수료를 내야 한다.

1. 제23조에 따른 배출시설의 설치나 변경에 관한 허가·변경허가를 받거나 신고·변경신고를 하려는 자

2. 제48조에 따른 제작차 인증·변경인증·인증생략을 신청하는 자

[전문개정 2012. 2. 1.]

제87조(권한의 위임과 위탁)

① 이 법에 따른 환경부장관의 권한은 대통령령으로 정하는 바에 따라 그 일부를 시·도지사, 시장·군수·구청장, 환경부 소속 환경연구원의 장이나 지방 환경관서의 장에게 위임할 수 있다. 〈개정 2013. 7. 16.〉

② 환경부장관, 시·도지사 또는 시장·군수·구청장은 대통령령으로 정하는 바에 따라 이 법에 따른 업무의 일부를 관계 전문기관에 위탁할 수 있다. 〈개정 2019. 1. 15.〉

제88조(벌칙 적용 시 공무원 의제)

제87조제2항에 따라 위탁받은 업무에 종사하는 법인이나 단체의 임직원은 「형법」 제129조부터 제132조까지의 규정을 적용할 때에는 공무원으로 본다.

[전문개정 2012. 2. 1.]

제8장 벌칙

제89조(벌칙)

다음 각 호의 어느 하나에 해당하는 자는 7년 이하의 징역이나 1억원 이하의 벌금에 처한다.

〈개정 2008. 12. 31., 2012. 2. 1., 2012. 5. 23., 2013. 7. 16., 2015. 1. 20., 2016. 1. 27., 2020. 12. 29.〉

1. 제23조제1항이나 제2항에 따른 허가나 변경허가를 받지 아니하거나 거짓으로 허가나 변경허가를 받아 배출시설 을 설치 또는 변경하거나 그 배출시설을 이용하여 조업한 자

2. 제26조제1항 본문이나 제2항에 따른 방지시설을 설치하지 아니하고 배출시설을 설치 · 운영한 자

3. 제31조제1항제1호나 제5호에 해당하는 행위를 한 자

4. 제34조제1항에 따른 조업정지명령을 위반하거나 같은 조 제2항에 따른 조치명령을 이행하지 아니한 자

5. 제36조제1항에 따른 배출시설의 폐쇄나 조업정지에 관한 명령을 위반한 자

5의2. 제38조에 따른 사용중지명령 또는 폐쇄명령을 이행하지 아니한 자

6. 제46조를 위반하여 제작차배출허용기준에 맞지 아니하게 자동차를 제작한 자

6의2. 제46조제4항을 위반하여 자동차를 제작한 자

7. 제48조제1항을 위반하여 인증을 받지 아니하고 자동차를 제작한 자

7의2. 제50조의3에 따른 상환명령을 이행하지 아니하고 자동차를 제작한 자

7의3. 제55조제1호에 해당하는 행위를 한 자

8. 제60조를 위반하여 인증이나 변경인증을 받지 아니하고 배출가스저감장치, 저공해엔진 또는 공회전제한장치를 제조하거나 공급 · 판매한 자

9. 제74조제1항을 위반하여 자동차연료 · 첨가제 또는 촉매제를 제조기준에 맞지 아니하게

제조한 자

10. 제74조제2항을 위반하여 자동차연료 · 첨가제 또는 촉매제의 검사를 받지 아니한 자

11. 제74조제5항에 따른 자동차연료 · 첨가제 또는 촉매제의 검사를 거부 · 방해 또는 기피한 자

12. 제74조제6항 본문을 위반하여 자동차연료를 공급하거나 판매한 자

13. 제75조에 따른 제조의 중지, 제품의 회수 또는 공급 · 판매의 중지명령을 위반한 자

제90조(벌칙)

다음 각 호의 어느 하나에 해당하는 자는 5년 이하의 징역이나 5천만원 이하의 벌금에 처한다.

〈개정 2008. 12. 31., 2012. 2. 1., 2012. 5. 23., 2015. 1. 20., 2015. 12. 1., 2016. 12. 27., 2017. 11. 28., 2019. 1. 15., 2019. 11. 26., 2020. 12. 29.〉

1. 제23조제1항에 따른 신고를 하지 아니하거나 거짓으로 신고를 하고 배출시설을 설치 또는 변경하거나 그 배출시설을 이용하여 조업한 자

2. 제31조제1항제2호에 해당하는 행위를 한 자

3. 제32조제1항 본문에 따른 측정기기의 부착 등의 조치를 하지 아니한 자

4. 제32조제3항제1호 · 제3호 또는 제4호에 해당하는 행위를 한 자 4의2. 제38조의2제8항에 따른 시설개선 등의 조치명령을 이행하지 아니한 자

4의3. 제39조제1항을 위반하여 오염물질을 측정하지 아니한 자 또는 측정결과를 거짓으로 기록하거나 기록 · 보존 하지 아니한 자 4의4. 제39조제2항 각 호의 어느 하나에 해당하는 행위를 한 자

5. 제41조제4항에 따른 연료사용 제한조치 등의 명령을 위반한 자

6. 제44조제9항(제45조제5항에 따라 준용되는 경우를 포함한다)에 따른 시설개선 등의 조치 명령을 이행하지 아니 한 자

6의2. 제50조제7항 및 제8항에 따른 부품 교체 또는 자동차의 교체 · 환불 · 재매입 명령을 이행하지 아니한 자

7. 제51조제4항 본문 · 제6항 또는 제53조제3항 본문 · 제5항에 따른 결함시정명령을 위반한 자

8. 제51조제8항 또는 제53조제7항에 따른 자동차의 교체 · 환불 · 재매입 명령을 이행하지 아니한 자

9. 삭제〈2012. 2. 1.〉

10. 제68조제1항을 위반하여 전문정비사업자로 등록하지 아니하고 정비 · 점검 또는 확인검

사 업무를 한 자

11. 제74조제6항 본문을 위반하여 첨가제 또는 촉매제를 공급하거나 판매한 자

제90조의2(벌칙)

제41조제3항 본문을 위반하여 황함유기준을 초과하는 연료를 공급·판매한 자는 3년 이하의 징역이 나 3천만원 이하의 벌금에 처한다.

[본조신설 2017. 11. 28.]

제91조(벌칙)

다음 각 호의 어느 하나에 해당하는 자는 1년 이하의 징역이나 1천만원 이하의 벌금에 처한다. 〈개정 2008. 12. 31., 2012. 2. 1., 2012. 5. 23., 2013. 4. 5., 2015. 1. 20., 2016. 1. 27., 2017. 11. 28., 2019. 1. 15., 2019. 4. 2., 2020. 12. 29.〉

1. 제30조를 위반하여 신고를 하지 아니하고 조업한 자

2. 제32조제6항에 따른 조업정지명령을 위반한 자

2의2. 제32조의2제1항을 위반하여 측정기기 관리대행업의 등록 또는 변경등록을 하지 아니 하고 측정기기 관리 업무를 대행한 자

2의3. 거짓이나 그 밖의 부정한 방법으로 제32조의2제1항에 따른 측정기기 관리대행업의 등 록을 한 자

2의4. 제32조의2제4항을 위반하여 다른 자에게 자기의 명의를 사용하여 측정기기 관리 업무 를 하게 하거나 등록증 을 다른 자에게 대여한 자

2의5. 제41조제3항 본문을 위반하여 황함유기준을 초과하는 연료를 사용한 자

3. 제43조제5항에 따른 사용제한 등의 명령을 위반한 자

3의2. 제44조의2제2항제1호에 해당하는 자로서 같은 항을 위반하여 도료를 공급하거나 판매 한 자

3의3. 제44조의2제2항제2호에 해당하는 자로서 같은 항을 위반하여 도료를 공급하거나 판매 한 자

3의4. 제44조의2제3항에 따른 휘발성유기화합물함유기준을 초과하는 도료에 대한 공급·판 매 중지 또는 회수 등의 조치명령을 위반한 자

3의5. 제44조의2제4항에 따른 휘발성유기화합물함유기준을 초과하는 도료에 대한 공급·판 매 중지명령을 위반한 자

4. 제48조제2항에 따른 변경인증을 받지 아니하고 자동차를 제작한 자

4의2. 제48조의2제3항제1호 또는 제2호에 따른 금지행위를 한 자 14. 제76조의5제1항을 위반하여 자료를 제출하지 아니하거나 거짓으로 자료를 제출한 자

제93조(벌칙)

제40조제4항에 따른 환경기술인의 업무를 방해하거나 환경기술인의 요청을 정당한 사유 없이 거부한 자 는 200만원 이하의 벌금에 처한다.

제94조(과태료)

① 다음 각 호의 어느 하나에 해당하는 자에게는 500만원 이하의 과태료를 부과한다.
〈개정 2015. 1. 20., 2017. 11. 28., 2019. 4. 2., 2020. 12. 29.〉

1. 삭제〈2019. 11. 26.〉 1의2. 제48조제3항을 위반하여 인증·변경인증의 표시를 하지 아니한 자

1의3. 제51조제5항 또는 제53조제4항에 따른 결함시정계획을 수립·제출하지 아니하거나 결함시정계획을 부실하 게 수립·제출하여 환경부장관의 승인을 받지 못한 경우

1의4. 제58조의2제5항을 위반하여 보급실적을 제출하지 아니한 자

1의5. 제60조의2제6항에 따른 성능점검결과를 제출하지 아니한 자

2. 제76조의4제1항을 위반하여 자동차에 온실가스 배출량을 표시하지 아니하거나 거짓으로 표시한 자

② 다음 각 호의 어느 하나에 해당하는 자에게는 300만원 이하의 과태료를 부과한다.
〈개정 2013. 7. 16., 2015. 1. 20., 2015. 12. 1., 2017. 11. 28., 2019. 4. 2., 2019. 11. 26., 2020. 12. 29.〉

1. 제31조제2항을 위반하여 배출시설 등의 운영상황을 기록·보존하지 아니하거나 거짓으로 기록한 자

1의2. 제39조제3항을 위반하여 측정한 결과를 제출하지 아니한 자

2. 제40조제1항을 위반하여 환경기술인을 임명하지 아니한 자

3. 제52조제3항에 따른 결함시정명령을 위반한 자

4. 제58조제1항에 따른 저공해자동차로의 전환 또는 개조 명령, 배출가스저감장치의 부착·교체 명령 또는 배출가 스 관련 부품의 교체 명령, 저공해엔진(혼소엔진을 포함한다)으로의 개조 또는 교체 명령을 이행하지 아니한 자

5. 제58조의5제1항에 따른 저공해자동차의 구매·임차 비율을 준수하지 아니한 같은 항 제2호·제3호에 해당하는 자

③ 다음 각 호의 어느 하나에 해당하는 자에게는 200만원 이하의 과태료를 부과한다.

〈개정 2013. 7. 16., 2015. 1. 20., 2015. 12. 1., 2016. 1. 27., 2017. 11. 28., 2019. 1. 15., 2020. 5. 26., 2020. 12. 29., 2021. 4. 13.〉

1. 제31조제1항제3호 또는 제4호에 따른 행위를 한 자

2. 삭제〈2015. 1. 20.〉

3. 제32조제3항제2호에 따른 행위를 한 자

4. 제32조제4항을 위반하여 운영ㆍ관리기준을 지키지 아니한 자

4의2. 제32조의2제5항을 위반하여 관리기준을 지키지 아니한 자

5. 제38조의2제2항에 따른 변경신고를 하지 아니한 자

6. 제43조제1항에 따른 비산먼지의 발생 억제 시설의 설치 및 필요한 조치를 하지 아니하고 시멘트ㆍ석탄ㆍ토사 등 분체상 물질을 운송한 자

7. 제44조제2항 또는 제45조제3항에 따른 휘발성유기화합물 배출시설의 변경신고를 하지 아니한 자

8. 제44조제13항을 위반하여 검사ㆍ측정을 하지 아니한 자 또는 검사ㆍ측정 결과를 기록ㆍ보존하지 아니하거나 거짓으로 기록ㆍ보존한 자

8의2. 제48조의2제2항에 따른 신고를 하지 아니하거나 거짓으로 신고를 하고 인증시험업무를 대행한 자

9. 제51조제5항 또는 제53조제4항에 따른 결함시정 결과보고를 하지 아니한 자

10. 제53조제1항 본문에 따른 부품의 결함시정 현황 및 결함원인 분석 현황 또는 제53조제2항에 따른 결함시정 현황을 보고하지 아니한 자

11. 제61조제2항을 위반하여 점검에 따르지 아니하거나 기피 또는 방해한 자

12. 제68조제4항제3호 또는 제4호에 따른 행위를 한 자

13. 제74조제6항제1호에 따른 제조기준에 맞지 아니하는 첨가제 또는 촉매제임을 알면서 사용한 자

14. 제74조제6항제2호에 따른 검사를 받지 아니하거나 검사받은 내용과 다르게 제조된 첨가제 또는 촉매제임을 알면서 사용한 자

14의2. 제74조제11항에 따른 변경신고를 하지 아니한 자

14의3. 제74조의2제2항에 따른 신고를 하지 아니하거나 거짓으로 신고를 하고 자동차연료ㆍ첨가제 또는 촉매제의 검사업무를 대행한 자

15. 제76조의11제2항에 따른 냉매회수업의 변경등록을 하지 아니하고 등록사항을 변경한 자

16. 제76조의12제2항을 위반하여 냉매관리기준을 준수하지 아니하거나 냉매의 회수 내용을 기록ㆍ보존 또는 제출하지 아니한 자

④ 다음 각 호의 어느 하나에 해당하는 자에게는 100만원 이하의 과태료를 부과한다.

〈개정 2012. 2. 1., 2012. 5. 23., 2013. 4. 5., 2013. 7. 16., 2015. 1. 20., 2017. 11. 28.〉

1. 삭제〈2017. 11. 28.〉

1의2. 제23조제2항이나 제3항에 따른 변경신고를 하지 아니한 자

2. 제40조제2항에 따른 환경기술인의 준수사항을 지키지 아니한 자

3. 제43조제1항 후단에 따른 변경신고를 하지 아니한 자

3의2. 제50조의2제2항에 따른 평균 배출량 달성 실적을 제출하지 아니한 자

3의3. 제50조의3제3항에 따른 상환계획서를 제출하지 아니한 자

4. 삭제〈2012. 2. 1.〉

5. 제59조에 따른 자동차의 원동기 가동제한을 위반한 자동차의 운전자

6. 제63조제4항을 위반하여 정비·점검 및 확인검사를 받지 아니한 자

6의2. 제68조제3항을 위반하여 등록된 기술인력이 교육을 받게 하지 아니한 전문정비사업자

7. 제70조제5항을 위반하여 정비·점검 및 확인검사 결과표를 발급하지 아니하거나 정비·점검 및 확인검사 결과 를 보고하지 아니한 자

7의2. 제76조의10제1항을 위반하여 냉매관리기준을 준수하지 아니하거나 같은 조 제2항을 위반하여 냉매사용기기 의 유지·보수 및 냉매의 회수·처리 내용을 기록·보존 또는 제출하지 아니한 자

7의3. 제76조의12제3항을 위반하여 등록된 기술인력에게 교육을 받게 하지 아니한 자

8. 제77조를 위반하여 환경기술인 등의 교육을 받게 하지 아니한 자

9. 제82조제1항에 따른 보고를 하지 아니하거나 거짓으로 보고한 자 또는 자료를 제출하지 아니하거나 거짓으로 제 출한 자

⑤ 제62조제2항을 위반하여 이륜자동차정기검사를 받지 아니한 자에게는 50만원 이하의 과태료를 부과한다. 〈신설 2013. 7. 16., 2017. 11. 28.〉

⑥ 제1항부터 제5항까지의 규정에 따른 과태료는 대통령령으로 정하는 바에 따라 환경부장관, 시·도지사 또는 시 장·군수·구청장이 부과·징수한다.

〈개정 2012. 2. 1., 2013. 4. 5., 2013. 7. 16., 2017. 11. 28.〉

제95조(양벌규정)

법인의 대표자나 법인 또는 개인의 대리인, 사용인, 그 밖의 종업원이 그 법인 또는 개인의 업무에 관 하여 제89조, 제90조, 제90조의2, 제91조부터 제93조까지의 어느 하나에 해당하는 위반행위를 하면 그 행위자를 벌 하는 외에 그 법인 또는 개인에게도 해당 조문의 벌금형을 과(科)한다. 다

만, 법인 또는 개인이 그 위반행위를 방지하 기 위하여 해당 업무에 관하여 상당한 주의와 감독을 게을리하지 아니한 경우에는 그러하지 아니하다. 〈개정 2012. 5. 23.〉

[전문개정 2008. 12. 31.]

제9장 부칙

제1조(시행일)

이 법은 공포 후 6개월이 경과한 날부터 시행한다. 다만, 제58조 및 제58조의10부터 제58조의12 까지의 개정규정은 공포 후 3개월이 경과한 날부터 시행한다.

제2조(유효기간)

제58조의11 및 제58조의12의 개정규정은 2025년 12월 31일까지 효력을 가진다.

제3조(허가조건에 관한 적용례)

제23조제9항의 개정규정은 이 법 시행 이후 배출시설의 설치 허가 또는 변경허가를 신청하는 경우부터 적용한다.

제4조(조업정지에 관한 적용례)

제38조의2제9항, 제44조제10항 및 제45조의 개정규정은 이 법 시행 후 발생하는 위반 행위부터 적용한다.

제5조(과징금에 관한 적용례)

제38조의2제10항·제11항, 제44조제11항·제12항 및 제45조의 개정규정은 이 법 시행 후 조업 정지를 명하여야 하는 경우부터 적용한다.

제6조(인·허가 등의 의제 효력에 관한 경과조치)

수소연료공급시설을 설치하려는 자가 제58조의11의 개정규정에 따 라 설치계획의 승인을 받은 경우에는 부칙 제2조에 따른 유효기간이 지난 후에도 제58조의11 및 제58조의12의 개 정규정을 적용한다.

제7조(인·허가 등의 의제 등에 관한 경과조치)

수소연료공급시설을 설치하려는 자가 이 법 시행 전에 「건축법」 제 11조에 따른 건축허가 또는 「고압가스 안전관리법」 제4조에 따른 고압가스 제조허가를 받은 경우에는 제58조의11 및 제58조의12의 개정규정에도 불구하고 종전의 규정에 따른다.

대기환경보전법 시행령

[시행 2021. 12. 30.]
[대통령령 제31847호, 2021. 6. 29., 일부개정]

제1장 총칙

제1조(목적)

이 영은 「대기환경보전법」에서 위임된 사항과 그 시행에 필요한 사항을 규정하는 것을 목적으로 한다.

제1조의2(저공해자동차의 종류)

「대기환경보전법」(이하 "법"이라 한다) 제2조제16호 각 목 외의 부분에서 "대통령령으로 정하는 것"이란 다음 각 호의 구분에 따른 자동차를 말한다.

1. 제1종 저공해자동차: 자동차에서 배출되는 대기오염물질이 환경부령으로 정하는 배출허용기준에 맞는 자동차로서 「환경친화적 자동차의 개발 및 보급 촉진에 관한 법률」 제2조제3호, 제4호 및 제6호에 따른 전기자동차, 태양광자동차 및 수소전기자동차

2. 제2종 저공해자동차: 자동차에서 배출되는 대기오염물질이 환경부령으로 정하는 배출허용기준에 맞는 자동차로서 「환경친화적 자동차의 개발 및 보급 촉진에 관한 법률」 제2조제5호에 따른 하이브리드자동차

3. 제3종 저공해자동차: 자동차에서 배출되는 대기오염물질이 환경부령으로 정하는 배출허용기준에 맞는 자동차로서 법 제74조제1항에 따른 제조기준에 맞는 자동차연료를 사용하는 자동차

[본조신설 2020. 3. 31.]

[종전 제1조의2는 제1조의3으로 이동 〈2020. 3. 31.〉]

제1조의3(환경위성 관측망의 구축 · 운영 등)

① 환경부장관은 법 제3조의2에 따른 환경위성 관측망(이하 "환경위성 관측망"이라 한다)의 효율적인 구축 · 운영 및 정보의 수집 · 활용을 위하여 다음 각 호의 업무를 수행할 수 있다.

〈개정 2020. 3. 31.〉

1. 대기환경 및 기후 · 생태계 변화유발물질의 감시와 기후변화에 따른 환경영향을 파악하기 위한 환경위성의 개발

2. 환경위성 지상국의 구축 · 운영

3. 환경위성 관측 자료의 수집 · 생산, 분석 및 배포 4. 환경위성 관측 자료의 정확도 향상을 위한 자료 검증 및 개선사업

5. 환경위성 관측망의 구축 · 운영 및 정보의 수집 · 활용을 위한 연구개발

6. 환경위성 관측망의 구축 · 운영 및 정보의 수집 · 활용을 위한 관련 기관 또는 단체와의 협력

7. 그 밖에 환경위성 관측망의 효율적인 구축 · 운영 및 정보의 수집 · 활용을 위하여 필요한 사항

② 환경부장관은 제1항에 따른 업무를 수행하기 위하여 필요한 경우에는 관계 기관의 장에게 관련 자료의 제공을 요청할 수 있다.

[본조신설 2016. 7. 26.]

[제1조의2에서 이동, 종전 제1조의3은 제1조의4로 이동 〈2020. 3. 31.〉]

제1조의4(대기오염도 예측 · 발표 대상 등)

① 법 제7조의2제3항에 따른 대기오염도 예측 · 발표의 대상 지역은 다음 각 호의 사항을 고려하여 환경부장관이 정하여 고시한다. 〈개정 2016. 7. 26.〉

1. 대기오염의 정도

2. 인구

3. 지형 및 기상 특성

② 법 제7조의2제3항에 따른 대기오염도 예측 · 발표의 대상 오염물질은 「환경정책기본법」 제12조에 따라 환경기 준이 설정된 오염물질 중 다음 각 호의 오염물질로 한다. 〈개정 2019. 2. 8.〉

1. 미세먼지(PM-10)

2. 초미세먼지(PM-2.5)

3. 오존(O3)

③ 법 제7조의2제3항에 따른 대기오염도 예측 · 발표의 기준과 내용은 오염의 정도 및 오염물질의 인체 위해정도 등을 고려하여 환경부장관이 정하여 고시한다.

④ 환경부장관은 대기오염도 예측 · 발표를 위하여 관계 기관의 장에게 필요한 자료의 제출을 요청할 수 있다. 이 경 우 관계 기관의 장은 특별한 사유가 없으면 이에 따라야 한다.

[본조신설 2014. 2. 5.]

[제1조의3에서 이동, 종전 제1조의4는 제1조의5로 이동 〈2020. 3. 31.〉]

제1조의5(국가 대기질통합관리센터의 지정 대상기관)

법 제7조의3제1항에서 "국공립 연구기관 등 대통령령으로 정하 는 전문기관"이란 다음 각 호의 기관으로서 대기환경 분야에 전문성 있는 기관을 말한다.

1. 국공립 연구기관
2. 「정부출연연구기관 등의 설립·운영 및 육성에 관한 법률」에 따라 설립된 정부출연연구기관
[본조신설 2014. 2. 5.]
[제1조의4에서 이동, 종전 제1조의5는 제1조의6으로 이동 〈2020. 3. 31.〉]

제1조의6(통합관리센터의 지정기준)

법 제7조의3제1항에 따른 국가 대기질통합관리센터(이하 "통합관리센터"라 한다)의 지정기준은 별표 1과 같다.

[본조신설 2016. 3. 29.]
[제1조의5에서 이동, 종전 제1조의6은 제1조의7로 이동 〈2020. 3. 31.〉]

제1조의7(통합관리센터의 지정 절차)

① 환경부장관은 법 제7조의3제1항에 따라 통합관리센터를 지정하려는 경우에는 미리 지정계획, 일정 및 지정기준 등을 10일 이상 관보 또는 환경부의 인터넷 홈페이지에 공고하여야 한다.

② 법 제7조의3제1항에 따라 통합관리센터로 지정받으려는 전문기관은 환경부령으로 정하는 지정신청서(전자문서로 된 신청서를 포함한다)에 다음 각 호의 서류(전자문서로 된 서류를 포함한다)를 첨부하여 환경부장관에게 제출하여야 한다.

1. 대기오염예보 절차 등이 포함된 예보업무 추진계획서
2. 대기오염 관련 자료를 활용한 조사연구 실적을 증명하는 서류
3. 시설·장비 및 기술인력을 증명하는 서류

③ 환경부장관은 법 제7조의3제1항에 따라 통합관리센터를 지정한 경우에는 해당 기관에 환경부령으로 정하는 지정서를 발급하고, 그 사실을 환경부의 인터넷 홈페이지에 게시하여야 한다.

[본조신설 2016. 3. 29.]
[제1조의6에서 이동, 종전 제1조의7은 제1조의8로 이동 〈2020. 3. 31.〉]

제1조의8(통합관리센터의 지정 취소 기준 등)

통합관리센터의 지정 취소 및 업무정지의 세부기준은 별표 1의2와 같다.

[본조신설 2016. 3. 29.]
[제1조의7에서 이동 〈2020. 3. 31.〉]

제2조(대기오염경보의 대상 지역 등)

① 법 제8조제4항에 따른 대기오염경보의 대상 지역은 특별시장·광역시장·특 별자치시장·도지사 또는 특별자치도지사(이하 "시·도지사"라 한다)가 필요하다고 인정하여 지정하는 지역으로 한 다. 〈개정 2013. 1. 31., 2014. 2. 5., 2016. 7. 26.〉

② 법 제8조제4항에 따른 대기오염경보의 대상 오염물질은 「환경정책기본법」 제12조에 따라 환경기준이 설정된 오염물질 중 다음 각 호의 오염물질로 한다.

〈개정 2012. 7. 20., 2014. 2. 5., 2019. 2. 8.〉 1. 미세먼지(PM-10) 2. 초미세먼지(PM-2.5) 3. 오존(O3)

③ 법 제8조제4항에 따른 대기오염경보 단계는 대기오염경보 대상 오염물질의 농도에 따라 다음 각 호와 같이 구분 하되, 대기오염경보 단계별 오염물질의 농도기준은 환경부령으로 정한 다. 〈개정 2014. 2. 5., 2019. 2. 8.〉

1. 미세먼지(PM-10): 주의보, 경보

2. 초미세먼지(PM-2.5): 주의보, 경보

3. 오존(O3): 주의보, 경보, 중대경보

④ 법 제8조제4항에 따른 경보 단계별 조치에는 다음 각 호의 구분에 따른 사항이 포함되도록 하여야 한다. 다만, 지역의 대기오염 발생 특성 등을 고려하여 특별시·광역시·특별자치시·도·특별자치도의 조례로 경보 단계별 조치사항을 일부 조정할 수 있다.

〈개정 2013. 1. 31., 2014. 2. 5.〉

1. 주의보 발령 : 주민의 실외활동 및 자동차 사용의 자제 요청 등

2. 경보 발령 : 주민의 실외활동 제한 요청, 자동차 사용의 제한 및 사업장의 연료사용량 감축 권고 등

3. 중대경보 발령 : 주민의 실외활동 금지 요청, 자동차의 통행금지 및 사업장의 조업시간 단축명령 등

제2조의2(국가 기후변화 적응센터의 지정·운영)

① 환경부장관은 법 제9조의2에 따라 다음 각 호의 기관 또는 단체를 국가 기후변화 적응센터로 지정하여 운영하게 할 수 있다. 이 경우 지정기간은 3년으로 한다.

1. 국공립 연구기관

2. 「정부출연연구기관 등의 설립·운영 및 육성에 관한 법률」에 따라 설립된 정부출연연구기관

3. 「한국환경공단법」에 따른 한국환경공단(이하 "한국환경공단"이라 한다)

4. 기후변화에 대응하는 적응기술의 개발을 위하여 환경부장관의 허가를 받아 설립된 법인

5. 그 밖에 환경부령으로 정하는 기관 또는 단체

② 법 제9조의2제2항 및 제4항에서 "대통령령으로 정하는 사업"이란 각각 다음 각 호의 사업을 말한다. 〈개정 2015. 7. 20.〉

1. 국가 기후변화 적응대책 추진을 위한 조사 · 연구

2. 기후변화 적응대책 지원 및 협력을 위한 사업 3. 기후변화 적응 관련 교육 · 홍보사업

4. 기후변화 적응을 위한 국제교류

5. 제1호부터 제4호까지의 사업과 관련하여 국가, 지방자치단체 또는 「공공기관의 운영에 관한 법률」 제4조에 따라 지정된 공공기관으로부터 위탁받은 사업

6. 그 밖에 환경부장관이 인정하는 기후변화 적응 관련 사업

③ 삭제〈2015. 7. 20.〉

④ 삭제〈2015. 7. 20.〉

[본조신설 2013. 1. 31.]

제2조의3(국가 기후변화 적응센터의 평가)

① 환경부장관은 법 제9조의2제3항에 따른 평가를 하는 경우 다음 각 호의 구분에 따른다. 〈개정 2015. 7. 20.〉

1. 정기평가: 매년 국가 기후변화 적응센터의 전년도 사업실적 등을 평가

2. 종합평가: 3년마다 국가 기후변화 적응센터의 운영 전반을 평가

② 환경부장관은 제1항에 따라 국가 기후변화 적응센터를 평가하기 위하여 필요하다고 인정하는 경우에는 관계 전 문가로 구성된 국가 기후변화 적응센터 평가단(이하 "평가단"이라 한다)을 구성 · 운영할 수 있다.

③ 평가단의 구성 · 운영에 필요한 사항은 환경부령으로 정한다.

④ 환경부장관은 제1항에 따른 평가를 하려는 경우에는 환경부령으로 정하는 바에 따라 평가의 기준, 시기 등을 미 리 국가 기후변화 적응센터에 알려 주어야 한다.

⑤ 환경부장관은 법 제9조의2제4항에 따른 지원이나 제1항에 따른 평가 등을 위하여 필요한 경우에는 국가 기후변 화 적응센터에 관련 자료의 제출을 요청할 수 있다. 〈신설 2015. 7. 20.〉

⑥ 환경부장관은 제1항에 따른 평가 결과 사업실적이 현저히 부실한 경우에는 법 제9조의2제4항에 따른 지원을 중 단하거나 지원금액을 줄일 수 있다. 〈개정 2015. 7. 20.〉

[본조신설 2013. 1. 31.]

제3조(장거리이동대기오염물질피해방지 종합대책 수립 등)

① 법 제13조제1항 후단에서 "대통령령으로 정하는 중요 사 항"이란 다음 각 호의 사항을 말한다. 〈개정 2016. 5. 31.〉

1. 장거리이동대기오염물질피해를 방지하기 위한 국내 대책

2. 장거리이동대기오염물질의 발생을 줄이기 위한 국제 협력

② 관계 중앙행정기관의 장과 시·도지사는 법 제13조제4항에 따라 다음 각 호의 사항을 매년 12월 31일까지 환경 부장관에게 제출하여야 한다. 이 경우 시·도지사는 추진대책을 수립할 경우에는 공청회 등을 개최하여 관계 전문 가, 지역 주민 등의 의견을 들을 수 있다. 〈개정 2016. 5. 31.〉

1. 장거리이동대기오염물질피해를 방지하기 위한 소관별 추진 실적과 그 평가

2. 장거리이동대기오염물질피해를 방지하기 위한 다음 연도 소관별 추진 대책 [

[제목개정 2016. 5. 31.]

제4조(장거리이동대기오염물질대책위원회의 위원 등)

① 법 제14조제3항제1호에서 "대통령령으로 정하는 중앙행정기 관의 공무원"이란 기획재정부, 교육부, 외교부, 행정안전부, 문화체육관광부, 산업통상자원부, 보건복지부, 환경부, 국 토교통부, 해양수산부, 국무조정실, 식품의약품안전처, 기상청, 농촌진흥청, 산림청 소속 고위공무원단에 속하는 공무 원 중에서 해당 기관의 장이 추천하는 공무원 각 1명을 말한다. 〈개정 2013. 1. 31., 2013. 3. 23., 2014. 11. 19., 2017. 7. 26.〉

② 법 제14조제3항제2호에서 "대통령령으로 정하는 분야"란 산림 분야, 대기환경 분야, 기상 분야, 예방의학 분야, 보건 분야, 화학사고 분야, 해양 분야, 국제협력 분야 및 언론 분야를 말한다. 〈개정 2016. 5. 31.〉

③ 공무원이 아닌 위원의 임기는 2년으로 한다. 〈개정 2016. 5. 31.〉

④ 환경부장관은 법 제14조제3항에 따른 위원이 다음 각 호의 어느 하나에 해당하는 경우에는 해당 위원을 해임 또 는 해촉(解囑)할 수 있다. 〈신설 2016. 5. 31.〉

1. 심신장애로 인하여 직무를 수행할 수 없게 된 경우

2. 직무와 관련된 비위사실이 있는 경우

3. 직무태만, 품위손상이나 그 밖의 사유로 인하여 위원으로 적합하지 아니하다고 인정되는 경우

4. 위원 스스로 직무를 수행하는 것이 곤란하다고 의사를 밝히는 경우

[제목개정 2016. 5. 31.]

제5조(위원회의 운영 등)

① 장거리이동대기오염물질대책위원회(이하 "위원회"라 한다)의 회의는 연 1회 개최한다. 다만, 위원회의 위원장(이하 "위원장"이라 한다)이 필요하다고 인정하는 경우에는 임시회의를 소집할 수 있다. 〈개정2016. 5. 31.〉

② 위원회의 회의는 재적위원 과반수의 출석으로 개의(開議)하고, 출석위원 과반수의 찬성으로 의결한다.

③ 위원장은 위원회의 업무를 총괄하고 위원회의 의장이 된다.

④ 위원장이 부득이한 사유로 그 직무를 수행할 수 없는 경우에는 위원장이 미리 지명하는 위원이 그 직무를 대행 한다.

⑤ 위원회의 사무를 처리하기 위하여 위원회에 간사 1명을 두며, 간사는 환경부 소속 공무원 중 위원장이 지명한 자 가 된다.

제6조(실무위원회의 구성)

① 법 제14조제4항에 따른 실무위원회는 실무위원회의 위원장(이하 "실무위원장"이라 한다) 1명을 포함한 25명 이내의 위원으로 구성한다.

② 실무위원장은 장거리이동대기오염물질대책 관련 환경부 소속 고위공무원단에 속하는 공무원 중에서 위원장이 지명하는 사람이 되며, 실무위원은 다음 각 호의 사람이 된다.
〈개정 2008. 2. 29., 2010. 3. 15., 2013. 1. 31., 2013. 3. 23., 2014. 11. 19., 2016. 5. 31., 2017. 7. 26.〉

1. 기획재정부, 교육부, 외교부, 행정안전부, 문화체육관광부, 산업통상자원부, 보건복지부, 환경부, 국토교통부, 해양 수산부, 국무조정실, 식품의약품안전처, 기상청, 농촌진흥청, 산림청의 4급 이상 공무원 중 해당 기관의 장이 지명 하는 각 1명

2. 국립환경과학원에 소속된 공무원 중에서 환경부장관이 지명하는 1명 3. 대기환경 정책에 관한 지식과 경험이 풍부한 자 중에서 환경부장관이 위촉하는 자

③ 공무원이 아닌 위원의 임기는 2년으로 한다. 〈개정 2016. 5. 31.〉

④ 실무위원회의 사무를 처리하기 위하여 실무위원회에 간사 1명을 두며, 간사는 환경부소속 공무원 중에서 실무위 원장이 지명한 자가 된다.

제6조의2(실무위원회 위원의 지명철회 및 해촉)

① 제6조제2항제1호 또는 제2호에 따라 실무위원을 지명한 자는 해당 위원이 다음 각 호의 어느 하나에 해당하는 경우에는 그 지명을 철회할 수 있다.

1. 심신장애로 인하여 직무를 수행할 수 없게 된 경우

2. 직무와 관련된 비위사실이 있는 경우

3. 직무태만, 품위손상이나 그 밖의 사유로 인하여 위원으로 적합하지 아니하다고 인정되는 경우

4. 위원 스스로 직무를 수행하는 것이 곤란하다고 의사를 밝히는 경우

② 환경부장관은 제6조제2항제3호에 따른 위원이 제1항 각 호의 어느 하나에 해당하는 경우에는 해당 위원을 해촉 할 수 있다.

[본조신설 2016. 5. 31.]

제7조(실무위원회의 운영 등)

① 실무위원회의 회의는 연 1회 개최한다. 다만, 실무위원장이 필요하다고 인정하는 경우 에는 임시회를 소집할 수 있다.

② 실무위원회의 회의는 재적위원 과반수의 출석으로 개의하고, 출석위원 과반수의 찬성으로 의결한다.

제7조의2(장거리이동대기오염물질연구단의 구성)

① 법 제14조제5항에 따른 장거리이동대기오염물질연구단(이하 "장 거리이동대기오염물질연 구단"이라 한다)은 단장(이하 "연구단장"이라 한다) 1명을 포함한 25명 이내의 연구단원으로 구성한다. 〈개정 2016. 5. 31.〉

② 연구단장은 장거리이동대기오염물질피해 방지에 관한 지식과 경험이 풍부한 사람 중에서 위원장이 지명하는 사 람으로 하고, 장거리이동대기오염물질연구단의 연구단원(이하 "연구 단원"이라 한다)은 다음 각 호의 사람이 된다. 〈개정 2016. 5. 31.〉

1. 위원회의 위원이 소속된 중앙행정기관에서 각각 추천하는 장거리이동대기오염물질 관련 업무담당자 또는 전문 가 1명

2. 장거리이동대기오염물질피해 방지에 관한 지식과 경험이 풍부한 사람 중에서 연구단장이 위촉하는 사람

[본조신설 2013. 1. 31.]

[제목개정 2016. 5. 31.]

제8조(관계 기관 공무원 등의 의견 청취 등)

위원장, 실무위원장 및 연구단장은 다음 각 호의 구분에 따라 관계 기관의 공무원 또는 전문가 등을 회의에 출석시켜 발언하게 할 수 있다.

1. 위원장 및 실무위원장: 위원회 및 실무위원회 위원이 요청한 경우 또는 심의할 필요가 있는 경우

2. 연구단장: 연구단장이 조사 · 연구를 위하여 필요하거나, 연구단원이 요청한 경우

[전문개정 2013. 1. 31.]

제9조(수당 및 여비)

다음 각 호의 경우에는 예산의 범위에서 수당과 여비를 지급할 수 있다. 다만, 공무원이 소관 업무 와 직접 관련되어 출석한 경우에는 그러하지 아니하다. 〈개정 2016. 5. 31.〉

1. 위원회 및 실무위원회의 위원, 관계 공무원 또는 관계 전문가가 위원회 또는 실무위원회에 참석한 경우

2. 연구단원, 관계 공무원 또는 관계 전문가가 장거리이동대기오염물질연구단에 참석한 경우

[전문개정 2013. 1. 31.]

제10조(운영 세칙)

이 영에서 규정한 것 외에는 위원회, 실무위원회 및 장거리이동대기오염물질연구단의 운영에 필요 한 사항은 위원회의 의결을 거쳐 위원장이 정한다. 〈개정 2013. 1. 31., 2016. 5. 31.〉 [제목개정 2013. 1. 31.]

제2장 사업장 등의 대기오염물질 배출 규제

제11조(배출시설의 설치허가 및 신고 등)

① 법 제23조제1항에 따라 설치허가를 받아야 하는 대기오염물질배출시설(이 하 "배출시설"이라 한다)은 다음 각 호와 같다. 〈개정 2012. 7. 20., 2015. 12. 10., 2016. 3. 29., 2021. 10. 14.〉

1. 특정대기유해물질이 환경부령으로 정하는 기준 이상으로 발생되는 배출시설

2. 「환경정책기본법」 제38조에 따라 지정 · 고시된 특별대책지역(이하 "특별대책지역"이라 한다)에 설치하는 배출 시설. 다만, 특정대기유해물질이 제1호에 따른 기준 이상으로 배출되지 아니하는 배출시설로서 별표 1의3에 따른 5종사업장에 설치하는 배출시설은 제외한다.

② 법 제23조제1항에 따라 제1항 각 호 외의 배출시설을 설치하려는 자는 배출시설 설치신고를

하여야 한다.

③ 법 제23조제1항에 따라 배출시설 설치허가를 받거나 설치신고를 하려는 자는 배출시설 설치허가신청서 또는 배 출시설 설치신고서에 다음 각 호의 서류를 첨부하여 환경부장관 또는 시 · 도지사에게 제출해야 한다.

〈개정 2013. 1. 31., 2014. 2. 5., 2015. 12. 10., 2019. 7. 16., 2021. 10. 14.〉

1. 원료(연료를 포함한다)의 사용량 및 제품 생산량과 오염물질 등의 배출량을 예측한 명세서

2. 배출시설 및 대기오염방지시설(이하 "방지시설"이라 한다)의 설치명세서

3. 방지시설의 일반도(一般圖) 4. 방지시설의 연간 유지관리 계획서

5. 사용 연료의 성분 분석과 황산화물 배출농도 및 배출량 등을 예측한 명세서(법 제41조제3항 단서에 해당하는 배 출시설의 경우에만 해당한다)

6. 배출시설 설치허가증(변경허가를 신청하는 경우에만 해당한다)

④ 법 제23조제2항에서 "대통령령으로 정하는 중요한 사항"이란 다음 각 호와 같다.

〈개정 2015. 12. 10.〉

1. 법 제23조제1항 또는 제2항에 따라 설치허가 또는 변경허가를 받거나 변경신고를 한 배출시설 규모의 합계나 누 계의 100분의 50 이상(제1항제1호에 따른 특정대기유해물질 배출시설의 경우에는 100분의 30 이상으로 한다) 증 설. 이 경우 배출시설 규모의 합계나 누계는 배출구별로 산정한다.

2. 법 제23조제1항 또는 제2항에 따른 설치허가 또는 변경허가를 받은 배출시설의 용도 추가

⑤ 법 제23조제2항에 따른 변경신고를 하여야 하는 경우와 변경신고의 절차 등에 관한 사항은 환경부령으로 정한 다.

⑥ 환경부장관 또는 시 · 도지사는 법 제23조제1항에 따라 배출시설 설치허가를 하거나 배출시설 설치신고를 수리 한 경우(법 제23조제6항에 따라 신고를 수리한 것으로 보는 경우를 포함한다)에는 배출시설 설치허가증 또는 배출 시설 설치신고증명서를 신청인에게 내주어야 한다. 다만, 법 제23조제2항에 따라 배출시설의 설치변경을 허가한 경 우에는 배출시설 설치허가증의 변경사항란에 변경허가사항을 적는다. 〈개정 2013. 1. 31., 2015. 12. 10., 2019. 7. 16.〉

⑦ 환경부장관 또는 시 · 도지사는 법 제23조제9항에 따라 다음 각 호의 사항을 같은 조 제1항 및 제2항에 따른 허 가 또는 변경허가의 조건으로 붙일 수 있다. 〈신설 2021. 10. 14.〉

1. 배출구 없이 대기 중에 직접 배출되는 대기오염물질이나 악취, 소음 등을 줄이기 위하여 필요한 조치 사항

2. 배출시설의 법 제16조나 제29조제3항에 따른 배출허용기준 준수 여부 및 방지시설의 적정

한 가동 여부를 확인하 기 위하여 필요한 조치 사항

제12조(배출시설 설치의 제한)

법 제23조제8항에 따라 환경부장관 또는 시·도지사가 배출시설의 설치를 제한할 수 있 는 경우는 다음 각 호와 같다. 〈개정 2010. 12. 31., 2013. 1. 31., 2019. 7. 16.〉

1. 배출시설 설치 지점으로부터 반경 1킬로미터 안의 상주 인구가 2만명 이상인 지역으로서 특정대기유해물질 중 한 가지 종류의 물질을 연간 10톤 이상 배출하거나 두 가지 이상의 물질을 연간 25톤 이상 배출하는 시설을 설치 하는 경우
2. 대기오염물질(먼지·황산화물 및 질소산화물만 해당한다)의 발생량 합계가 연간 10톤 이상인 배출시설을 특별대 책지역(법 제22조에 따라 총량규제구역으로 지정된 특별대책지역은 제외한다)에 설치하는 경우

[제목개정 2013. 1. 31.]

제13조(사업장의 분류기준)

법 제25조제2항에 따른 사업장 분류 기준은 별표 1의3과 같다. 〈개정 2016. 3. 29.〉

제14조(방지시설의 설치면제기준)

법 제26조제1항 단서에서 "대통령령으로 정하는 기준에 해당하는 경우"란 다음 각 호의 어느 하나에 해당하는 경우를 말한다. 1. 배출시설의 기능이나 공정에서 오염물질이 항상 법 제16조에 따른 배출허용기준 이하로 배출되는 경우 2. 그 밖에 방지시설의 설치 외의 방법으로 오염물질의 적정처리가 가능한 경우

제15조(변경신고에 따른 가동개시신고의 대상규모 등)

법 제30조제1항에서 "대통령령으로 정하는 규모 이상의 변경"이 란 법 제23조제1항부터 제3항까지의 규정에 따라 설치허가 또는 변경허가를 받거나 설치신고 또는 변경신고를 한 배출구별 배출시설 규모의 합계보다 100분의 20 이상 증설(대기배출시설 증설에 따른 변경신고의 경우에는 증설의 누계를 말한다)하는 배출시설의 변경을 말한다. 〈개정 2015. 12. 10.〉

제16조(시운전을 할 수 있는 시설)

법 제30조제2항에서 "대통령령으로 정하는 시설"이란 다음 각 호의 배출시설을 말한 다.
〈개정 2019. 7. 2.〉

1. 황산화물제거시설을 설치한 배출시설

2. 질소산화물제거시설을 설치한 배출시설

3. 그 밖에 방지시설을 설치하거나 보수한 후 상당한 기간 시운전이 필요하다고 환경부장관이 인정하여 고시하는 배출시설

제17조(측정기기의 부착대상 사업장 및 종류 등)

① 배출시설을 운영하는 사업자는 법 제32조제1항 및 제2항에 따라 오염물질배출량과 배출허용기준의 준수 여부 및 방지시설의 적정 가동 여부를 확인할 수 있는 다음 각 호의 측정기 기를 부착하여야 한다.

1. 적산전력계(積算電力計)

2. 굴뚝 자동측정기기(유량 · 유속계(流量 · 流速計), 온도측정기 및 자료수집기를 포함한다. 이하 같다)

② 환경부장관 또는 시 · 도지사는 법 제32조제1항 단서에 따라 사업자가 「중소기업기본법」 제2조에 따른 중소기 업인 경우에는 사업자의 동의(환경부령으로 정하는 바에 따라 사업자의 신청을 받은 경우를 포함한다)를 받아 측정 기기를 부착 · 운영하는 등의 조치를 할 수 있다. ⟨신설 2013. 1. 31.⟩

③ 시 · 도지사 또는 사업자는 법 제32조제1항에 따라 측정기기를 부착하는 경우에 부착방법 등에 대하여 한국환경 공단에 지원을 요청할 수 있다. ⟨신설 2013. 1. 31.⟩

④ 제1항제1호에 따른 적산전력계의 부착대상 시설 및 부착방법은 별표 2와 같다. ⟨개정 2013. 1. 31.⟩

⑤ 제1항제2호에 따라 굴뚝 자동측정기기를 부착하여야 하는 사업장은 별표 1의3에 따른 1종부터 3종까지의 사업 장으로 하며, 굴뚝 자동측정기기의 부착대상 배출시설, 측정 항목, 부착 면제, 부착 시기 및 부착 유예(猶豫)는 별표 3과 같다. ⟨개정 2013. 1. 31., 2016. 3. 29.⟩

⑥ 환경부장관 또는 시 · 도지사는 굴뚝 자동측정기기로 측정되어 법 제32조제7항에 따라 전산망으로 전송된 자료 (이하 "자동측정자료"라 한다)를 배출허용기준의 준수 여부 확인이나 법 제35조에 따른 배출부과금의 산정에 필요 한 자료로 활용할 수 있다. 다만, 굴뚝 자동측정기기나 전산망의 이상 등으로 비정상적인 자료가 전송된 경우에는 그러하지 아니하다. ⟨개정 2013. 1. 31.⟩

제18조(측정기기의 개선기간)

① 환경부장관 또는 시 · 도지사는 법 제32조제5항에 따라 조치명령을 하는 경우에는 6개월 이

내의 개선기간을 정해야 한다. 〈개정 2013. 1. 31., 2019. 7. 16.〉

② 환경부장관 또는 시 · 도지사는 법 제32조제5항에 따른 조치명령을 받은 자가 천재지변이나 그 밖의 부득이한 사유로 제1항에 따른 개선기간 내에 조치를 마칠 수 없는 경우에는 조치명령을 받은 자의 신청을 받아 6개월의 범 위에서 개선기간을 연장할 수 있다. 〈개정 2019. 7. 16.〉

제19조(굴뚝 원격감시체계 관제센터의 설치 · 운영)

① 환경부장관은 법 제32조제7항에 따라 사업장에 부착된 굴뚝 자 동측정기기의 측정결과를 전산처리하기 위한 전산망을 효율적으로 관리하기 위하여 굴뚝 원격감시체계 관제센터(이 하 "관제센터"라 한다)를 설치 · 운영할 수 있다. 〈개정 2013. 1. 31.〉

② 관제센터의 관할사업장과 관제센터의 기능 · 운영 및 자동측정자료의 관리 등에 필요한 사항은 환경부장관이 정 하여 고시한다.

제19조의2(측정결과 등의 공개)

① 환경부장관은 법 제32조제8항 본문에 따라 사업장 명칭, 사업장 소재지 및 대기오염 물질별 배출농도의 30분 평균치(매시 정각부터 30분까지 또는 매시 30분부터 다음 시 정각까지 5분마다 측정한 값 을 산술평균한 값을 말한다. 이하 같다) 등의 측정결과를 인터넷 홈페이지 등을 통해 실시간으로 공개해야 한다.

② 환경부장관은 법 제32조제8항 본문에 따라 사업장 명칭, 사업장 소재지 및 대기오염물질별 연간 배출량 등 전산 처리한 결과를 매년 6월 30일까지 연 1회 인터넷 홈페이지 등을 통해 공개해야 한다.

③ 제1항에 따른 측정결과의 실시간 공개 방법에 관한 세부사항은 환경부장관이 정하여 고시한다.

[전문개정 2020. 3. 31.]

제19조의3(측정기기 관리대행업의 등록기준 등)

① 법 제32조의2제1항 전단에 따라 측정기기를 관리하는 업무를 대행 하는 영업의 등록을 하려는 자가 갖추어야 하는 시설 · 장비 및 기술인력의 기준은 별표 3의2와 같다.

② 법 제32조의2제1항 후단에서 "대통령령으로 정하는 중요 사항"이란 다음 각 호의 어느 하나에 해당하는 사항을 말한다.

1. 상호 · 명칭 또는 대표자의 성명

2. 사무실 또는 실험실 소재지

3. 별표 3의2의 기준에 따라 등록된 기술인력의 현황

[본조신설 2017. 1. 24.]

제20조(배출시설 및 방지시설의 개선기간)

① 환경부장관 또는 시·도지사는 법 제33조에 따라 개선명령을 하는 경우 에는 개선에 필요한 조치 및 시설 설치기간 등을 고려하여 1년 이내의 개선기간을 정해야 한다.

〈개정 2013. 1. 31., 2019. 7. 16.〉

② 환경부장관 또는 시·도지사는 법 제33조에 따른 개선명령을 받은 자가 천재지변이나 그 밖의 부득이한 사유로 제1항에 따른 개선기간 내에 조치를 마칠 수 없는 경우에는 개선명령을 받은 자의 신청을 받아 1년의 범위에서 개 선기간을 연장할 수 있다. 〈개정 2019. 7. 16.〉

제21조(개선계획서의 제출)

① 법 제32조제5항에 따른 조치명령(적산전력계의 운영·관리기준 위반으로 인한 조치명 령은 제외한다. 이하 이 조에서 같다) 또는 법 제33조에 따른 개선명령을 받은 사업자는 그 명령을 받은 날부터 15일 이내에 다음 각 호의 사항을 명시한 개선계획서(굴뚝 자동측정기기를 부착한 경우에는 전자문서로 된 계획서를 포함 한다. 이하 같다)를 환경부령으로 정하는 바에 따라 환경부장관 또는 시·도지사에게 제출해야 한다. 다만, 환경부장 관 또는 시·도지사는 배출시설의 종류 및 규모 등을 고려하여 제출기간의 연장이 필요하다고 인정하는 경우 사업자의 신청을 받아 그 기간을 연장할 수 있다. 〈개정 2013. 1. 31., 2019. 7. 16.〉

1. 법 제32조제5항에 따른 조치명령을 받은 경우에는 다음 각 목의 사항

가. 굴뚝 자동측정기기의 부적정한 운영·관리의 내용

나. 굴뚝 자동측정기기의 부적정한 운영·관리에 대한 원인 및 개선계획 다. 굴뚝 자동측정기기의 개선기간에 배출되는 오염물질에 대한 자가측정계획

2. 법 제33조에 따른 개선명령을 받은 경우에는 다음 각 목의 사항

가. 법 제33조에 따른 개선기간이 끝나기 전에 개선하려면 그 개선하려는 기간

나. 개선기간 중에 배출시설의 가동을 중단하거나 제한하려면 그 기간과 제한의 내용 다. 공법(工法) 등의 개선으로 오염물질의 배출을 감소시키려면 그 내용

② 사업자가 제1항에 따른 개선계획서를 제출하지 아니하거나 제출하였더라도 제1항 각 호의 사항을 명시하지 아 니한 경우에는 개선기간 중에 다음 각 호의 어느 하나의 상태로 오염물질을 배출하면서 배출시설을 계속 가동한 것 으로 추정한다. 〈개정 2020. 3. 31.〉

1. 법 제32조제5항에 해당하는 경우에는 굴뚝 자동측정기기가 정상가동된 최근 3개월 동안

의 배출농도 중 최고 농도. 이 경우 배출농도는 30분 평균치로 한다.

2. 법 제33조에 해당하는 경우에는 개선명령에서 명시된 오염상태

③ 법 제32조제5항에 따른 조치명령을 받지 않은 사업자는 다음 각 호의 어느 하나에 해당하면 환경부령으로 정하 는 바에 따라 환경부장관 또는 시·도지사에게 개선계획서를 제출하고 개선할 수 있다. 〈개정 2013. 1. 31., 2019. 7. 16.〉

1. 굴뚝 자동측정기기를 개선·변경·점검 또는 보수하기 위하여 반드시 필요한 경우

2. 굴뚝 자동측정기기 주요 장치 등의 돌발적 사고로 굴뚝 자동측정기기를 적정하게 운영할 수 없는 경우

3. 천재지변이나 화재, 그 밖의 불가항력적인 사유로 굴뚝 자동측정기기를 적정하게 운영할 수 없는 경우

④ 법 제33조에 따른 개선명령을 받지 않은 사업자는 다음 각 호의 어느 하나에 해당하는 경우로서 배출허용기준을 초과하여 오염물질을 배출했거나 배출할 우려가 있는 경우에는 환경부령으로 정하는 바에 따라 환경부장관 또는 시·도지사에게 개선계획서를 제출하고 개선할 수 있다. 〈개정 2008. 12. 31., 2013. 1. 31., 2019. 7. 16.〉

1. 배출시설 또는 방지시설을 개선·변경·점검 또는 보수하기 위하여 반드시 필요한 경우

2. 배출시설 또는 방지시설의 주요 기계장치 등의 돌발적 사고로 배출시설이나 방지시설을 적정하게 운영할 수 없 는 경우

3. 단전·단수로 배출시설이나 방지시설을 적정하게 운영할 수 없는 경우

4. 천재지변이나 화재, 그 밖의 불가항력적인 사유로 배출시설이나 방지시설을 적정하게 운영할 수 없는 경우

제22조(개선명령 등의 이행 보고 및 확인)

① 법 제32조제5항에 따른 조치명령이나 법 제33조에 따른 개선명령을 받은 사업자는 그 명령을 이행한 경우에는 지체 없이 환경부장관 또는 시·도지사에게 보고해야 한다.

〈개정 2013. 1.31., 2019. 7. 16.〉

② 환경부장관 또는 시·도지사는 제1항에 따른 보고를 받은 경우에는 관계 공무원에게 지체 없이 명령의 이행상태 를 확인하게 해야 한다. 이 경우 대기오염도 검사가 필요하면 시료(試料)를 채취하여 환경부령으로 정하는 검사기관 에 검사를 지시하거나 의뢰해야 한다.

〈개정 2013. 1. 31., 2019. 7. 16.〉

제23조(배출부과금 부과대상 오염물질)

① 법 제35조제2항제1호에 따른 기본부과금의 부과대상이 되는 오염물질은 다 음 각 호와 같다.
〈개정 2013. 1. 31., 2018. 12. 31.〉

1. 황산화물

2. 먼지

3. 질소산화물

② 법 제35조제2항제2호에 따른 초과부과금(이하 "초과부과금"이라 한다)의 부과대상이 되는 오염물질은 다음 각 호와 같다. 〈개정 2013. 1. 31., 2018. 12. 31.〉

1. 황산화물

2. 암모니아

3. 황화수소

4. 이황화탄소

5. 먼지

6. 불소화물

7. 염화수소

8. 질소산화물 9. 시안화수소

제24조(초과부과금 산정의 방법 및 기준)

① 제23조제2항 각 호에 해당하는 오염물질에 대한 초과부과금은 다음 각 호 의 구분에 따른 산정방법으로 산출한 금액으로 한다. 〈개정 2016. 3. 29.〉

1. 제21조제4항에 따른 개선계획서를 제출하고 개선하는 경우 : 오염물질 1킬로그램당 부과금액×배출허용기준초과 오염물질배출량×지역별 부과계수×연도별 부과금산정지수

2. 제1호 외의 경우 : 오염물질 1킬로그램당 부과금액×배출허용기준초과 오염물질배출량×배출허용기준 초과율별 부과계수×지역별 부과계수×연도별 부과금산정지수×위반횟수별 부과계수

② 제1항에 따른 초과부과금의 산정에 필요한 오염물질 1킬로그램당 부과금액, 배출허용기준 초과율별 부과계수 및 지역별 부과계수는 별표 4와 같다.

제25조(초과부과금의 오염물질배출량 산정 등)

① 제24조제1항에 따른 초과부과금의 산정에 필요한 배출허용기준초과 오염물질배출량(이하 "기준초과배출량"이라 한다)은 다음 각 호의 구분에 따른 배출기간 중에 배출허용기준을 초

과 하여 조업함으로써 배출되는 오염물질의 양으로 하되, 일일 기준초과배출량에 배출기간의 일수(日數)를 곱하여 산정 한다. 다만, 제17조제1항제2호에 따른 굴뚝 자동측정기기를 설치하여 관제센터로 측정결과를 자동 전송하는 사업장 (이하 "자동측정사업장"이라 한다)의 자동측정자료의 30분 평균치가 배출허용기준을 초과한 경우에는 그 초과한 30분마다 배출허용기준초과농도(배출허용기준을 초과한 30분 평균치에서 배출허용기준농도를 뺀 값을 말한다)에 해당 30분 동안의 배출유량을 곱하여 초과배출량을 산정하고, 반기별(半期別)로 이를 합산하여 기준초과배출량을 산 정한다. 〈개정 2020. 3. 31., 2021. 6. 29.〉

1. 제21조제4항에 따른 개선계획서를 제출하고 개선하는 경우 : 명시된 부적정 운영 개시일부터 개선기간 만료일까 지의 기간

2. 법 제33조, 제34조, 제36조 또는 제38조에 따른 개선명령, 조업정지명령, 허가취소, 사용중지명령 또는 폐쇄명령 을 받은 경우: 오염물질이 초과 배출되기 시작한 날(초과 배출되기 시작한 날을 알 수 없는 경우에는 배출허용기 준 초과 여부 확인을 위한 오염물질 채취일)부터 법 제33조, 제34조 또는 제38조에 따른 개선명령, 조업정지명령, 사용중지명령 또는 폐쇄명령의 이행완료 예정일이나 법 제36조제1항에 따른 허가취소일까지의 기간

3. 제1호 및 제2호 외의 경우: 배출허용기준 초과 여부 확인을 위한 오염물질 채취일부터 배출허용기준 이내로 확인 된 오염물질 채취일까지의 기간

② 제1항에 따른 일일 기준초과배출량은 다음 각 호의 구분에 따른 날의 오염물질 배출허용기준초과농도에, 배출농 도 측정 시의 배출유량(이하 "측정유량"이라 한다)을 기준으로 계산한 배출 총량(이하 "일일유량"이라 한다)을 곱하 여 산정한 양을 킬로그램 단위로 표시한 양으로 한다. 〈개정 2020. 3. 31.〉

1. 제21조제4항에 따라 개선계획서를 제출하고 개선하는 경우: 환경부령으로 정하는 오염물질 채취일

2. 법 제33조, 제34조, 제36조 또는 제38조에 따른 개선명령, 조업정지명령, 허가취소, 사용중지명령 또는 폐쇄명령 을 받은 경우: 법 제33조, 제34조, 제36조 또는 제38조에 따른 개선명령, 조업정지명령, 허가취소, 사용중지명령 또는 폐쇄명령의 원인이 되는 오염물질 채취일

3. 제1호 및 제2호 외의 경우: 배출허용기준 초과 여부 확인을 위한 오염물질 채취일

③ 제2항에 따른 일일 기준초과배출량과 일일유량은 별표 5에 따라 산정하고, 측정유량은 「환경분야 시험·검사 등 에 관한 법률」 제6조제1항제1호에 해당하는 분야에 대한 환경오염공정시험기준에 따라 산정한다. 〈개정 2008. 12. 31.〉

④ 제24조제1항 각 호에 따른 오염물질 배출량은 배출기간 중에 배출된 가스의 양을 1천 세제곱미터 단위로 표시한 것으로 하며, 일일유량에 배출기간의 일수를 곱하여 산정한다. 이 경우

배출기간의 계산과 측정유량의 산정에 관하 여는 제1항부터 제3항까지의 규정을 준용한다.

⑤ 제1항 단서에 따라 제23조제1항에 따른 기본부과금 부과대상 오염물질에 대한 초과배출량을 산정하는 경우로서 배출허용기준을 초과한 날 이전 3개월간 평균배출농도가 배출허용기준의 30퍼센트 미만인 경우에는 초과배출량에 서 별표 5의2에 따른 초과배출량공제분을 공제한다. 〈신설 2010. 12. 31., 2016. 3. 29.〉

⑥ 제1항에 따른 배출기간은 일수로 표시하며, 그 기간의 계산은 「민법」에 따르되, 초일(初日)을 산입한다. 〈개정 2010. 12. 31.〉

제26조(연도별 부과금산정지수 및 위반횟수별 부과계수)

① 제24조제1항에 따른 연도별 부과금산정지수는 매년 전년 도 부과금산정지수에 전년도 물가상승률 등을 고려하여 환경부장관이 고시하는 가격변동지수를 곱한 것으로 한다.

② 제24조제1항에 따른 위반횟수별 부과계수는 다음 각 호의 구분에 따른 비율을 곱한 것으로 한다. 1. 위반이 없는 경우 : 100분의 100 2. 처음 위반한 경우 : 100분의 105 3. 2차 이상 위반한 경우 : 위반 직전의 부과계수에 100분의 105를 곱한 것

③ 제2항에 따른 위반횟수는 배출허용기준을 초과하여 제23조에 따른 부과금 부과대상 오염물질 등을 배출하여 법 제33조, 법 제34조, 법 제36조제1항 또는 법 제38조에 따른 개선명령, 조업정지명령, 허가취소, 사용중지명령 또는 폐쇄명령을 받은 횟수로 한다. 이 경우 위반횟수는 사업장의 배출구별로 위반행위가 있었던 날 이전의 최근 2년을 단위로 산정한다. 〈개정 2021. 6. 29.〉

④ 자동측정사업장의 경우에는 제3항에도 불구하고 30분 평균치가 배출허용기준을 초과하는 횟수를 위반횟수로 하되, 30분 평균치가 24시간 이내에 2회 이상 배출허용기준을 초과하는 경우에는 위반횟수를 1회로 보고, 제21조제 3항에 따라 개선계획서를 제출하고 배출허용기준을 초과하는 경우에는 개선기간 중의 위반횟수를 1회로 본다. 이 경우 위반횟수는 각 배출구마다 제23조제2항 각 호에 따른 오염물질별로 3개월을 단위로 산정한다. 〈개정 2010. 3. 26., 2016. 3. 29.〉

제27조(기본부과금 및 자동측정사업장에 대한 초과부과금의 부과기준일 및 부과기간)

법 제35조제2항제1호에 따른 기 본부과금과 제25조제1항 각 호 외의 부분 단서에 따른 자동측정사업장에 대한 초과부과금은 매 반기별로 부과하되 부과기준일과 부과기간은 별표 6과 같다.

제28조(기본부과금 산정의 방법과 기준)

① 법 제35조제2항제1호에 따른 기본부과금은 배출허용기준 이하로 배출하는 오염물질배출량 (이하 "기준이내배출량"이라 한다)에 오염물질 1킬로그램당 부과금액, 연도별 부과금산정지수, 지역 별 부과계수 및 농도별 부과계수를 곱한 금액으로 한다.　　　　　　〈개정 2013. 1. 31.〉

② 제1항에 따른 기본부과금의 산정에 필요한 오염물질 1킬로그램당 부과금액에 관하여는 제24조제2항을 준용하 며, 기본부과금의 지역별 부과계수는 별표 7과 같고, 기본부과금의 농도별 부과계수는 별표 8과 같다.

③ 제1항에 따른 연도별 부과금산정지수는 최초의 부과연도를 1로 하고, 그 다음 해부터는 매년 전년도 지수에 전 년도 물가상승률 등을 고려하여 환경부장관이 정하여 고시하는 가격변동계수를 곱한 것으로 한다.

제29조(기본부과금의 오염물질배출량 산정 등)

① 환경부장관 또는 시·도지사는 제28조제1항에 따른 기본부과금의 산정에 필요한 기준이내배출량을 파악하기 위하여 필요한 경우에는 법 제82조제1항에 따라 해당 사업자에게 기본부과금의 부과기간 동안 실제 배출한 기준이내배출량(이하 "확정배출량"이라 한다)에 관한 자료를 제출하게 할 수 있 다. 이 경우 해당 사업자는 확정배출량에 관한 자료를 부과기간 완료일부터 30일 이내에 제출해야 한다.　　　　　　〈개정 2013. 1. 31., 2019. 7. 16.〉

② 확정배출량은 별표 9에서 정하는 방법에 따라 산정한다. 다만, 굴뚝 자동측정기기의 측정 결과에 따라 산정하는 경우에는 그러하지 아니하다.

③ 제21조제3항에 따라 개선계획서를 제출한 사업자가 제2항 단서에 따라 확정배출량을 산정하는 경우 개선기간 중의 확정배출량은 개선기간 전에 굴뚝 자동측정기기가 정상 가동된 3개월 동안의 30분 평균치를 산술평균한 값을 적용하여 산정한다.

④ 제1항에 따라 제출된 자료를 증명할 수 있는 자료에 관한 사항은 환경부령으로 정한다.

제30조(기준이내배출량의 조정 등)

환경부장관 또는 시·도지사는 해당 사업자가 제29조에 따른 자료를 제출하지 않거 나 제출한 내용이 실제와 다른 경우 또는 거짓으로 작성되었다고 인정하는 경우에는 다음 각 호의 구분에 따른 방법 으로 기준이내배출량을 조정할 수 있다.　　　　〈개정 2013. 1. 31., 2018. 12. 31., 2019. 7. 16.〉

1. 사업자가 제29조제1항에 따른 확정배출량에 관한 자료를 제출하지 않은 경우 : 해당 사업자가 다음 각 목의 조건 에 모두 해당하는 상태에서 오염물질을 배출한 것으로 추정한 기준이내배출량

가. 부과기간에 배출시설별 오염물질의 배출허용기준농도로 배출했을 것

나. 배출시설 또는 방지시설의 최대시설용량으로 가동했을 것 다. 1일 24시간 조업했을 것

2. 자료심사 및 현지조사 결과, 사업자가 제출한 확정배출량의 내용(사용연료 등에 관한 내용을 포함한다)이 실제와 다른 경우 : 자료심사와 현지조사 결과를 근거로 산정한 기준이내배출량

3. 사업자가 제29조제1항에 따라 제출한 확정배출량에 관한 자료가 명백히 거짓으로 판명된 경우 : 제1호에 따라 추정한 배출량의 100분의 120에 해당하는 기준이내배출량

제31조(자료의 제출 및 검사 등)

환경부장관 또는 시·도지사는 사업자가 제출한 확정배출량의 내용이 비슷한 규모의 다른 사업장과 현저한 차이가 나거나 사실과 다르다고 인정하여 제30조에 따른 기준이내배출량의 조정 등이 필요한 경우에는 법 제82조제1항에 따라 사업자에게 관련 자료를 제출하게 할 수 있다.

〈개정 2013. 1. 31., 2019. 7. 16.〉

제31조의2(징수비용의 교부)

① 환경부장관은 법 제35조제8항에 따라 다음 각 호의 구분에 따른 금액을 해당 시·도지사에게 징수비용으로 내주어야 한다. 〈개정 2014. 2. 5.〉

1. 시·도지사가 법 제35조에 따라 부과하였거나 법 제35조의3에 따라 조정하여 부과한 부과금 및 가산금 중 실제로 징수한 금액의 비율(이하 "징수비율"이라 한다)이 60퍼센트 미만인 경우: 징수한 부과금 및 가산금의 100분의 7

2. 징수비율이 60퍼센트 이상 80퍼센트 미만인 경우: 징수한 부과금 및 가산금의 100분의 10

3. 징수비율이 80퍼센트 이상인 경우: 징수한 부과금 및 가산금의 100분의 13

② 환경부장관은 「환경정책기본법」에 따른 환경개선특별회계에 납입된 부과금 및 가산금 중 제1항에 따른 징수비용을 매월 정산하여 그 다음 달까지 해당 시·도지사에게 지급하여야 한다. 〈개정 2014. 2. 5.〉

[제37조에서 이동 〈2013. 1. 31.〉]

제32조(부과금의 부과면제 등)

① 법 제35조의2제1항제1호에 따라 다음 각 호의 연료를 사용하여 배출시설을 운영하는 사업자에 대하여는 황산화물에 대한 기본부과금을 부과하지 아니한다. 다만, 제1호 또는 제2호의 연료와 제1호 또는 제2호 외의 연료를 섞어서 연소시키는 배출시설로서 배출허용기준을 준

수할 수 있는 시설에 대하여는 제1호 또는 제2호의 연료사용량에 해당하는 황산화물에 대한 기본부과금을 부과하지 아니한다. 〈개정 2013. 1. 31., 2020. 5. 26.〉

1. 발전시설의 경우에는 황함유량이 0.3퍼센트 이하인 액체연료 및 고체연료, 발전시설 외의 배출시설(설비용량이 100메가와트 미만인 열병합발전시설을 포함한다)의 경우에는 황함유량이 0.5퍼센트 이하인 액체연료 또는 황함 유량이 0.45퍼센트 미만인 고체연료를 사용하는 배출시설로서 배출허용기준을 준수할 수 있는 시설. 이 경우 고 체연료의 황함유량은 연소기기에 투입되는 여러 고체연료의 황함유량을 평균한 것으로 한다.

2. 공정상 발생되는 부생(附生)가스로서 황함유량이 0.05퍼센트 이하인 부생가스를 사용하는 배출시설로서 배출허 용기준을 준수할 수 있는 시설

3. 제1호 및 제2호의 연료를 섞어서 연소시키는 배출시설로서 배출허용기준을 준수할 수 있는 시설

② 법 제35조의2제1항제1호에 따라 액화천연가스나 액화석유가스를 연료로 사용하는 배출시설을 운영하는 사업자 에 대하여는 먼지와 황산화물에 대한 기본부과금을 부과하지 아니한다. 〈개정 2013. 1. 31., 2020. 5. 26.〉

③ 법 제35조의2제1항제2호에서 "대통령령으로 정하는 최적의 방지시설"이란 배출허용기준을 준수할 수 있고 설계 된 대기오염물질의 제거 효율을 유지할 수 있는 방지시설로서 환경부장관이 관계 중앙행정기관의 장과 협의하여 고시하는 시설을 말한다. 〈개정 2013. 1. 31.〉

④ 국방부장관은 법 제35조의2제1항제3호에 따른 협의를 하려는 경우에는 부과금을 면제받으려는 군사시설의 용 도와 면제 사유 등을 환경부장관에게 제출하여야 한다. 다만, 「군사기지 및 군사시설 보호법」 제2조제2호에 따른 군사시설은 그러하지 아니하다.
〈개정 2008. 9. 22., 2013. 1. 31.〉

⑤ 법 제35조의2제2항제1호에서 "대통령령으로 정하는 배출시설"이란 다음 각 호의 어느 하나에 해당하는 시설을 말한다. 〈개정 2020. 3. 31.〉

1. 법 제32조제1항에 따른 측정기기 부착사업장 중 「중소기업기본법」 제2조에 따른 중소기업의 배출시설 및 별표 1의3의 구분에 따른 4종사업장과 5종사업장의 배출시설로서 배출허용기준을 준수하는 시설

2. 대기오염물질의 배출을 줄이기 위한 계획과 그 이행 등에 대하여 환경부장관 또는 시 · 도지사(해당 사업장과의 협약에 대하여 환경부장관과 사전 협의를 거친 시 · 도지사만 해당한다)와 협약을 체결한 사업장의 배출시설로서 배출허용기준을 준수하는 시설

⑥ 법 제35조의2에 따른 부과금의 면제 또는 감면의 절차 등에 필요한 사항은 환경부령으로 정한다.
〈개정 2013. 1. 31.〉

제33조(부과금의 납부통지)

① 초과부과금은 초과부과금 부과 사유가 발생한 때(자동측정자료의 30분 평균치가 배출허 용기준을 초과한 경우에는 매 반기 종료일부터 60일 이내)에, 기본부과금은 해당 부과기간의 확정배출량 자료제출기 간 종료일부터 60일 이내에 부과금의 납부통지를 하여야 한다. 다만, 배출시설이 폐쇄되거나 소유권이 이전되는 경 우에는 즉시 납부통지를 할 수 있다.

② 환경부장관 또는 시·도지사는 부과금을 부과(법 제35조의3에 따른 조정 부과를 포함한다) 할 때에는 부과대상 오염물질량, 부과금액, 납부기간 및 납부장소, 그 밖에 필요한 사항을 적 은 서면으로 알려야 한다. 이 경우 부과금의 납부기간은 납부통지서를 발급한 날부터 30일로 한다. 〈개정 2013. 1. 31., 2019. 7. 16.〉

제34조(부과금의 조정)

① 법 제35조의3제1항에서 "대통령령으로 정하는 사유"란 다음 각 호의 어느 하나에 해당하는 경우를 말한다. 〈개정 2013. 1. 31., 2019. 7. 16., 2020. 3. 31.〉

1. 제25조제1항에 따른 개선기간 만료일 또는 명령이행 완료예정일까지 개선명령, 조업정지 명령, 사용중지명령 또 는 폐쇄명령을 이행하였거나 이행하지 아니하여 초과부과금 산정 의 기초가 되는 오염물질 또는 배출물질의 배출 기간이 달라진 경우

2. 초과부과금의 부과 후 오염물질 등의 배출상태가 처음에 측정할 때와 달라졌다고 인정하 여 다시 측정한 결과, 오 염물질 또는 배출물질의 배출량이 처음에 측정한 배출량과 다른 경우

3. 사업자가 고의 또는 과실로 확정배출량을 잘못 산정하여 제출했거나 환경부장관 또는 시·도지사가 제30조에 따 라 조정한 기준이내배출량이 잘못 조정된 경우

② 제1항제1호에 따라 초과부과금을 조정하는 경우에는 환경부령으로 정하는 개선완료일이나 제22조제1항에 따른 명령 이행의 보고일을 오염물질 또는 배출물질의 배출기간으로 하여 초 과부과금을 산정한다.

③ 제1항제2호에 따라 초과부과금을 조정하는 경우에는 재점검일 이후의 기간에 다시 측정한 배출량만을 기초로 초과부과금을 산정한다.

④ 제1항제1호의 사유에 따른 초과부과금의 조정 부과나 환급은 해당 배출시설 또는 방지시설 에 대한 개선완료명 령, 조업정지명령, 사용중지명령 또는 폐쇄완료명령의 이행 여부를 확인 한 날부터 30일 이내에 하여야 한다. 〈개정 2013. 1. 31.〉

⑤ 제1항제3호에 따라 기본부과금을 조정하는 경우에는 법 제23조제1항부터 제3항까지의 규정 에 따라 배출시설의 설치허가, 변경허가, 설치신고 또는 변경신고를 할 때에 제출한 자료, 법

제31조제2항에 따른 배출시설 및 방지시설 의 운영기록부, 법 제39조제1항에 따른 자가측정 기록부 및 법 제82조에 따른 검사의 결과 등을 기초로 하여 기본부 과금을 산정한다.

〈개정 2015. 12. 10.〉

⑥ 환경부장관 또는 시·도지사는 법 제35조의3제1항에 따라 차액을 부과 또는 환급할 때에는 금액, 일시, 장소, 그 밖에 필요한 사항을 적은 서면으로 알려야 한다.

〈개정 2013. 1. 31., 2019. 7. 16.〉

제35조(부과금에 대한 조정신청)

① 부과금 납부명령을 받은 사업자(이하 "부과금납부자"라 한다)는 제34조제1항 각 호 에 해당하는 경우에는 부과금의 조정을 신청할 수 있다.

② 제1항에 따른 조정신청은 부과금납부통지서를 받은 날부터 60일 이내에 하여야 한다.

〈개정 2010. 12. 31.〉

③ 환경부장관 또는 시·도지사는 조정신청을 받으면 30일 이내에 그 처리결과를 신청인에게 알려야 한다.　　　　　　　　　　　　　　　　〈개정 2013. 1. 31., 2019. 7. 16.〉

④ 제1항에 따른 조정신청은 부과금의 납부기간에 영향을 미치지 아니한다.

제36조(부과금의 징수유예 · 분할납부 및 징수절차)

① 법 제35조의4제1항 또는 제2항에 따라 부과금의 징수유예를 받 거나 분할납부를 하려는 자는 부과금 징수유예신청서와 부과금 분할납부신청서를 환경부장관 또는 시·도지사에게 제출해야 한다.　　　　　　　　　　　　　　　　　　　〈개정 2019. 7. 16.〉

② 법 제35조의4제1항에 따른 징수유예는 다음 각 호의 구분에 따른 징수유예기간과 그 기간 중의 분할납부의 횟수 에 따른다.

1. 기본부과금: 유예한 날의 다음 날부터 다음 부과기간의 개시일 전일까지, 4회 이내

2. 초과부과금: 유예한 날의 다음 날부터 2년 이내, 12회 이내

③ 법 제35조의4제2항에 따른 징수유예기간의 연장은 유예한 날의 다음 날부터 3년 이내로 하며, 분할납부의 횟수 는 18회 이내로 한다.

④ 부과금의 분할납부 기한 및 금액과 그 밖에 부과금의 부과 · 징수에 필요한 사항은 환경부장관 또는 시·도지사 가 정한다.　　　　　　　　　　　　　　〈개정 2019. 7. 16.〉

[전문개정 2013. 1. 31.]

제37조(신용카드 등에 의한 배출부과금의 납부)

① 부과금납부자는 신용카드, 직불카드 등(이하 "신용카드등"이라 한다)으로 배출부과금납부대행기관을 통하여 배출부과금을 납부할 수 있다.

② 신용카드등으로 배출부과금을 납부하는 경우에는 배출부과금납부대행기관의 승인일을 납부일로 본다.

③ 제1항에 따른 배출부과금납부대행기관은 다음 각 호의 어느 하나에 해당하는 자로 한다.

　1. 「민법」 제32조에 따라 금융위원회의 허가를 받아 설립된 금융결제원

　2. 시설, 업무수행능력 및 자본금 규모 등을 고려하여 환경부장관이 배출부과금납부대행기관으로 지정 · 고시하는 자

④ 배출부과금납부대행기관은 부과금납부자로부터 신용카드등에 의한 배출부과금 납부대행 용역의 대가로 해당 납부 배출부과금의 1천분의 10 이내에서 환경부장관이 정하는 바에 따라 납부대행수수료를 받을 수 있다.

[본조신설 2018. 12. 31.]

제38조(과징금 처분)

① 법 제37조제1항 각 호 외의 부분 본문에서 "대통령령으로 정하는 경우"란 다음 각 호의 어느 하 나에 해당하는 경우를 말한다.

　1. 외국에 수출할 목적으로 신용장을 개설하고 제품을 생산하는 경우

　2. 조업의 중지에 따라 배출시설에 투입된 원료 · 부원료 또는 제품 등이 화학반응을 일으키는 등의 사유로 폭발이 나 화재사고가 발생될 우려가 있는 경우

　3. 원료를 용융(鎔融)하거나 용해하여 제품을 생산하는 경우

② 법 제37조제1항 각 호 외의 부분 단서에서 "대통령령으로 정하는 경우"란 다음 각 호의 어느 하나에 해당하는 경 우를 말한다.

　1. 조업을 시작하지 않거나 조업을 중단하는 등의 사유로 매출액이 없는 경우

　2. 재해 등으로 매출액 산정자료가 소멸되거나 훼손되어 객관적인 매출액의 산정이 곤란한 경우

③ 법 제37조제1항, 제38조의2제10항 또는 제44조제11항에 따른 과징금은 법 제84조에 따른 위반행위별 행정처분 기준에 따른 조업 정지일수에 1일당 300만원과 다음 각 호의 구분에 따른 부과계수를 곱하여 산정한다. 〈개정 2021. 10. 14.〉

　1. 별표 1의3에 따른 사업장에 해당하는 경우: 다음 각 목의 부과계수

　　가. 1종사업장: 2.0

나. 2종사업장: 1.5

다. 3종사업장: 1.0

라. 4종사업장: 0.7

마. 5종사업장: 0.4

2. 별표 1의3에 따른 사업장에 해당하지 않는 경우: 제1호마목의 부과계수

④ 제3항에 따라 산정한 과징금의 금액은 법 제37조제3항에 따라 그 금액의 2분의 1 범위에서 늘리거나 줄일 수 있 다. 이 경우 그 금액을 늘리는 경우에도 과징금의 총액은 법 제37조제1항 본문에 따른 매출액에 100분의 5를 곱한 금액(제2항에 해당하는 경우에는 2억원을 말한다)을 초과할 수 없다.

[전문개정 2021. 6. 29.]

제38조의2(비산배출의 저감대상 업종)

법 제38조의2제1항에서 "대통령령으로 정하는 업종"이란 별표 9의2에 따른 업 종을 말한다.

[전문개정 2015. 7. 20.]

제39조(환경기술인의 자격기준 및 임명기간)

① 법 제40조제1항에 따라 사업자가 환경기술인을 임명하려는 경우에는 다음 각 호의 구분에 따른 기간에 임명하여야 한다. 〈개정 2013. 1. 31.〉

1. 최초로 배출시설을 설치한 경우에는 가동개시 신고를 할 때

2. 환경기술인을 바꾸어 임명하는 경우에는 그 사유가 발생한 날부터 5일 이내. 다만, 환경기사 1급 또는 2급 이상의 자격이 있는 자를 임명하여야 하는 사업장으로서 5일 이내에 채용할 수 없는 부득이한 사정이 있는 경우에는 30일의 범위에서 별표 10에 따른 4종 · 5종사업장의 기준에 준하여 환경기술인을 임명할 수 있다.

② 법 제40조제1항에 따라 사업장별로 두어야 하는 환경기술인의 자격기준은 별표 10과 같다.

제3장 생활환경상의 대기오염물질 배출 규제

제40조(저황유의 사용)

① 법 제41조제1항에 따른 황함유기준(이하 "황함유기준"이라 한다)이 정하여진 연료용 유류(이 하 "저황유"라 한다)의 공급지역과 사용시설의 범위 등에 관한 기준은 별표 10의2와 같

다. 〈개정 2008. 12. 31.〉

② 법 제41조제4항에 따라 시 · 도지사는 별표 10의2에 따른 기준에 부적합한 유류를 공급하거나 판매하는 자에게 는 유류의 공급금지 또는 판매금지와 그 유류의 회수처리를 명하여야 하며, 유류를 사용하는 자에게는 사용금지를 명하여야 한다. 〈개정 2008. 12. 31., 2013. 1. 31.〉

③ 제2항에 따라 해당 유류의 회수처리명령 또는 사용금지명령을 받은 자는 명령을 받은 날부터 5일 이내에 다음 각 호의 사항을 구체적으로 밝힌 이행완료보고서를 시 · 도지사에게 제출하여야 한다. 〈개정 2013. 1. 31.〉

1. 해당 유류의 공급기간 또는 사용기간과 공급량 또는 사용량

2. 해당 유류의 회수처리량, 회수처리방법 및 회수처리기간

3. 저황유의 공급 또는 사용을 증명할 수 있는 자료 등에 관한 사항

④ 삭제〈2013. 1. 31.〉

제41조(저황유 외의 연료사용)

환경부장관 또는 시 · 도지사는 제40조제1항에 따른 저황유 공급지역의 사용시설 중 다 음 각 호의 시설에서는 저황유 외의 연료를 사용하게 할 수 있다. 〈개정 2015. 12. 10.〉

1. 제32조제1항제2호에 따른 부생가스 또는 환경부장관이 인정하는 폐열을 사용하는 시설

2. 제32조제3항에 따른 최적의 방지시설을 설치하여 부과금을 면제받은 시설

3. 그 밖에 저황유 외의 연료를 사용하여 배출되는 황산화물이 해당 시설에서 저황유를 사용할 때 적용되는 배출허 용기준 이하로 배출되는 시설로서 법 제23조에 따른 배출시설의 설치허가 또는 변경허가를 받거나 설치신고 또 는 변경신고를 한 시설

제42조(고체연료의 사용금지 등)

① 환경부장관 또는 시 · 도지사는 법 제42조에 따라 연료의 사용으로 인한 대기오염을 방지하기 위하여 별표 11의2에 해당하는 지역에 대하여 다음 각 호의 고체연료의 사용을 제한할 수 있다. 다만, 제 3호의 경우에는 해당 지역 중 그 사용을 특히 금지할 필요가 있는 경우에만 제한할 수 있다. 〈개정 2008. 12. 31., 2019. 7. 2.〉

1. 석탄류

2. 코크스(다공질 고체 탄소 연료)

3. 땔나무와 숯

4. 그 밖에 환경부장관이 정하는 폐합성수지 등 가연성 폐기물 또는 이를 가공처리한 연료

② 환경부장관 또는 시 · 도지사는 제1항에 따른 지역에 있는 사업자에게 고체연료의 사용금지

를 명하여야 한다. 다 만, 다음 각 호의 어느 하나에 해당하는 시설을 갖춘 사업자의 경우에는 그러하지 아니하다.

1. 제조공정의 연료 용해과정에서 광물성 고체연료가 사용되어야 하는 주물공장·제철공장 등의 용해로 등의 시설

2. 연소과정에서 발생하는 오염물질이 제품 제조공정 중에 흡수·흡착 등의 방법으로 제거되어 오염물질이 현저하 게 감소되는 시멘트·석회석 등의 소성로(燒成爐) 등의 시설

3. 「폐기물관리법」 제2조에 따른 폐기물처리시설(폐기물 에너지를 이용하는 시설을 포함한다)

4. 제1항에 따른 고체연료를 사용하여도 해당 시설에서 배출되는 오염물질이 배출허용기준 이하로 배출되는 시설 로서 환경부장관 또는 시·도지사에게 고체연료의 사용을 승인받은 시설

③ 제2항제4호에 따른 시설의 소유자 또는 점유자가 고체연료를 사용하려면 환경부령으로 정하는 바에 따라 고체 연료 사용승인신청서를 환경부장관 또는 시·도지사에게 제출하여야 한다.

제43조(청정연료의 사용)

① 법 제42조에 따라 환경부장관 또는 시·도지사는 제40조 및 제42조에 따른 연료사용에 관 한 제한조치에도 불구하고 별표 11의3에 따른 지역 또는 시설에 대하여는 오염물질이 거의 배출되지 아니하는 액화 천연가스 및 액화석유가스 등 기체연료(이하 "청정연료"라 한다) 외의 연료에 대한 사용금지를 명할 수 있다. 〈개정 2008. 12. 31.〉

② 환경부장관 또는 시·도지사는 「석유 및 석유대체연료 사업법」에 따른 석유정제업자 또는 석유판매업자에게 청 정연료의 사용대상 시설에 대한 연료용 유류의 공급 또는 판매의 금지를 명하여야 한다.

③ 환경부장관은 연료사용량이 지나치게 많아 청정연료의 수요 및 공급에 미치는 영향이 크거나 에너지 절감으로 인한 대기오염 저감효과가 크다고 인정되는 발전소, 집단에너지 공급시설 및 일정 규모 이하의 열 공급시설 등에 대 하여는 별표 11의3에 따라 청정연료 외의 연료를 사용하게 할 수 있다. 〈개정 2008. 12. 31.〉

제44조(비산먼지 발생사업)

법 제43조제1항 전단에서 "대통령령으로 정하는 사업"이란 다음 각 호의 사업 중 환경부령 으로 정하는 사업을 말한다. 〈개정 2015. 7. 20., 2019. 7. 16.〉

1. 시멘트·석회·플라스터 및 시멘트 관련 제품의 제조업 및 가공업

2. 비금속물질의 채취업, 제조업 및 가공업

3. 제1차 금속 제조업

4. 비료 및 사료제품의 제조업

5. 건설업(지반 조성공사, 건축물 축조공사, 토목공사, 조경공사 및 도장공사로 한정한다)

6. 시멘트, 석탄, 토사, 사료, 곡물 및 고철의 운송업

7. 운송장비 제조업

8. 저탄시설(貯炭施設)의 설치가 필요한 사업

9. 고철, 곡물, 사료, 목재 및 광석의 하역업 또는 보관업

10. 금속제품의 제조업 및 가공업 11. 폐기물 매립시설 설치·운영 사업

제45조(휘발성유기화합물의 규제 등)

① 법 제44조제1항 각 호 외의 부분에서 "대통령령으로 정하는 시설"이란 다음 각 호의 시설(법 제44조제1항제3호에 따른 휘발성유기화합물 배출규제 추가지역의 경우에는 제2호에 따른 저유소의 출하시설 및 제3호의 시설만 해당한다)을 말한다. 다만, 제38조의2에서 정하는 업종에서 사용하는 시설의 경우는 제외한다. 〈개정 2013. 1. 31., 2015. 7. 20.〉

1. 석유정제를 위한 제조시설, 저장시설 및 출하시설(出荷施設)과 석유화학제품 제조업의 제조시설, 저장시설 및 출하시설

2. 저유소의 저장시설 및 출하시설

3. 주유소의 저장시설 및 주유시설

4. 세탁시설

5. 그 밖에 휘발성유기화합물을 배출하는 시설로서 환경부장관이 관계 중앙행정기관의 장과 협의하여 고시하는 시설

② 제1항 각 호에 따른 시설의 규모는 환경부장관이 관계 중앙행정기관의 장과 협의하여 고시한다.

③ 법 제45조제4항에서 "대통령령으로 정하는 사유"란 다음 각 호의 어느 하나에 해당하는 사유를 말한다. 〈개정 2013. 1. 31.〉

1. 국내에서 확보할 수 없는 특수한 기술이 필요한 경우

2. 천재지변이나 그 밖에 특별시장·광역시장·특별자치시장·도지사(그 관할구역 중 인구 50만 이상의 시는 제외한다)·특별자치도지사 또는 특별시·광역시 및 특별자치시를 제외한 인구 50만 이상의 시장이 부득이하다고 인정하는 경우

제45조의2(도료의 휘발성유기화합물함유기준 초과 시 조치명령 등)

① 환경부장관은 법 제44조의2제3항 또는 제4항에 따라 조치명령을 하는 경우에는 조치명령의 내용 및 10일 이내의 이행기간 등을 적은 서면으로 하여야 한다.

② 법 제44조의2제3항에 따른 조치명령을 받은 자는 그 이행기간 이내에 다음 각 호의 사항을 구체적으로 밝힌 이 행완료보고서를 환경부령으로 정하는 바에 따라 환경부장관에게 제출하여야 한다.

　1. 해당 도료의 공급 · 판매 기간과 공급량 또는 판매량

　2. 해당 도료의 회수처리량, 회수처리 방법 및 기간

　3. 그 밖에 공급 · 판매 중지 또는 회수 사실을 증명할 수 있는 자료에 관한 사항

③ 법 제44조의2제4항에 따른 조치명령을 받은 자는 그 이행기간 이내에 다음 각 호의 사항을 구체적으로 밝힌 이 행완료보고서를 환경부령으로 정하는 바에 따라 환경부장관에게 제출하여야 한다.

　1. 해당 도료의 공급 · 판매 기간과 공급량 또는 판매량

　2. 해당 도료의 보유량 및 공급 · 판매 중지 사실을 증명할 수 있는 자료에 관한 사항

[본조신설 2015. 7. 20.]

제4장 자동차 · 선박 등의 배출가스 규제

제46조(배출가스의 종류)

법 제46조제1항 본문에서 "대통령령으로 정하는 오염물질"이란 다음 각 호의 구분에 따른 물 질을 말한다. 〈개정 2020. 3. 31., 2020. 5. 26.〉

　1. 휘발유, 알코올 또는 가스를 사용하는 자동차

　　가. 일산화탄소

　　나. 탄화수소

　　다. 질소산화물

　　라. 알데히드

　　마. 입자상물질(粒子狀物質)

　　바. 암모니아

　2. 경유를 사용하는 자동차

　　가. 일산화탄소

　　나. 탄화수소

　　다. 질소산화물　라. 매연

　　마. 입자상물질　바. 암모니아

제47조(인증의 면제 · 생략 자동차)

① 법 제48조제1항 단서에 따라 인증을 면제할 수 있는 자동차는 다음 각 호와 같다.

〈개정 2008. 12. 31., 2010. 3. 26., 2013. 3. 23.〉

1. 군용 및 경호업무용 등 국가의 특수한 공용 목적으로 사용하기 위한 자동차와 소방용 자동차

2. 주한 외국공관 또는 외교관이나 그 밖에 이에 준하는 대우를 받는 자가 공용 목적으로 사용하기 위한 자동차로서 외교부장관의 확인을 받은 자동차

3. 주한 외국군대의 구성원이 공용 목적으로 사용하기 위한 자동차

4. 수출용 자동차와, 박람회나 그 밖에 이에 준하는 행사에 참가하는 자가 전시의 목적으로 일시 반입하는 자동차

5. 여행자 등이 다시 반출할 것을 조건으로 일시 반입하는 자동차

6. 자동차제작자 및 자동차 관련 연구기관 등이 자동차의 개발 또는 전시 등 주행 외의 목적으로 사용하기 위하여 수입하는 자동차

7. 삭제〈2008. 12. 31.〉

8. 외국인 또는 외국에서 1년 이상 거주한 내국인이 주거(住居)를 옮기기 위하여 이주물품으로 반입하는 1대의 자동 차

② 법 제48조제1항 단서에 따라 인증을 생략할 수 있는 자동차는 다음 각 호와 같다.

〈개정 2008. 2. 29.〉

1. 국가대표 선수용 자동차 또는 훈련용 자동차로서 문화체육관광부장관의 확인을 받은 자동차

2. 외국에서 국내의 공공기관 또는 비영리단체에 무상으로 기증한 자동차

3. 외교관 또는 주한 외국군인의 가족이 사용하기 위하여 반입하는 자동차

4. 항공기 지상 조업용 자동차

5. 법 제48조제1항에 따른 인증을 받지 아니한 자가 그 인증을 받은 자동차의 원동기를 구입하여 제작하는 자동차

6. 국제협약 등에 따라 인증을 생략할 수 있는 자동차

7. 그 밖에 환경부장관이 인증을 생략할 필요가 있다고 인정하는 자동차

제47조의2(과징금 부과기준)

① 법 제48조의4제2항에 따른 과징금의 부과기준은 다음 각 호와 같다.

   1. 과징금은 법 제84조의 행정처분기준에 따라 업무정지일수에 1일당 부과금액을 곱하여 산정할 것

   2. 제1호에 따른 1일당 부과금액은 20만원으로 한다.

② 법 제48조의2제3항 각 호의 위반행위 중 6개월 이상의 업무정지처분을 받아야 하는 위반행위는 과징금 부과처 분 대상에서 제외한다. 〈개정 2021. 6. 29.〉

[본조신설 2013. 1. 31.]

제48조(제작차배출허용기준 검사의 종류 등)

① 법 제50조제1항에 따라 환경부장관은 제작차에 대하여 다음 각 호의 구분에 따른 검사를 실시하여야 한다.

   1. 수시검사 : 제작 중인 자동차가 제작차배출허용기준에 맞는지를 수시로 확인하기 위하여 필요한 경우에 실시하 는 검사

   2. 정기검사 : 제작 중인 자동차가 제작차배출허용기준에 맞는지를 확인하기 위하여 자동차 종류별로 제작 대수(臺 數)를 고려하여 일정 기간마다 실시하는 검사

② 제1항에 따른 검사 결과에 불복하는 자는 환경부령으로 정하는 바에 따라 재검사를 신청할 수 있다.

제49조(제작차배출허용기준 검사의 생략)

법 제50조제2항에 따라 생략할 수 있는 검사는 제48조제1항제2호에 따른 정 기검사로 한다.

제49조의2(자동차의 교체 · 환불 · 재매입 명령)

① 법 제50조제8항, 제51조제8항 또는 제53조제7항에 따른 자동차의 교체, 환불 또는 재매입(이하 이 조에서 "교체등"이라 한다) 명령은 다음 각 호의 기준에 따른다. 〈개정 2021. 6. 29.〉

   1. 교체: 자동차제작자가 교체등 대상 자동차와 「자동차관리법」 제3조제3항에 따른 규모별 세부분류 및 유형별 세 부분류가 동일하게 분류되는 자동차를 제작하고 있는 경우

   2. 환불: 자동차제작자가 제1호에 해당하지 아니하거나 자동차 소유자가 교체를 원하지 아니하는 경우. 다만, 「자동 차관리법」 제5조에 따른 자동차등록원부(이하 이 조에서 "자동차등록원부"라 한다)에 기재된 교체등 대상 자동차 의 최초등록일부터 1년이 지나지 아니한 경우에만 할 수 있다.

3. 재매입: 제1호 및 제2호에 해당하지 아니하는 경우

② 제1항제2호에 따라 환불을 명하는 경우 그 환불금액은 교체등 대상 자동차의 공급가액에 부가가치세 및 취득세 를 합하여 산정한 금액(이하 이 조에서 "기준금액"이라 한다)으로 한다.

③ 제1항제3호에 따라 재매입을 명하는 경우 그 재매입금액은 다음의 계산식에 따른다. 이 경우 운행 개월수는 자동 차등록원부에 기재된 교체등 대상 자동차의 최초등록일부터 산정한다.

재매입금액 = 기준금액 - [(교체등 대상 자동차의 운행 개월수/12)×(기준금액×0.1)]

④ 제3항에 따라 산정된 금액이 기준금액의 100분의 30에 미달하는 경우에는 기준금액의 100분의 30에 해당하는 금액을 재매입금액으로 한다.

⑤ 환경부장관은 제1항에 따라 자동차의 교체등을 명할 때 자동차제작자가 기준금액의 100분의 10 이하의 범위에 서 교체등에 드는 비용을 자동차의 소유자에게 추가로 지급하도록 명할 수 있다.

⑥ 제1항에 따른 교체등 명령을 받은 자동차제작자는 명령을 받은 날부터 60일 이내에 교체등 대상 자동차의 범위, 비용 예측, 자동차 소유자에 대한 통지계획 등이 포함된 이행계획을 수립하여 환경부장관의 승인을 받아 시행하고, 그 결과를 환경부장관에게 보고하여야 한다.

[본조신설 2017. 12. 26.]

제50조(부품의 결함시정 현황 및 결함원인 분석 현황의 보고)

① 자동차제작자는 법 제53조제1항 본문에 따라 다음 각 호의 모두에 해당하는 경우에는 그 분기부터 매 분기가 끝난 후 30일 이내에 시정내용 등을 파악하여 환경부장관에 게 해당 부품의 결함시정 현황을 보고하여야 한다. 〈개정 2012. 5. 22.〉

1. 같은 연도에 판매된 같은 차종의 같은 부품에 대한 결함시정 요구 건수가 40건 이상인 경우

2. 같은 연도에 판매된 같은 차종의 같은 부품에 대한 결함시정 요구 건수의 판매 대수에 대한 비율(이하 "결함시정 요구율"이라 한다)이 2퍼센트 이상인 경우

② 자동차제작자는 법 제53조제1항 본문에 따라 다음 각 호의 모두에 해당하는 경우에는 그 분기부터 매 분기가 끝 난 후 90일 이내에 환경부장관에게 결함원인 분석 현황을 보고하여야 한다. 〈개정 2012. 5. 22., 2018. 11. 27.〉

1. 같은 연도에 판매된 같은 차종의 같은 부품에 대한 결함시정 요구 건수가 50건 이상인 경우

2. 결함시정요구율이 4퍼센트 이상인 경우

③ 제1항 또는 제2항에 따른 보고기간은 배출가스 관련 부품 보증기간이 끝나는 날이 속하는 분기까지로 한다.

④ 제1항 및 제2항에 따른 보고의 구체적 내용 등은 환경부령으로 정한다.

[제목개정 2018. 11. 27.]

제50조의2(결함시정 현황 보고의 요건)

법 제53조제2항에 따라 자동차제작자가 매년 1월 말일까지 결함시정 현황을 환 경부장관에게 보고하여야 하는 경우는 다음 각 호의 어느 하나에 해당하는 경우로 한다.

1. 같은 연도에 판매된 같은 차종의 같은 부품에 대한 결함시정 요구 건수가 40건 미만인 경우
2. 결함시정요구율이 2퍼센트 미만인 경우

[본조신설 2016. 5. 31.]

제51조(부품의 결함시정 명령의 요건)

① 환경부장관은 다음 각 호의 모두에 해당하는 경우에는 법 제53조제3항 본문 에 따라 그 부품의 결함을 시정하도록 명하여야 한다. 〈개정 2012. 5. 22., 2016. 5. 31., 2018. 11. 27.〉

1. 같은 연도에 판매된 같은 차종의 같은 부품에 대한 부품결함 건수(제작결함으로 부품을 조정하거나 교환한 건수 를 말한다. 이하 이 항에서 같다)가 50건 이상인 경우
2. 같은 연도에 판매된 같은 차종의 같은 부품에 대한 부품결함 건수가 판매 대수의 4퍼센트 이상인 경우

② 삭제〈2018. 11. 27.〉 [제목개정 2018. 11. 27.]

제52조(과징금 산정 등)

법 제56조제2항에 따른 위반행위의 종류, 배출가스의 증감 정도 등에 따른 과징금의 부과기준은 별표 12와 같다. 〈개정 2017. 12. 26.〉

제52조의2(저공해자동차를 보급해야 하는 자동차판매자의 범위)

법 제58조의2제1항에서 "대통령령으로 정하는 수량 "이란 별표 12의2에 따른 수량을 말한다.

[본조신설 2020. 3. 31.]

제52조의3(무공해자동차)

법 제58조의2제2항에서 "대통령령으로 정하는 자동차"란 자동차에서 배출되는 대기오염물질이 환경부령으로 정하는 배출허용기준에 맞는 자동차로서 「환경친화적 자동차의 개발 및 보급 촉진에 관한 법률」 제2조제3호, 제4호 및 제6호에 따른 전기자동차, 태양광자동차 및 수소전기자동차를 말한다.

[본조신설 2020. 3. 31.]

제52조의4(저공해자동차의 구매·임차 대상 기관 등)

① 법 제58조의5제1항 각 호 외의 부분에서 "대통령령으로 정하 는 수량"이란 6대(법 제58조의6 제1항에 따른 저공해자동차 구매·임차 계획의 제출 대상 회계연도의 전전년도 12월 31일을 기준으로 가지고 있는 수량을 말한다)를 말한다. 〈개정 2021. 6. 29.〉

② 법 제58조의5제1항제3호에서 "대통령령으로 정하는 공공기관"이란 다음 각 호의 공공기관을 말한다. 〈개정 2021. 6. 29.〉

1. 「공공기관의 운영에 관한 법률」 제4조에 따른 공공기관

2. 「정부출연연구기관 등의 설립·운영 및 육성에 관한 법률」 제8조에 따라 설립된 연구기 관

3. 「과학기술분야 정부출연연구기관 등의 설립·운영 및 육성에 관한 법률」 제8조에 따라 설립된 연구기관

4. 「지방공기업법」 제49조에 따라 설립된 지방공사 및 같은 법 제76조에 따라 설립된 지방 공단

5. 「지방자치단체 출자·출연 기관의 운영에 관한 법률」 제2조제1항에 따른 출자기관 또 는 출연기관

6. 「공기업의 경영구조 개선 및 민영화에 관한 법률」 제2조에 따른 법인

[본조신설 2020. 3. 31.]

제52조의5(수소연료공급시설 설치계획의 승인 등)

① 법 제58조의11제1항 또는 제3항에 따라 수소연료공급시설 설치 계획의 승인 또는 변경승인을 받으려는 자는 환경부령으로 정하는 신청서에 법 제58조의11제1항에 따른 수소연료 공급시설 설치계획(이하 이 조에서 "수소시설설치계획"이라 한다)을 작성한 서류를 첨부하여 환경부장관에게 제출해 야 한다.

② 환경부장관은 제1항에 따른 승인 또는 변경승인 신청을 받은 경우 수소시설설치계획의 기술적 사항에 대한 검토 에 관하여 한국환경공단에 지원을 요청할 수 있다.

③ 법 제58조의11제2항제4호에서 "대통령령으로 정하는 사항"이란 다음 각 호의 사항을 말한다.

1. 법 제58조제3항제2호다목에 따른 수소연료공급시설(이하 "수소연료공급시설"이라 한다)의 공사 설계도서 및 공 정일정표

2. 설치비용 및 소요기간

3. 설치비용 조달계획

④ 법 제58조의11제3항에서 "대통령령으로 정하는 중요한 사항"이란 다음 각 호의 사항을 말한다.

1. 수소연료공급시설의 위치 및 면적

2. 수소연료공급시설의 용량 및 공급방식 [본조신설 2021. 6. 29.]

제53조(이륜자동차정기검사 전문기관)

법 제62조의2제1항에서 "대통령령으로 정하는 전문기관"이란 「한국교통안전공 단법」 에 따른 한국교통안전공단을 말한다. 〈개정 2019. 2. 8.〉

[본조신설 2014. 2. 5.]

제54조(운행차 배출가스 정밀검사의 시행지역)

법 제63조제1항제2호에서 "대통령령으로 정하는 지역"이란 다음 각 호 의 지역을 말한다.

〈개정 2013. 1. 31., 2019. 7. 16.〉

1. 광주광역시, 대전광역시, 울산광역시

2. 김해시, 용인시, 전주시, 창원시, 천안시, 청주시, 포항시 및 화성시

제55조삭제 〈2013. 1. 31.〉

제56조(전문정비사업의 등록기준)

법 제68조제1항에 따른 배출가스 전문정비사업(이하 "전문정비사업"이라 한다)을 등 록하려는 자가 갖추어야 하는 시설ㆍ장비 및 기술인력은 별표 13과 같다.

[본조신설 2013. 1. 31.]

제57조(전문정비사업의 등록사항 변경)

법 제68조제1항 후단에서 "대통령령으로 정하는 중요한 사항"이란 다음 각 호 의 사항을 말한다.

1. 대표자명

2. 기술인력

3. 상호

4. 사업장 소재지

5. 정비 · 점검 및 확인검사 항목 [본조신설 2013. 1. 31.]

제58조삭제 〈2009. 6. 30.〉

제59조삭제 〈2009. 6. 30.〉

제60조(선박 대기오염물질의 종류)

법 제76조제1항에서 "대통령령으로 정하는 대기오염물질"이란 질소산화물을 말한 다.

제4장의2 자동차 온실가스 배출 관리〈신설 2014. 2. 5.〉

제60조의2(매출액 범위)

법 제76조의6제1항 본문에서 "대통령령으로 정하는 매출액"이란 법 제2조제21호에 따른 자동차의 온실가스 배출허용기준을 준수하지 못한 연도의 매출액을 말한다. [본조신설 2014. 2. 5.]

제60조의3(과징금 산정방법 등)

① 법 제76조의6제1항에 따른 과징금의 산정방법 등은 별표 14와 같다.

② 환경부장관은 법 제76조의6제1항에 따른 과징금을 부과할 때에는 법 제76조의5제2항에 따라 환경부령으로 정 하는 기간이 끝나는 연도의 다음 연도에 과징금의 부과사유와 그 과징금의 금액을 분명하게 적은 서면으로 알려야 한다.

③ 제2항에 따라 통지를 받은 자동차제작자는 그 통지를 받은 해 9월 30일까지 환경부장관이 정하는 수납기관에 해 당 과징금을 내야 한다. 다만, 천재지변이나 그 밖의 부득이한 사유로 그 기간까지 과징금을 낼 수 없는 경우에는 그 사유가 없어진 날부터 30일 이내에 내야 한다.

④ 제3항에 따라 과징금을 받은 수납기관은 과징금을 낸 자에게 영수증을 발급하여야 한다.

⑤ 제1항부터 제4항까지에서 규정한 사항 외에 과징금의 부과에 필요한 세부사항은 환경부장관이 정하여 고시한다.

[본조신설 2014. 2. 5.]

제4장의3 냉매의 관리 〈신설 2018. 11. 27.〉

제60조의4(냉매회수업의 등록기준)

① 법 제76조의11제1항에 따라 냉매회수업을 등록하려는 자가 갖추어야 하는 시설·장비 및 기술인력 기준은 별표 14의2와 같다.

② 법 제76조의11제2항에서 "대통령령으로 정하는 중요한 사항"이란 다음 각 호의 사항을 말한다.

1. 상호
2. 대표자명(개인사업자인 경우에는 성명)
3. 사업장 소재지
4. 기술인력 [본조신설 2018. 11. 27.]

제5장 보칙

제61조(재정지원의 대상·절차 및 방법)

① 법 제81조제3항에 따른 재정지원의 대상은 다음 각 호와 같다.　　　　　　〈개정 2016. 5. 31.〉

1. 장거리이동대기오염물질 관련 연구사업
2. 장거리이동대기오염물질피해를 방지하기 위한 국내외 사업

② 재정지원을 받으려는 법인이나 단체는 매년 12월 31일까지 소관 부처에 재정지원을 신청하여야 한다.

③ 제2항에 따라 신청을 받은 소관 부처는 관계 부처와 협의를 거친 후 위원회의 심의를 거쳐 재정지원 여부를 결 정하여야 한다.

제62조(관계 기관의 협조)

법 제83조제12호에서 "대통령령으로 정하는 사항"이란 다음 각 호의 사항을 말한다.

〈개정 2009. 6. 30., 2014. 2. 5.〉

1. 관광시설 또는 산업시설 등의 설치로 훼손된 토지의 원상 복구
2. 차종별 연료사용 규제
3. 차종별 엔진출력 규제
4. 일정 구역에서 일정 용도로 사용하는 자동차의 동력원을 전기·태양광·수소 또는 천연가

스 등으로 제한하는 사 항

제62조의2(전산정보처리시스템의 설치 · 운영)

환경부장관은 다음 각 호의 업무를 효율적으로 처리하기 위하여 필요한 전산정보처리시스템을 설치 · 운영할 수 있다. 〈개정 2016. 7. 26., 2017. 12. 26., 2020. 3. 31., 2020. 5. 26., 2021. 6. 29.〉

1. 법 제58조제3항제1호 또는 제2호에 해당하는 자에 대한 자금 보조 및 융자

2. 법 제58조제11항에 따른 저공해자동차 등에 대한 표지 부착

3. 법 제58조의2제5항에 따른 저공해자동차 보급실적의 관리 및 법 제58조의7제1항에 따른 저공해자동차 구매 · 임 차 실적의 관리

[본조신설 2014. 12. 31.]

제63조(권한의 위임)

① 환경부장관은 법 제87조제1항에 따라 다음 각 호의 권한을 시 · 도지사에게 위임한다.

〈개정 2009. 6. 30., 2013. 1. 31., 2014. 2. 5.〉

1. 법 제62조제3항에 따른 이륜자동차정기검사 기간 연장 및 유예

2. 법 제62조제4항에 따른 이륜자동차정기검사 수검명령

3. 법 제62조의3제1항에 따른 이륜자동차정기검사 업무 수행을 위한 지정정비사업자의 지정

4. 법 제62조의4제1항에 따른 이륜자동차정기검사 지정정비사업자에 대한 업무 정지명령 및 지정 취소

5. 법 제70조에 따른 개선명령

6. 법 제70조의2에 따른 운행정지명령

② 환경부장관은 법 제87조제1항에 따라 다음 각 호의 권한을 유역환경청장(제4호의16부터 제4호의19까지의 권한 을 위임하는 경우 한강유역환경청장은 제외한다), 지방환경청장 또는 수도권대기환경청장에게 각각 그 관할에 따라 위임한다. 다만, 제1호 및 제3호의 권한은 수도권대기환경청장에게 위임한다. 〈개정 2008. 12. 31., 2009. 2. 13., 2009. 6. 30., 2013. 1. 31., 2014. 2. 5., 2015. 7. 20., 2016. 7. 26., 2017. 1. 24., 2019. 7. 16., 2020. 3. 31., 2021. 6. 29.〉

1. 법 제3조제1항에 따른 측정망 설치 및 대기오염도의 상시 측정(수도권대기환경청의 관할 구역에 대한 것만 해당 한다)

2. 법 제4조제1항에 따른 측정망설치계획의 결정 · 변경 · 고시 및 열람

3. 법 제5조제1항에 따른 토지 등의 수용 또는 사용(제1호에 따라 위임된 업무와 관련된 것만 해당한다)

4. 법 제19조제3항부터 제5항까지의 규정에 따른 추진실적서의 접수·평가 및 전문기관에의 의뢰에 관한 권한

4의2. 법 제23조제1항 단서, 같은 조 제2항 및 제3항에 따른 배출시설의 설치허가·변경허가 및 설치신고·변경신고의 수리

4의3. 법 제23조제8항에 따른 배출시설 설치의 제한

4의4. 법 제24조제2항에 따른 관계 행정기관의 장과의 협의

4의5. 법 제30조제1항에 따른 배출시설이나 방지시설의 가동개시 신고의 수리

4의6. 법 제31조제1항제1호 단서 및 같은 항 제2호 단서에 따른 금지행위에 대한 예외의 인정

4의7. 법 제32조제5항 및 제6항에 따른 조치명령 및 조업정지명령

4의8. 법 제32조의2, 제32조의3 및 제85조제1호의2에 따른 측정기기 관리대행업의 등록, 변경등록, 등록취소, 영업 정지명령 및 청문

4의9. 법 제33조에 따른 개선명령

4의10. 법 제34조제1항 및 제2항에 따른 조업정지명령 및 조치명령

4의11. 법 제35조 및 제35조의3에 따른 배출부과금의 부과·징수 및 조정 등

4의12. 법 제35조의4에 따른 배출부과금의 징수유예·분할납부 결정, 담보제공 요구 및 징수유예의 취소

4의13. 법 제36조제1항 및 제85조제2호에 따른 배출시설 설치허가·변경허가의 취소, 폐쇄명령, 조업정지명령 및 청문

4의14. 법 제37조제1항 및 제4항에 따른 과징금의 부과 및 징수

4의15. 법 제38조 및 제85조제2호에 따른 사용중지명령, 폐쇄명령 및 청문

4의16. 법 제38조의2제1항부터 제3항까지의 규정에 따른 비산배출시설 설치·운영 신고 및 변경신고의 수리

4의17. 법 제38조의2제8항에 따른 조치명령

4의18. 법 제44조의2제3항에 따른 조치명령 또는 회수명령

4의19. 법 제44조의2제4항에 따른 공급·판매의 중지명령

4의20. 법 제58조의11제1항 및 제3항에 따른 설치계획의 승인 및 변경승인

4의21. 법 제60조의2제6항 본문에 따른 성능점검결과의 접수

4의22. 법 제74조제5항에 따른 자동차연료·첨가제 또는 촉매제에 대한 검사

5. 법 제74조제7항에 따른 자동차연료·첨가제 또는 촉매제의 제조·판매 또는 사용에 대한 규제

6. 법 제75조제1항에 따른 제조의 중지 및 제품의 회수명령

6의2. 법 제75조제2항에 따른 공급·판매의 중지명령

6의3. 법 제82조제1항에 따른 보고명령, 자료 제출 요구 및 출입·채취·검사에 관한 권한 (유역환경청장, 지방환경 청장 또는 수도권대기환경청장에게 위임된 권한을 행사하기 위하여 필요한 경우로 한정한다)

7. 법 제94조에 따른 과태료의 부과·징수(유역환경청장, 지방환경청장 또는 수도권대기환경청장에게 위임된 권한 을 행사하기 위하여 필요한 경우로 한정한다)

8. 제18조에 따른 측정기기의 개선기간 결정 및 그 기간의 연장

9. 제20조에 따른 배출시설 및 방지시설의 개선기간 결정 및 그 기간의 연장

10. 제21조에 따른 개선계획서의 접수 및 제출기간 연장

11. 제22조에 따른 개선명령 등의 이행 보고의 접수 및 확인

12. 제29조에 따른 기본부과금 산정을 위한 자료 제출 요구 및 제출자료의 접수

13. 제30조 및 제31조에 따른 기준이내배출량의 조정, 자료 제출 요구 및 제출자료의 접수

③ 환경부장관은 법 제87조제1항에 따라 다음 각 호의 권한을 국립환경과학원장에게 위임한다. 〈개정 2008. 12. 31., 2009. 2. 13., 2009. 6. 30., 2010. 3. 26., 2013. 1. 31., 2014. 2. 5., 2016. 5. 31., 2018. 12. 31., 2020. 3. 31., 2021. 6. 29.〉

1. 법 제3조제1항에 따른 측정망 설치 및 대기오염도의 상시 측정(수도권대기환경청의 관할 구역 외의 지역에서의 장거리이동대기오염물질에 대한 것만 해당한다)

2. 법 제5조제1항에 따른 토지 등의 수용 또는 사용(제1호에 따라 위임된 업무와 관련된 것만 해당한다)

3. 법 제3조제2항에 따른 보고 서류의 접수

3의2. 법 제3조의2에 따른 환경위성 관측망의 구축·운영 및 정보의 수집·활용

3의3. 법 제7조의2에 따른 대기오염도 예측·발표

4. 법 제48조제1항·제2항, 제55조 및 제85조에 따른 인증, 변경인증, 인증의 취소 및 그 청문. 다만, 국내에서 제작 되는 자동차에 대한 인증, 인증의 취소 및 그 청문은 제외한다.

5. 법 제50조제1항 및 제2항에 따른 검사 및 검사 생략

6. 법 제51조에 따른 결함확인검사 및 그 검사에 필요한 자동차의 선정

7. 법 제53조제1항 및 제2항에 따른 보고 서류의 접수

7의2. 법 제60조에 따른 배출가스저감장치, 저공해엔진 또는 공회전제한장치에 대한 인증, 변경인증 및 인증 취소

7의3. 법 제60조의3제1항에 따른 부착 또는 교체한 배출가스저감장치나 개조 또는 교체한 저공해엔진에 대한 저감 효율 확인 검사

7의4. 법 제60조의4에 따른 배출가스저감장치 또는 저공해엔진에 대한 수시검사

8. 법 제74조제2항에 따른 검사 8의2. 법 제74조제11항에 따른 변경신고의 수리

9. 법 제74조의2 및 제74조의3에 따른 검사대행기관의 지정 및 지정 취소 등에 관한 권한

제64조(대기오염 관리를 위한 점검 · 확인 등)

① 환경부장관은 넓은 범위의 대기오염을 관리하기 위하여 특히 필요하 다고 인정되면 사업장에 대하여 배출허용기준의 준수 여부 등 법령 위반사항을 점검 · 확인하거나 유역환경청장, 지 방환경청장 또는 수도권대기환경청장이 점검 · 확인하게 할 수 있다.

〈개정 2013. 1. 31., 2018. 12. 31.〉

② 환경부장관, 유역환경청장, 지방환경청장 또는 수도권대기환경청장은 제1항에 따른 점검 · 확인 결과 사업장의 법령 위반사실을 적발한 경우에는 그 내용 및 조치의견을 관할 시 · 도지사에게 통보해야 한다.

〈개정 2018. 12. 31.〉

③ 제2항에 따라 통보를 받은 시 · 도지사는 그에 따른 조치를 하고, 그 결과를 환경부장관, 유역환경청장, 지방환경 청장 또는 수도권대기환경청장에게 보고하거나 통보해야 한다.

〈개정 2018. 12. 31.〉

[제목개정 2018. 12. 31.]

제65조(보고)

시 · 도지사, 유역환경청장, 지방환경청장, 수도권대기환경청장 또는 국립환경과학원장은 법 제87조제1항에 따라 위임받은 사무를 처리하였을 때에는 환경부령으로 정하는 바에 따라 그 내용을 환경부장관에게 보고하여야 한다.

[전문개정 2013. 1. 31.]

제66조(업무의 위탁)

① 환경부장관은 법 제87조제2항에 따라 다음 각 호의 업무를 한국환경공단에 위탁한다.

〈개정 2009. 2. 13., 2009. 6. 30., 2010. 3. 26., 2012. 5. 22., 2013. 1. 31., 2014. 12. 31., 2015. 7. 20., 2016. 5. 31., 2016. 7. 26., 2017. 1. 24., 2017. 12. 26., 2018. 11. 27., 2018. 12. 31., 2020. 3. 31., 2020. 5. 26., 2021. 6. 29.〉

1. 법 제3조제1항에 따른 측정망 설치 및 대기오염도의 상시 측정(수도권대기환경청의 관할 구역 외의 지역에서의 장거리이동대기오염물질 외의 오염물질에 대한 것만 해당한다)

1의2. 법 제3조제3항에 따른 전산망의 구축 · 운영

2. 법 제5조제1항에 따른 토지 등의 수용 또는 사용(제1호에 따라 위탁된 업무와 관련된 것만 해당한다)

2의2. 법 제9조제2항에 따른 기후ㆍ생태계 변화유발물질 배출 억제를 위한 사업

2의 3. 삭제〈2018. 11. 27.〉

2의4. 법 제26조제3항에 따라 설치를 지원하려는 연소조절에 의한 시설 및 설치된 시설에 대한 성능확인 등의 업무

2의5. 법 제32조제1항 단서에 따른 측정기기의 부착ㆍ운영

3. 법 제32조제7항에 따른 전산망 운영 및 시ㆍ도지사 또는 사업자에 대한 기술지원 4. 법 제 48조제1항 단서에 따른 인증 생략

5. 삭제〈2013. 1. 31.〉

6. 삭제〈2013. 1. 31.〉

7. 삭제〈2013. 1. 31.〉

8. 법 제54조에 따른 전산망의 운영 및 관리

8의2. 법 제58조제3항에 따른 저공해자동차 구매자(제1조의2제1호에 따른 전기자동차, 수소전기자동차 및 같은 조 제2호에 따른 하이브리드자동차에 한정한다)에 대한 자금 보조를 위한 지원

8의3. 법 제58조제3항에 따른 전기자동차에 전기를 충전하기 위한 시설(이하 "전기자동차 충전시설"이라 한다)을 설치하는 자에 대한 자금 보조를 위한 지원

8의4. 법 제58조제11항에 따른 저공해자동차 등에 대한 표지 부착 현황관리

8의5. 법 제58조제16항에 따른 전산망의 설치ㆍ운영

8의6. 법 제58조제18항에 따른 전기자동차 충전시설의 설치ㆍ운영

8의7. 법 제58조제19항에 따른 전기자동차 성능 평가 8의8. 법 제58조의6제1항에 따른 저공해자동차의 구매ㆍ임차 계획 및 법 제58조의7제1항에 따른 구매ㆍ임차 실적 제출 자료의 접수

9. 법 제61조제1항에 따른 자동차의 배출가스 배출상태 수시 점검

9의2. 법 제76조의10제1항 및 법 제76조의12제2항에 따른 냉매관리기준 준수 여부 확인 9의 3. 법 제76조의11제1항부터 제3항까지의 규정에 따른 냉매회수업의 등록, 변경등록 및 등록증 발급

9의4. 법 제76조의11제1항에 따른 냉매회수업을 하는 사업자가 법 제81조제1항제7호에 따라 환경부장관이 인정하 는 사업을 하는 경우에 해당 사업에 대한 기술적 지원

9의5. 법 제76조의14에 따른 냉매판매량 신고의 접수

9의6. 법 제76조의15에 따른 냉매정보관리전산망의 설치 및 운영 10. 법 제81조제1항제3호
의2에 따른 사업을 추진하는 사업자에 대한 기술적 지원

② 환경부장관은 법 제87조제2항에 따라 법 제77조에 따른 환경기술인의 교육에 관한 권한을
「환경정책기본법」 제 59조에 따른 환경보전협회에 위탁한다. 〈개정 2012. 7. 20.〉

③ 환경부장관은 법 제87조제2항에 따라 다음 각 호의 업무를 법 제78조에 따른 한국자동차환
경협회에 위탁한다. 〈개정 2016. 7. 26., 2017. 12. 26., 2018. 12. 31., 2020. 3. 31., 2021. 6. 29.〉

　1. 법 제58조제3항에 따른 저공해자동차에 연료를 공급하기 위한 시설(수소연료 공급시설에
한정한다) 및 전기자동 차 충전시설을 설치하는 자에 대한 자금 보조를 위한 지원 1의2. 법
제58조제16항에 따른 전산망의 운영(제2호에 따른 전기자동차 충전시설의 운영에 필요한
경우로 한정한 다)

　2. 법 제58조제18항에 따른 전기자동차 충전시설의 설치 · 운영 3. 법 제77조의2제1항제1호
에 따른 친환경운전 관련 교육 · 홍보 프로그램 개발 및 보급

④ 한국환경공단, 환경보전협회 및 한국자동차환경협회의 장은 제1항부터 제3항의 규정에 따
라 위탁받은 업무를 처리하면 환경부령으로 정하는 바에 따라 그 내용을 환경부장관에게 보
고해야 한다. 〈개정 2009. 6. 30., 2012. 5. 22., 2018. 12. 31.〉

⑤ 특별시장 · 광역시장 · 특별자치시장 · 특별자치도지사 · 시장 · 군수는 법 제87조제2항에 따
라 법 제58조제12항 에 따른 저공해자동차등에 대한 표지 발급 업무를 한국환경공단에 위탁
한다. 〈신설 2020. 5. 26.〉

[제목개정 2018. 11. 27.]

제66조의2(규제의 재검토)

환경부장관은 다음 각 호의 사항에 대하여 다음 각 호의 기준일을 기준으로 3년마다(매 3년 이
되는 해의 기준일과 같은 날 전까지를 말한다) 그 타당성을 검토하여 개선 등의 조치를 하여야 한
다. 〈개정 2016. 3. 29., 2021. 6. 29.〉

　1. 제11조에 따른 배출시설의 설치허가 및 신고 등: 2014년 1월 1일

　2. 제17조, 별표 1의3, 별표 2 및 별표 3에 따른 측정기기의 부착대상 사업장 및 종류 등: 2014
년 1월 1일

　3. 제28조, 별표 7 및 별표 8에 따른 기본부과금 산정의 방법과 기준: 2014년 1월 1일

　4. 제39조 및 별표 10에 따른 환경기술인의 자격기준 및 임명기간: 2014년 1월 1일

　5. 제40조 및 별표 10의2에 따른 저황유의 사용: 2014년 1월 1일

　6. 제43조 및 별표 11의3에 따른 청정연료의 사용: 2014년 1월 1일

6의2. 제52조의5에 따른 수소연료공급시설 설치계획의 승인 등: 2021년 7월 14일

7. 제54조에 따른 운행차 배출가스 정밀검사의 시행지역: 2014년 1월 1일

8. 제56조 및 별표 13에 따른 전문정비사업의 등록기준: 2014년 1월 1일

[전문개정 2013. 12. 30.]

제66조의3(고유식별정보의 처리)

환경부장관(제63조 및 제66조에 따라 환경부장관의 권한을 위임·위탁받은 자를 포 함한다), 시·도지사 또는 시장·군수·자치구의 구청장(해당 권한이 위임·위탁된 경우에는 그 권한을 위임·위탁 받은 자를 포함한다)은 다음 각 호의 사무를 수행하기 위하여 불가피한 경우 「개인정보 보호법 시행령」 제19조제 1호, 제2호 또는 제4호에 따른 주민등록번호, 여권번호 또는 외국인 등록번호가 포함된 자료를 처리할 수 있다. 〈개 정 2013. 1. 31., 2014. 2. 5., 2014. 8. 6., 2014. 12. 31., 2016. 3. 29., 2017. 3. 27., 2017. 12. 26., 2018. 11. 27., 2019. 7. 16., 2020. 3. 31.〉

1. 법 제9조제2항제4호에 따른 기후변화 관련 대국민 인식확산 및 실천지원에 관한 사무

2. 삭제〈2016. 3. 29.〉

3. 삭제〈2016. 3. 29.〉

4. 삭제〈2016. 3. 29.〉

5. 법 제51조에 따른 결함확인검사 및 결함시정에 관한 사무

5의2. 법 제54조에 따른 자동차 배출가스 정보관리 전산망 설치 및 운영에 관한 사무

6. 법 제58조에 따른 조기 폐차에 관한 사무

6의2. 법 제58조제3항에 따른 자금 보조에 관한 사무

6의3. 법 제58조제11항에 따른 저공해자동차 등에 대한 표지 부착에 관한 사무

7. 법 제68조에 따른 배출가스 전문정비사업의 등록 등에 관한 사무

8. 법 제74조제2항에 따른 자동차연료·첨가제 또는 촉매제의 검사에 관한 사무

9. 법 제76조의11에 따른 냉매회수업의 등록 및 변경등록에 관한 사무

[본조신설 2012. 1. 6.]

제67조(과태료)

법 제94조제1항부터 제6항까지의 규정에 따른 과태료의 부과기준은 별표 15와 같다.

〈개정 2013. 1. 31., 2014. 2. 5.〉

[전문개정 2008. 12. 31.]

부칙 〈제32059호,2021. 10. 14.〉

이 영은 2021년 10월 14일부터 시행한다.

대기환경보전법 시행규칙

[시행 2021. 12. 30.]
[환경부령 제959호, 2021. 12. 30., 일부개정]

제1장 총칙

제1조(목적)

이 규칙은 「대기환경보전법」 및 같은 법 시행령에서 위임된 사항과 그 시행에 필요한 사항을 규정함을 목적으로 한다.

제2조(대기오염물질)

「대기환경보전법」(이하 "법"이라 한다) 제2조제1호에 따른 대기오염물질은 별표 1과 같다.

제2조의2(유해성대기감시물질_

법 제2조제1호의2에 따른 유해성대기감시물질은 별표 1의2와 같다.

[본조신설 2017. 1. 26.]

제3조(기후 · 생태계 변화유발물질)

법 제2조제2호에서 "환경부령으로 정하는 것"이란 염화불화탄소와 수소염화불화탄소를 말한다. 〈개정 2013. 5. 24.〉

[제목개정 2013. 5. 24.]

제4조(특정대기유해물질)

법 제2조제9호에 따른 특정대기유해물질은 별표 2와 같다.

제5조(대기오염물질배출시설)

법 제2조제11호에 따른 대기오염물질배출시설(이하 "배출시설"이라 한다)은 별표 3과 같다.

제6조(대기오염방지시설)

법 제2조제12호에 따른 대기오염방지시설(이하 "방지시설"이라 한다)은 별표 4와 같다.

제7조(자동차 등의 종류)

법 제2조제13호에 따른 자동차, 같은 조 제13호의2가목에 따라 환경부령으로 정하는 건설기계 및 같은 호 나목에 따라 환경부령으로 정하는 농림용으로 사용되는 기계(이하 "농업기계"라 한다)는 별표 5와 같다.

[전문개정 2012. 10. 26.]

제8조(첨가제)

법 제2조제15호에 따른 첨가제의 종류는 별표 6과 같다.

제8조의2(촉매제)

법 제2조제15호의2에 따른 촉매제는 경유를 연료로 사용하는 자동차에서 배출되는 질소산화물을 저 감하기 위하여 사용되는 화학물질을 말한다.

[본조신설 2009. 7. 14.]

제8조의3(저공해자동차의 배출허용기준)

「대기환경보전법 시행령」(이하 "영"이라 한다) 제1조의2 각 호에서 "환경부령으로 정하는 배출허용기준"이란 각각 별표 6의2에 따른 기준을 말한다.

[본조신설 2020. 4. 3.]

제9조(배출가스저감장치의 저감효율)

법 제2조제17호에서 "환경부령으로 정하는 저감효율"이란 별표 6의3 제1호에 따 른 배출가스저감장치의 저감효율을 말한다. 〈개정 2016. 6. 2., 2020. 4. 3.〉

제10조(저공해엔진의 배출허용기준)

법 제2조제18호에서 "환경부령으로 정하는 배출허용기준"이란 다음 각 호와 같다.

〈개정 2020. 4. 3.〉

1. 제작차의 경우: 별표 6의2에 따른 저공해자동차의 제작차배출허용기준
2. 운행차의 경우: 별표 6의3 제2호에 따른 저공해엔진의 저감효율

제10조의2(공회전제한장치의 성능기준 등)

법 제2조제19호에 따른 공회전제한장치의 기준은 별표 6의4와 같다. 〈개정 2020. 4. 3.〉

[본조신설 2013. 5. 24.]

제10조의3(자동차의 적용범위)

법 제2조제21호에서 "환경부령으로 정하는 자동차"란 제124조의2에 따른 자동차 중 법 제76조

의2에 따른 자동차 온실가스 배출허용기준이 적용되는 자동차로서 환경부장관이 정하여 고시한 자동차를 말 한다.

[본조신설 2014. 2. 6.]

제10조의4(장거리이동대기오염물질)

법 제2조제22호에 따른 장거리이동대기오염물질은 별표 6의5와 같다.　　〈개정 2020. 4. 3.〉

[본조신설 2016. 6. 2.]

제10조의5(냉매)

법 제2조제23호에서 "환경부령으로 정하는 것"이란 다음 각 호의 물질을 말한다.

1. 염화불화탄소

2. 수소염화불화탄소

3. 「저탄소 녹색성장 기본법 시행령」 제2조 및 별표 1에 따른 수소불화탄소

4. 제2호 및 제3호의 물질을 혼합하여 만든 물질

[본조신설 2018. 11. 29.]

제11조(측정망의 종류 및 측정결과보고 등)

① 법 제3조제1항에 따라 수도권대기환경청장, 국립환경과학원장 또는 「한 국환경공단법」에 따른 한국환경공단(이하 "한국환경공단"이라 한다)이 설치하는 대기오염 측정망의 종류는 다음 각 호와 같다.

〈개정 2009. 7. 14., 2010. 12. 31., 2011. 8. 19., 2013. 5. 24., 2014. 2. 6., 2016. 6. 2., 2019. 2. 13.〉

1. 대기오염물질의 지역배경농도를 측정하기 위한 교외대기측정망

2. 대기오염물질의 국가배경농도와 장거리이동 현황을 파악하기 위한 국가배경농도측정망

3. 도시지역 또는 산업단지 인근지역의 특정대기유해물질(중금속을 제외한다)의 오염도를 측정하기 위한 유해대기 물질측정망

4. 도시지역의 휘발성유기화합물 등의 농도를 측정하기 위한 광화학대기오염물질측정망

5. 산성 대기오염물질의 건성 및 습성 침착량을 측정하기 위한 산성강하물측정망

6. 기후ㆍ생태계 변화유발물질의 농도를 측정하기 위한 지구대기측정망

7. 장거리이동대기오염물질의 성분을 집중 측정하기 위한 대기오염집중측정망

8. 초미세먼지(PM-2.5)의 성분 및 농도를 측정하기 위한 미세먼지성분측정망

② 법 제3조제2항에 따라 특별시장ㆍ광역시장ㆍ특별자치시장ㆍ도지사 또는 특별자치도지사

(이하 "시 · 도지사"라 한다)가 설치하는 대기오염 측정망의 종류는 다음 각 호와 같다.

〈개정 2013. 5. 24.〉

1. 도시지역의 대기오염물질 농도를 측정하기 위한 도시대기측정망

2. 도로변의 대기오염물질 농도를 측정하기 위한 도로변대기측정망

3. 대기 중의 중금속 농도를 측정하기 위한 대기중금속측정망

4. 삭제〈2011. 8. 19.〉

③ 시 · 도지사는 법 제3조제2항에 따라 상시측정한 대기오염도를 측정망을 통하여 국립환경과학원장에게 전송하 고, 연도별로 이를 취합 · 분석 · 평가하여 그 결과를 다음 해 1월말까지 국립환경과학원장에게 제출하여야 한다.

제12조(측정망설치계획의 고시)

① 유역환경청장, 지방환경청장, 수도권대기환경청장 및 시 · 도지사는 법 제4조에 따 라 다음 각 호의 사항이 포함된 측정망설치계획을 결정하고 최초로 측정소를 설치하는 날부터 3개월 이전에 고시하 여야 한다.

1. 측정망 설치시기

2. 측정망 배치도

3. 측정소를 설치할 토지 또는 건축물의 위치 및 면적

② 시 · 도지사가 제1항에 따른 측정망설치계획을 결정 · 고시하려는 경우에는 그 설치위치 등에 관하여 미리 유역 환경청장, 지방환경청장 또는 수도권대기환경청장과 협의하여야 한다.

제12조의2(대기오염물질 심사 · 평가의 방법과 절차)

환경부장관은 법 제7조제2항에 따라 매년 기존에 지정된 대기오 염물질 중 일부와 신규로 지정하려는 물질의 위해성을 제12조의3에 따른 대기오염물질 심사 · 평가위원회(이하 "심 사 · 평가위원회"라 한다)의 심의를 거쳐 심사 · 평가한다.

[본조신설 2013. 5. 24.]

제12조의3(심사 · 평가위원회의 구성 · 운영)

① 제12조의2에 따른 심사 · 평가에 관한 사항을 심의하기 위하여 국립환 경과학원에 대기오염물질 심사 · 평가위원회를 둔다.

② 심사 · 평가위원회는 위원장 1명을 포함하여 15명 이내의 위원으로 구성한다.

③ 위원장은 국립환경과학원 기후대기연구부장이 되며 위원은 환경부의 대기관리과장, 국립환

경과학원의 대기공학 연구과장과 다음 각 호의 사람 중에서 위원장의 추천을 받아 국립환경과학원장이 위촉하는 사람이 된다.

1. 대기오염, 배출량, 위해성평가 등의 분야에 학식과 경험이 풍부한 전문가
2. 대기오염, 배출량, 위해성평가 등의 분야와 관련된 업무를 수행하는 공무원

④ 그 밖에 심사·평가위원회의 운영에 필요한 사항은 국립환경과학원장이 정하여 고시한다.
[본조신설 2013. 5. 24.]

제12조의4(국가 대기질통합관리센터의 지정 절차)

① 영 제1조의7제2항 각 호 외의 부분에서 "환경부령으로 정하는 지 정신청서"란 별지 제1호서식을 말한다. 〈개정 2020. 4. 3.〉

② 제1항에 따른 지정신청서를 제출받은 환경부장관은 「전자정부법」 제36조제1항에 따른 행정정보의 공동이용을 통하여 신청인의 법인 등기사항증명서(법인인 경우만 해당한다) 또는 사업자등록증을 확인하여야 한다. 다만, 신청 인이 법인 등기사항증명서 또는 사업자등록증의 확인에 동의하지 아니하는 경우에는 해당 서류의 사본을 첨부하게 하여야 한다.

③ 영 제1조의7제3항에서 "환경부령으로 정하는 지정서"란 별지 제1호의2서식을 말한다. 〈개정 2020. 4. 3.〉

[본조신설 2016. 3. 29.]

제13조(대기오염경보의 발령 및 해제방법 등)

① 법 제8조제1항에 따른 대기오염경보는 방송매체 등을 통하여 발령하 거나 해제하여야 한다.

② 제1항에 따른 대기오염경보에는 다음 각 호의 사항이 포함되어야 한다. 〈개정 2016. 3. 29.〉

1. 대기오염경보의 대상지역
2. 대기오염경보단계 및 대기오염물질의 농도
3. 영 제2조제4항에 따른 대기오염경보단계별 조치사항
4. 그 밖에 시·도지사가 필요하다고 인정하는 사항

제14조(대기오염경보 단계별 대기오염물질의 농도기준)

영 제2조제3항에 따른 대기오염경보 단계별 대기오염물질의 농도기준은 별표 7과 같다.

제14조의2(국가 기후변화 적응센터에 대한 평가의 기준 및 시기의 통보 등)

① 영 제2조의3제1항제1호의 정기평가의 평가 항목은 다음 각 호와 같다.

1. 사업비 집행의 적정성

2. 영 제2조의2제2항 각 호에 따른 사업의 추진 성과 및 실적

3. 국가 기후변화 적응센터 운영의 활성화 정도

4. 그 밖에 전년도 사업실적 등을 평가하기 위하여 환경부장관이 정하여 고시한 사항

② 영 제2조의3제1항제2호의 종합평가의 평가 항목은 다음 각 호와 같다.

1. 과거 3년간의 사업추진 성과 및 실적

2. 기후변화 적응을 위한 기반조성 및 활성화 등에 대한 기여도

3. 그 밖에 국가 기후변화 적응센터의 운영전반에 대한 평가를 위하여 환경부장관이 정하여 고시한 사항

③ 환경부장관은 영 제2조의3제4항에 따라 평가 예정일부터 3개월 전까지 제1항 및 제2항에 따른 정기평가 및 종 합평가의 평가항목별 평가기준과 평가일시 등을 정하여 법 제9조의2에 따른 국가 기후변화 적응센터(이하 "국가 기 후변화 적응센터"라 한다)에 알려 주어야 한다.

[본조신설 2013. 5. 24.]

제14조의3(국가 기후변화 적응센터 평가단의 구성 및 운영)

① 영 제2조의3제2항에 따른 국가 기후변화 적응센터 평가 단(이하 "평가단"이라 한다)은 평가 예정일부터 2개월 전에 단장 1명을 포함하여 10명 이내의 단원으로 구성한다.

② 단장은 환경부 기후대기정책관이 되고, 단원은 기후변화 영향평가 및 적응대책에 관한 학식과 경험이 풍부한 사 람 중에서 환경부장관이 위촉한다.

③ 단원으로 위촉되어 평가에 참여한 사람에게는 예산의 범위에서 수당을 지급할 수 있다.

〈개정 2018. 11. 29.〉

④ 그 밖에 평가단의 구성·운영에 필요한 사항은 환경부장관이 정한다. 〈개정 2018. 11. 29.〉

[본조신설 2013. 5. 24.]

제14조의4삭제 〈2018. 11. 29.〉

제14조의5삭제 〈2018. 11. 29.〉

제14조의6삭제 〈2018. 11. 29.〉

제2장 사업장 등의 대기오염물질 배출규제

제15조(배출허용기준)

법 제16조제1항에 따른 대기오염물질의 배출허용기준은 별표 8과 같다.

제16조(배출시설별 배출원과 배출량 조사)

① 시·도지사, 유역환경청장, 지방환경청장 및 수도권대기환경청장은 법 제 17조제2항에 따른 배출시설별 배출원과 배출량을 조사하고, 그 결과를 다음해 3월말까지 환경부장관에게 보고하여야 한다.

② 법 제17조제5항에 따른 배출원의 조사방법, 배출량의 조사방법과 산정방법(이하 "배출량 등 조사·산정방법"이 라 한다)은 다음 각 호와 같다. 〈개정 2020. 5. 27.〉

1. 영 제17조제1항제2호에 따른 굴뚝 자동측정기기(이하 "굴뚝 자동측정기기"라 한다)가 설치된 배출시설의 경우 : 영 제17조제1항제2호에 따른 굴뚝 자동측정기기의 측정에 따른 방법

2. 굴뚝 자동측정기기가 설치되지 아니한 배출시설의 경우 : 법 제39조제1항에 따른 자가측정에 따른 방법

3. 배출시설 외의 오염원의 경우 : 단위당 대기오염물질 배출량을 산출하는 배출계수에 따른 방법

③ 제1항 및 제2항 외에 배출량 조사·산정방법에 관하여 필요한 사항은 환경부장관이 정하여 고시한다.

제17조삭제 〈2020. 4. 3.〉

제18조삭제 〈2020. 4. 3.〉

제19조삭제 〈2020. 4. 3.〉

제20조삭제 〈2020. 4. 3.〉

제21조삭제 〈2020. 4. 3.〉

제22조삭제 〈2020. 4. 3.〉

제23조삭제 〈2020. 4. 3.〉

제24조(총량규제구역의 지정 등)

환경부장관은 법 제22조에 따라 그 구역의 사업장에서 배출되는 대기오염물질을 총량 으로 규제하려는 경우에는 다음 각 호의 사항을 고시하여야 한다.

1. 총량규제구역

2. 총량규제 대기오염물질

3. 대기오염물질의 저감계획

4. 그 밖에 총량규제구역의 대기관리를 위하여 필요한 사항

제24조의2(설치허가 대상 특정대기유해물질 배출시설의 적용기준)

영 제11조제1항제1호에서 "환경부령으로 정하는 기 준"이란 별표 8의2에 따른 기준을 말한다.

[본조신설 2015. 12. 10.]

제25조(배출시설 설치허가신청서 등)

영 제11조제3항에 따른 배출시설 설치허가신청서 및 배출시설 설치신고서는 별 지 제2호서식과 같고, 영 제11조제6항에 따른 배출시설 설치허가증 및 배출시설 설치신고증명서는 별지 제3호서식 과 같다. 〈개정 2013. 5. 24.〉

제26조(배출시설의 변경허가)

법 제23조제2항에 따라 변경허가를 받으려는 자는 별지 제4호서식의 배출시설 변경허가 신청서에 영 제11조제3항 각 호의 서류를 첨부하여 유역환경청장, 지방환경청장, 수도권대기환경청장 또는 시 · 도 지사에게 제출해야 한다. 〈개정 2013. 5. 24., 2019. 7. 16.〉

제27조(배출시설의 변경신고 등)

① 법 제23조제2항에 따라 변경신고를 하여야 하는 경우는 다음 각 호와 같다.

〈개정 2009. 1. 14., 2014. 2. 6.〉

1. 같은 배출구에 연결된 배출시설을 증설 또는 교체하거나 폐쇄하는 경우. 다만, 배출시설의 규모[허가 또는 변경허 가를 받은 배출시설과 같은 종류의 배출시설로서 같은 배출구에

연결되어 있는 배출시설(방지시설의 설치를 면 제받은 배출시설의 경우에는 면제받은 배출시설)의 총 규모를 말한다를 10퍼센트 미만으로 증설 또는 교체하거나 폐쇄하는 경우로서 다음 각 목의 모두에 해당하는 경우에는 그러하지 아니하다.

　　가. 배출시설의 증설·교체·폐쇄에 따라 변경되는 대기오염물질의 양이 방지시설의 처리용량 범위 내일 것

　　나. 배출시설의 증설·교체로 인하여 다른 법령에 따른 설치 제한을 받는 경우가 아닐 것

2. 배출시설에서 허가받은 오염물질 외의 새로운 대기오염물질이 배출되는 경우

3. 방지시설을 증설·교체하거나 폐쇄하는 경우

4. 사업장의 명칭이나 대표자를 변경하는 경우

5. 사용하는 원료나 연료를 변경하는 경우. 다만, 새로운 대기오염물질을 배출하지 아니하고 배출량이 증가되지 아 니하는 원료로 변경하는 경우 또는 종전의 연료보다 황함유량이 낮은 연료로 변경하는 경우는 제외한다.

6. 배출시설 또는 방지시설을 임대하는 경우

7. 그 밖의 경우로서 배출시설 설치허가증에 적힌 허가사항 및 일일조업시간을 변경하는 경우

② 제1항에 따라 변경신고를 하려는 자는 제1항제1호·제3호·제5호 또는 제7호에 해당되는 경우에는 변경 전에, 제1항제4호의 경우에는 그 사유가 발생한 날부터 2개월 이내에, 제1항제2호 또는 제6호의 경우에는 그 사유가 발생 한 날(제1항제2호의 경우 배출시설에 사용하는 원료나 연료를 변경하지 아니한 경우로서 법 제39조에 따른 자가측 정 시 새로운 대기오염물질이 배출되지 않았으나 법 제82조에 따른 검사 결과 새로운 대기오염물질이 배출된 경우 에 는 그 배출이 확인된 날)부터 30일 이내에 별지 제4호서식의 배출시설 변경신고서에 다음 각 호의 서류 중 변경 내용을 증명하는 서류와 배출시설 설치허가증을 첨부하여 유역환경청장, 지방환경청장, 수도권대기환경청장 또는 시·도지사에게 제출해야 한다. 다만, 영 제21조에 따라 제출한 개선계획서의 개선내용이 제1항제1호 또는 제3호에 해당하는 경우에는 개선계획서를 제출할 때 제출한 서류는 제출하지 않을 수 있다.

　　〈개정 2009. 1. 14., 2011. 3. 31., 2012. 6. 15., 2013. 5. 24., 2014. 2. 6., 2016. 7. 1., 2019. 7. 16.〉

1. 공정도

2. 방지시설의 설치명세서와 그 도면 3. 그 밖에 변경내용을 증명하는 서류

③ 법 제23조제3항에 따라 변경신고를 하려는 자는 신고사유가 제1호·제3호·제4호 또는 제7호에 해당되는 경우 에는 변경 전에, 제5호의 경우에는 그 사유가 발생한 날부터 2개월 이내에, 제2호 또는 제6호의 경우에는 그 사유가 발생한 날(제2호의 경우 배출시설에 사용하는 원료나 연료를 변경하지 아니한 경우로서 법 제39조에 따른 자가측 정 시 새로운 대기오염물

질이 배출되지 않았으나 법 제82조에 따른 검사 결과 새로운 대기오염물질이 배출된 경우 에는 그 배출이 확인된 날)부터 30일 이내에 별지 제4호서식의 배출시설 변경신고서에 배출시설 설치신고증명서와 변경내용을 증명하는 서류를 첨부하여 유역환경청장, 지방환경청장, 수도권대기환경청장 또는 시·도지사에게 제 출해야 한다. 다만, 영 제21조에 따라 제출한 개선계획서의 개선내용이 제1호·제3호 또는 제4호에 해당되는 경우 에는 개선계획서를 제출할 때 제출한 서류는 제출하지 않을 수 있다.

〈개정 2009. 1. 14., 2011. 3. 31., 2012. 6. 15., 2013. 5. 24., 2014. 2. 6., 2016. 7. 1., 2019. 7. 16.〉

1. 같은 배출구에 연결된 배출시설을 증설 또는 교체하거나 폐쇄하는 경우. 다만, 배출시설의 규모[신고 또는 변경신 고를 한 배출시설과 같은 종류의 배출시설로서 같은 배출구에 연결되어 있는 배출시설(방지시설의 설치를 면제 받은 배출시설의 경우에는 면제받은 배출시설)의 총 규모를 말한다]를 10퍼센트 미만으로 증설 또는 교체하거나 폐쇄하는 경우로서 다음 각 목의 모두에 해당하는 경우에는 그러하지 아니하다.

　　가. 배출시설의 증설·교체·폐쇄에 따라 변경되는 대기오염물질의 양이 방지시설의 처리 용량 범위 내일 것

　　나. 배출시설의 증설·교체로 인하여 다른 법령에 따른 설치 제한을 받는 경우가 아닐 것

2. 배출시설에서 신고한 대기오염물질 외의 새로운 대기오염물질이 배출되는 경우

3. 방지시설을 증설·교체하거나 폐쇄하는 경우

4. 사용하는 원료나 연료를 변경하는 경우. 다만, 새로운 대기오염물질을 배출하지 아니하고 배출량이 증가되지 아 니하는 원료로 변경하는 경우 또는 종전의 연료보다 황함유량이 낮은 연료로 변경하는 경우는 제외한다.

5. 사업장의 명칭이나 대표자를 변경하는 경우

6. 배출시설 또는 방지시설을 임대하는 경우

7. 그 밖의 경우로서 배출시설 설치신고증명서에 적힌 신고사항 및 일일조업시간을 변경하는 경우

④ 유역환경청장, 지방환경청장, 수도권대기환경청장 또는 시·도지사는 제2항 또는 제3항에 따라 변경신고를 수리 한 경우에는 배출시설 설치허가증 또는 배출시설 설치신고증명서의 뒤쪽에 변경신고사항을 적는다.　　　　　　　　　　　　　〈개정 2019. 7. 16.〉

제28조(방지시설을 설치하지 아니하려는 경우의 제출서류)

법 제26조제1항 단서에 따라 방지시설을 설치하지 않으려 는 경우에는 법 제23조제4항에 따라 다음 각 호의 서류를 유역환경청장, 지방환경청장, 수도권대기환경청장 또는 시 ·도지사에게 제

출해야 한다. 다만, 배출시설의 설치허가, 변경허가, 설치신고 또는 변경신고 시 제출된 서류는 제
출 하지 않을 수 있다. 〈개정 2019. 7. 16.〉

1. 해당 배출시설의 기능 · 공정 · 사용원료(부원료를 포함한다) 및 연료의 특성에 관한 설명
   자료
2. 배출시설에서 배출되는 대기오염물질이 항상 법 제16조에 따른 배출허용기준(이하 "배출
   허용기준"이라 한다) 이 하로 배출된다는 것을 증명하는 객관적인 문헌이나 그 밖의 시험
   분석자료

제29조(방지시설을 설치하여야 하는 경우)

법 제26조제2항제2호에서 "환경부령으로 정하는 경우"란 다음 각 호의 어느 하나에 해당하는
사유로 배출허용기준을 초과할 우려가 있는 경우를 말한다.

1. 배출허용기준의 강화
2. 부대설비의 교체 · 개선
3. 배출시설의 설치허가 · 변경허가 또는 설치신고나 변경신고 이후 배출시설에서 새로운 대
   기오염물질의 배출

제30조(방지시설업의 등록을 한 자 외의 자가 설계 · 시공할 수 있는 방지시설)

법 제28조 단서에서 "환경부령으로 정 하는 방지시설을 설치하는 경우"란 방지시설의 공정을 변
경하지 아니하는 경우로서 다음 각 호의 어느 하나에 해당 하는 경우를 말한다. 〈개정 2014. 2. 6.〉

1. 방지시설에 딸린 기계류나 기구류를 신설하거나 대체 또는 개선하는 경우
2. 허가를 받거나 신고한 시설의 용량이나 용적의 100분의 30을 넘지 아니하는 범위에서 증설하
   거나 대체 또는 개 선하는 경우. 다만, 2회 이상 증설하거나 대체하여 증설하거나 대체 또는
   개선한 부분이 최초로 허가를 받거나 신 고한 시설의 용량이나 용적보다 100분의 30을 넘는
   경우에는 방지시설업자가 설계 · 시공을 하여야 한다.
3. 연소조절에 의한 시설을 설치하는 경우

제31조(자가방지시설의 설계 · 시공)

① 사업자가 법 제28조 단서에 따라 스스로 방지시설을 설계 · 시공하려는 경우에 는 법 제23조
   제4항에 따라 다음 각 호의 서류를 유역환경청장, 지방환경청장, 수도권대기환경청장 또는
   시 · 도지사 에게 제출해야 한다. 다만, 배출시설의 설치허가 · 변경허가 · 설치신고 또는 변
   경신고 시 제출한 서류는 제출하지 않 을 수 있다. 〈개정 2019. 7. 16.〉

1. 배출시설의 설치명세서

2. 공정도

3. 원료(연료를 포함한다) 사용량, 제품생산량 및 대기오염물질 등의 배출량을 예측한 명세서

4. 방지시설의 설치명세서와 그 도면(법 제26조제1항 단서에 해당되는 경우에는 이를 증명할 수있는 서류를 말한다)

5. 기술능력 현황을 적은 서류

제32조(공동 방지시설의 설치 · 변경 등)

① 법 제29조제1항에 따른 공동 방지시설(이하 "공동 방지시설"이라 한다)을 설치 · 운영하려는 경우에는 법 제29조제2항에 따른 공동 방지시설 운영기구(이하 "공동 방지시설 운영기구"라 한다)의 대표자가 법 제23조제4항에 따라 다음 각 호의 서류를 유역환경청장, 지방환경청장, 수도권대기환경청장 또는 시 · 도지사에게 제출해야 한다. 〈개정 2019. 7. 16.〉

1. 공동 방지시설의 위치도(축척 2만 5천분의 1의 지형도를 말한다)

2. 공동 방지시설의 설치명세서 및 그 도면

3. 사업장별 배출시설의 설치명세서 및 대기오염물질 등의 배출량 예측서

4. 사업장별 원료사용량과 제품생산량을 적은 서류와 공정도

5. 사업장에서 공동 방지시설에 이르는 연결관의 설치도면 및 명세서

6. 공동 방지시설의 운영에 관한 규약

② 제1항에 따라 공동 방지시설 운영기구가 설치된 경우에는 사업자는 공동 방지시설 운영기구의 대표자에게 법과 영 및 이 규칙에 따른 행위를 대행하게 할 수 있다. 다만, 공동 방지시설의 배출부과금은 미리 정한 분담비율에 따라 사업자별로 분담한다.

③ 사업자 또는 공동 방지시설 운영기구의 대표자는 제1항에 따른 공동 방지시설의 설치내용 중 다음 각 호의 어느 하나의 사항을 변경하려는 경우에는 법 제23조제4항에 따라 그 변경내용을 증명하는 서류를 유역환경청장, 지방환 경청장, 수도권대기환경청장 또는 시 · 도지사에게 제출해야 한다. 〈개정 2019. 7. 16.〉

1. 공동 방지시설의 종류 또는 규모

2. 공동 방지시설의 위치

3. 공동 방지시설의 대기오염물질 처리능력 및 처리방법

4. 각 사업장에서 공동 방지시설에 이르는 연결관

5. 공동 방지시설의 운영에 관한 규약

제33조(공동 방지시설의 배출허용기준 등)

법 제29조제3항에 따른 공동 방지시설의 배출허용기준은 별표 8과 같고, 자 가측정의 대상·항목 및 방법은 별표 11과 같다.

제34조(배출시설의 가동개시 신고)

① 사업자가 법 제30조에 따라 가동개시 신고를 하려는 경우에는 별지 제5호서식의 배출시설 및 방지시설의가동개시 신고서에 배출시설 설치허가증 또는 배출시설 설치신고증명서를 첨부하여 유역환 경청장, 지방환경청장, 수도권대기환경청장 또는 시·도지사에게 제출(「전자정부법」 제2조제7호에 따른 정보통신망 에 의한 제출을 포함한다)해야 한다.

〈개정 2019. 7. 16.〉

② 제1항에 따른 가동개시신고서를 제출한 후 신고한 가동개시일을 변경하려는 경우에는 별지 제6호서식의 배출 (방지)시설 가동개시일 변경신고서를 유역환경청장, 지방환경청장, 수도권대기환경청장 또는 시·도지사에게 제출 (「전자정부법」 제2조제7호에 따른 정보통신망에 의한 제출을 포함한다)해야 한다.

〈개정 2019. 7. 16.〉

③ 제1항에 따른 가동개시 신고 또는 제2항에 따른 가동개시일 변경신고가 신고서의 기재사항 및 첨부서류에 흠이 없고, 법령 등에 규정된 형식상의 요건을 충족하는 경우에는 신고서가 접수기관에 도달된 때에 신고 의무가 이행된 것으로 본다.

〈신설 2017. 1. 26.〉

제35조(시운전 기간) 법 제30조제2항에서 "환경부령으로 정하는 기간"이란 제34조에 따라 신고한 배출시설 및 방지시 설의 가동개시일부터 30일까지의 기간을 말한다.

제36조(배출시설 및 방지시설의 운영기록 보존)

① 영 별표 1의3에 따른 1종·2종·3종사업장을 설치·운영하는 사업 자는 법 제31조제2항에 따라 배출시설 및 방지시설의 운영기간 중 다음 각 호의 사항을 국립환경과학원장이 정하여 고시하는 전산에 의한 방법으로 기록·보존하여야 한다. 다만, 굴뚝자동측정기기를 부착하여 모든 배출구에 대한 측정결과를 관제센터로 자동전송하는 사업장의 경우에는 해당 자료의 자동전송으로 이를 갈음할 수 있다.

〈개정 2010. 12. 31., 2017. 12. 28.〉

1. 시설의 가동시간
2. 대기오염물질 배출량
3. 자가측정에 관한 사항
4. 시설관리 및 운영자

5. 그 밖에 시설운영에 관한 중요사항

② 영 별표 1의3에 따른 4종 · 5종사업장을 설치 · 운영하는 사업자는 법 제31조제2항에 따라 배출시설 및 방지시설 의 운영기간 중 다음 각 호의 사항을 별지 제7호서식의 배출시설 및 방지시설의 운영기록부에 매일 기록하고 최종 기재한 날부터 1년간 보존하여야 한다. 다만, 사업자가 원하는 경우에는 제1항 각 호 외의 부분 본문에 따라 국립환 경과학원장이 정하여 고시하는 전산에 의한 방법으로 기록 · 보존할 수 있다. 〈신설 2010. 12. 31., 2017. 12. 28.〉

1. 시설의 가동시간

2. 대기오염물질 배출량

3. 자가측정에 관한 사항

4. 시설관리 및 운영자

5. 그 밖에 시설운영에 관한 중요사항

③ 제2항에 따른 운영기록부는 테이프 · 디스켓 등 전산에 의한 방법으로 기록 · 보존할 수 있다. 〈개정 2010. 12. 31.〉

[전문개정 2009. 1. 14.]

제37조(측정기기의 운영 · 관리기준)

법 제32조제4항에 따른 측정기기의 운영 · 관리기준은 별표 9와 같다.

제37조의2(측정기기 부착 · 운영 신청)

영 제17조제2항에 따라 측정기기 부착 · 운영을 신청하려는 자는 별지 제12호의 2서식의 측정기기 부착 · 운영 신청서에 배출시설 설치허가증 또는 신고증명서와 「중소기업기본법」 제2조에 따른 중소기업임을 증명하는 서류를 첨부하여 환경부장관 또는 시 · 도지사에게 제출하여야 한다.

[본조신설 2013. 5. 24.]

제37조의3(측정기기 관리대행업 등록의 신청)

① 법 제32조의2제1항 전단에 따라 측정기기 관리대행업을 등록하려는 자는 별지 제12호의3서식의 측정기기 관리대행업 등록 신청서(전자문서로 된 신청서를 포함한다)에 영 별표 3의2의 기준에 따른 시설 · 장비 및 기술인력의 보유현황과 이를 증명할 수 있는 서류 1부를 첨부하여 사무실 소재지를 관할 하는 유역환경청장, 지방환경청장 또는 수도권대기환경청장에게 제출하여야 한다.

② 제1항에 따른 신청서를 제출받은 담당 공무원은 「전자정부법」 제36조제1항에 따른 행정 정보의 공동이용을 통 하여 기술인력의 국가기술자격증과 신청인이 법인인 경우에는 법인 등기사항 증명서를, 개인인 경우에는 사업자등 록증을 확인하여야 한다. 다만, 신청인이 사업자등록증 또는 국가기술자격증의 확인에 동의하지 아니하는 경우에는 그 사본을 첨부하도록 하여야 한다.

③ 유역환경청장, 지방환경청장 또는 수도권대기환경청장은 법 제32조의2제1항 전단에 따른 측정기기 관리대행업 자의 등록을 하면 같은 조 제3항에 따라 별지 제12호의4서식의 측정기기 관리대행업 등록증을 발급하여야 한다.

④ 제3항에 따라 측정기기 관리대행업의 등록을 한 자(이하 "측정기기 관리대행업자"라 한다)는 법 제32조의2제1항 후단에 따라 영 제19조의3제2항 각 호의 어느 하나에 해당하는 사항을 변경하려는 경우에는 별지 제12호의3서식의 측정기기 관리대행업 변경등록 신청서에 측정기기 관리대행업 등록증과 변경내용을 증명할 수 있는 서류 1부를 첨 부하여 사무실 소재지(사무실 소재지를 변경하는 경우에는 변경 후의 사무실 소재지를 말한다)를 관할하는 유역환 경청장, 지방환경청장 또는 수도권대기환경청장에게 제출하여야 한다.

⑤ 유역환경청장, 지방환경청장 또는 수도권대기환경청장은 법 제32조의2제1항 후단에 따라 측정기기 관리대행업 자를 변경등록한 경우에는 제4항에 따라 제출받은 측정기기 관리대행업 등록증 뒷면에 변경 내용을 적은 후 신청인 에게 돌려주어야 한다.

[본조신설 2017. 1. 26.]

제37조의4(측정기기 관리대행업자의 관리기준)

법 제32조의2제5항에서 "환경부령으로 정하는 관리기준"이란 다음 각 호의 사항을 말한다.

〈개정 2020. 4. 3.〉

1. 기술인력으로 등록된 사람으로 하여금 측정기기의 점검을 실시하도록 할 것
2. 관리업무를 대행하는 측정기기의 가동 상태를 점검하여 측정기기가 정상적으로 작동하지 아니하는 경우에는 측 정기기 관리업무의 대행을 맡긴 자에게 즉시 통보할 것
3. 별지 제12호의5서식의 측정기기 관리대행업 실적보고서에 측정기기 관리대행 계약서 등 대행실적을 증명할 수 있는 서류 1부를 첨부하여 매년 1월 31일까지 사무실 소재지를 관할하는 유역환경청장, 지방환경청장 또는 수도 권대기환경청장에게 제출하고, 제출한 서류의 사본을 제출한 날부터 3년간 보관할 것
4. 등록의 취소, 업무정지 등 측정기기 관리업무의 대행을 지속하기 어려운 사유가 발생한 경우에는 측정기기 관리 업무의 대행을 맡긴 자에게 즉시 통보할 것

5. 측정기기를 조작하여 측정결과를 빠뜨리거나 측정결과를 거짓으로 작성하지 않을 것

[본조신설 2017. 1. 26.]

제37조의5(측정기기 관리대행업의 등록말소 신청 등)

① 측정기기 관리대행업 등록의 말소를 신청하려는 자는 별지 제12호의6서식의 측정기기 관리대행업 등록말소 신청서에 측정기기 관리대행업 등록증을 첨부하여 사무실 소재지를 관할하는 유역환경청장, 지방환경청장 또는 수도권대기환경청장에게 제출하여야 한다.

② 유역환경청장, 지방환경청장 또는 수도권대기환경청장은 법 제32조의3제1항에 따라 등록을 취소하거나 제1항에 따라 등록을 말소한 경우에는 다음 각 호의 사항을 관보나 유역환경청, 지방환경청 또는 수도권대기환경청 인터넷 홈페이지에 공고하여야 한다.

1. 측정기기 관리대행업자의 상호, 대표자 성명 및 소재지

2. 등록번호 및 등록 연월일

3. 등록취소ㆍ말소 연월일 및 그 사유 [본조신설 2017. 1. 26.]

제38조(개선계획서)

① 영 제21조제1항에 따른 개선계획서에는 다음 각 호의 구분에 따른 사항이 포함되거나 첨부되어야 한다. 〈개정 2019. 7. 16.〉

1. 법 제32조제5항에 따른 조치명령을 받은 경우 가. 개선기간ㆍ개선내용 및 개선방법 나. 굴뚝 자동측정기기의 운영ㆍ관리 진단계획

2. 법 제33조에 따른 개선명령을 받은 경우로서 개선하여야 할 사항이 배출시설 또는 방지시설인 경우

가. 배출시설 또는 방지시설의 개선명세서 및 설계도

나. 대기오염물질의 처리방식 및 처리 효율

다. 공사기간 및 공사비 라. 다음의 경우에는 이를 증명할 수 있는 서류

   1) 개선기간 중 배출시설의 가동을 중단하거나 제한하여 대기오염물질의 농도나 배출량이 변경되는 경우

   2) 개선기간 중 공법 등의 개선으로 대기오염물질의 농도나 배출량이 변경되는 경우

3. 법 제33조에 따른 개선명령을 받은 경우로서 개선하여야 할 사항이 배출시설 또는 방지시설의 운전미숙 등으로 인한 경우

가. 대기오염물질 발생량 및 방지시설의 처리능력

나. 배출허용기준의 초과사유 및 대책

② 영 제21조제1항에 따라 개선계획서를 제출받은 유역환경청장, 지방환경청장, 수도권대기환경청장 또는 시 · 도 지사는 제1항제2호라목에 해당하는 경우에는 그 사실 여부를 실지 조사 · 확인해야 한다. 〈개정 2019. 7. 16.〉

제39조(조치명령 또는 개선명령을 받지 아니한 사업자의 개선계획서 제출 등)

① 영 제21조제3항 또는 제4항에 따라 개선계획서를 제출하려는 사업자는 다음 각 호의 구분에 따른 제출시기까지 별지 제8호서식 또는 별지 제9호서식의 개선계획서에 제38조제1항 각 호의 구분에 따른 사항을 적어 유역환경청장, 지방환경청장, 수도권대기환경청장 또 는 시 · 도지사에게 제출해야 한다. 〈개정 2013. 2. 1., 2019. 7. 16.〉

1. 영 제21조제3항제1호 또는 같은 조 제4항제1호에 해당하는 경우 : 굴뚝 자동측정기기 · 배출시설 또는 방지시설 을 개선 · 변경 · 점검 또는 보수작업을 시작하기 24시간 전

2. 영 제21조제3항제2호 · 제3호 또는 같은 조 제4항제2호부터 제4호까지에 해당하는 경우 : 굴뚝자동측정기기 · 배 출시설 또는 방지시설을 적절하게 운영할 수 없는 때부터 48시간 이내(토요일 또는 공휴일에 해당하는 날의 0시 부터 24시까지의 시간은 제외한다). 이 경우 사업자는 그 사유가 발생한 때부터 8시간 이내에 전자문서 · 팩스 또 는 전화 등을 이용하여 그 내용을 유역환경청장, 지방환경청장, 수도권대기환경청장 또는 시 · 도지사에게 통지해 야 한다.

② 제1항에 따라 개선계획서를 제출한 자는 개선을 완료하면 다음 각 호의 구분에 따른 개선완료 보고서를 유역환 경청장, 지방환경청장, 수도권대기환경청장 또는 시 · 도지사에게 제출(「전자정부법」 제2조제7호에 따른 정보통신 망에 의한 제출을 포함한다)해야 한다. 〈개정 2019. 7. 16.〉

1. 굴뚝 자동측정기기의 개선을 완료한 경우 : 별지 제10호서식의 개선완료 보고서

2. 배출시설 및 방지시설의 개선을 완료한 경우 : 별지 제11호서식의 개선완료 보고서

③ 제1항 및 제2항에 따른 개선계획서 또는 개선완료 보고서를 제출받은 유역환경청장, 지방환경청장, 수도권대기 환경청장 또는 시 · 도지사는 관계 공무원에게 영 제21조제3항 · 제4항에 해당하는지 또는 개선 완료 여부를 확인하 게 하고, 대기오염도검사가 필요한 경우에는 시료를 채취하여 제40조제2항에 따른 검사기관에 오염도검사를 지시 하거나 의뢰해야 한다. 〈개정 2019. 7. 16.〉

제40조(개선명령의 이행 보고 등)

① 영 제22조제1항에 따른 조치명령의 이행 보고는 별지 제12호서식에 따르고, 개선 명령의 이

행 보고는 별지 제13호서식에 따른다.

② 영 제22조제2항에 따른 대기오염도 검사기관은 다음 각 호와 같다.

〈개정 2010. 12. 31., 2014. 2. 6., 2019. 7. 16.〉

1. 국립환경과학원

2. 특별시·광역시·특별자치시·도·특별자치도(이하 "시·도"라 한다)의 보건환경연구원

3. 유역환경청, 지방환경청 또는 수도권대기환경청

4. 한국환경공단

5. 「국가표준기본법」 제23조에 따른 인정을 받은 시험·검사기관 중 환경부장관이 정하여 고시하는 기관

제41조(조업시간의 제한 등)

유역환경청장, 지방환경청장, 수도권대기환경청장 또는 시·도지사는 대기오염이 주민의 건강이나 환경에 급박한 피해를 준다고 인정하면 법 제34조제2항에 따라 대기오염물질 등의 배출로 예상되는 위해 와 피해의 정도에 따라 사용연료의 대체, 조업시간의 제한 또는 변경, 조업의 일부 또는 전부의 정지를 명하되, 위해 나 피해를 가장 크게 주는 배출시설부터 조치해야 한다.

〈개정 2019. 7. 16.〉

제42조(대기오염물질 발생량 산정방법)

① 법 제25조에 따른 대기오염물질 발생량은 예비용 시설을 제외한 사업장의 모 든 배출시설별 대기오염물질 발생량을 더하여 산정하되, 배출시설별 대기오염물질 발생량의 산정방법은 다음과 같 다. 배출시설의 시간당 대기오염물질 발생량 × 일일조업시간 × 연간가동일수

〈개정 2013. 2. 1.〉

② 유역환경청장, 지방환경청장, 수도권대기환경청장 또는 시·도지사는 사업장에 대한 지도점검 결과 사업장의 대 기오염물질 발생량이 변경되어 해당사업장의 구분(영 별표 1의3에 따른 제1종부터 제5종까지의 사업장 구분을 말 한다)을 변경해야 하는 경우에는 사업자에게 그 사실을 통보해야 한다. 〈개정 2017. 12. 28., 2019. 7. 16.〉

③ 제2항에 따라 통보를 받은 사업자는 통보일부터 7일 이내에 제27조에 따른 변경신고를 하여야 한다.

제43조(배출시설의 시간당 대기오염물질 발생량)

제42조제1항에 따른 배출시설의 시간당 대기오염물질 발생량은 별표 10에서 정한 방법으로 산

정한다.

제44조(일일조업시간 및 연간가동일수)

제42조제1항에 따른 일일조업시간 또는 연간가동일수는 각각 24시간과 365일 을 기준으로 산정한다. 다만, 난방용 보일러 등 일정 시간 또는 일정 기간만 가동한다고 유역환경청장, 지방환경청장, 수도권대기환경청장 또는 시·도지사가 인정하는 시설은 다음 각 호의 구분에 따라 산정한다. 〈개정 2019. 7. 16.〉

1. 이미 설치되어 사용 중인 배출시설의 경우에는 다음 각 목의 기준

   가. 전년도의 일일평균조업시간을 일일조업시간으로 봄

   나. 전년도의 연간가동일수를 그 해의 연간가동일수로 봄

2. 새로 설치되는 배출시설의 경우에는 배출시설 및 방지시설 설치명세서에 기재된 일일조업예정시간 또는 연간가 동예정일을 각각 일일조업시간 또는 연간가동일수로 봄

제45조(기본부과금 산정을 위한 자료 제출 등)

영 제29조제1항에 따른 확정배출량에 관한 자료를 제출하려는 자는 별 지 제14호서식의 확정배출량 명세서에 다음 각 호에 따른 서류를 첨부하여 유역환경청장, 지방환경청장, 수도권대기 환경청장 또는 시·도지사에게 제출해야 한다. 다만, 제36조제1항 본문에 따라 같은 항 각 호의 사항을 전산에 의한 방법으로 기록·보존하는 경우에는 제3호 및 제4호의 서류는 제출하지 않을 수 있다. 〈개정 2016. 6. 2., 2019. 7. 16.〉

1. 황 함유분석표 사본(황 함유량이 적용되는 배출계수를 이용하는 경우에만 제출하며, 해당 부과기간 동안의 분석 표만 제출한다)

2. 연료사용량 또는 생산일지 등 배출계수별 단위사용량을 확인할 수 있는 서류 사본(배출계수를 이용하는 경우에 만 제출한다)

3. 조업일지 등 조업일수를 확인할 수 있는 서류 사본(자가측정 결과를 이용하는 경우에만 제출한다)

4. 배출구별 자가측정한 기록 사본(자가측정 결과를 이용하는 경우에만 제출한다)

제46조(대기오염물질 배출계수)

영 별표 9 제1호에서 "환경부령으로 정하는 대기오염물질 배출계수"란 별표 10 제1호 에 따른 대기오염물질 배출계수를 말한다.

[전문개정 2018. 12. 31.]

제47조(배출부과금 부과면제절차 등)

① 영 제32조제1항 및 제2항에 따른 배출부과금 부과면제대상 연료를 사용하여 배출시설을 운영하는 사업자가 배출부과금의 부과를 면제받으려는 경우에는 별지 제15호서식의 배출부과금 부과면 제대상 연료 사용명세서에 다음 각 호의 서류를 첨부하여 유역환경청장, 지방환경청장, 수도권대기환경청장 또는 시·도지사에게 제출해야 한다. 〈개정 2019. 7. 16.〉

1. 연료구매계약서 사본(같은 사업장에서 발생되는 연료를 직접 사용하려는 경우에는 이를 증명할 수 있는 서류로 갈음한다)

2. 연료사용대상 시설 및 시설용량에 관한 설명서

3. 해당 부과기간의 연료사용량을 확인할 수 있는 서류 사본

② 영 제32조제3항에 따른 배출부과금 부과면제대상 최적방지시설을 설치·운영하는 사업자가 배출부과금의 부과 를 면제받으려는 경우에는 별지 제15호서식의 배출부과금 부과면제대상 최적방지시설 설치명세서에 최적방지시설 임을 증명할 수 있는 자료를 첨부하여 유역환경청장, 지방환경청장, 수도권대기환경청장 또는 시·도지사에게 제출 해야 한다.

〈개정 2019. 7. 16.〉

③ 법 제35조의2제2항에 따라 배출부과금을 감면하는 경우에는 다음 각 호의 구분에 따라 영 제23조제1항에 따른 기본부과금을 감면한다. 〈개정 2020. 4. 3.〉

1. 영 제32조제5항제1호의 경우: 면제

2. 영 제32조제5항제2호의 경우: 영 제23조제1항에 따른 기본부과금에 영 제32조제5항제2호에 따른 협약(이하 "자 발적 협약"이라 한다) 이행에 따른 대기오염물질별 감축률을 곱한 금액을 경감

④ 영 제32조제5항제2호에 따른 배출시설을 운영하는 사업자가 배출부과금을 감면받으려는 경우에는 별지 제15호 서식의 배출부과금 경감 대상 사업장 명세서에 다음 각 호의 서류를 첨부하여 유역환경청장, 지방환경청장, 수도권 대기환경청장 또는 시·도지사에게 제출해야 한다. 〈신설 2020. 4. 3.〉

1. 자발적 협약서 사본

2. 자발적 협약 이행계획서 및 부과기간 동안의 대기오염물질 감축실적서(대기오염물질 감축 내용을 증명할 수 있 는 서류를 포함한다)

⑤ 유역환경청장, 지방환경청장, 수도권대기환경청장 또는 시·도지사는 제1항, 제2항 및 제4항에 따른 제출 서류 를 접수한 경우에는 이를 확인하고, 배출부과금 감면여부 및 감면기간을 알려야 한다. 〈개정 2019. 7. 16., 2020. 4. 3.〉

제48조(배출부과금 납부통지서 등)

① 영 제33조에 따른 배출부과금 납부통지서는 별지 제16호서식에 따르되, 별지 제 17호서식의 배출부과금 산정명세서를 첨부하여야 한다.

② 영 제34조에 따라 이미 납부된 부과금에 부족액이 있을 경우에 발급하는 조정부과 통지서와 과다납부금이 있을 경우에 발급하는 환급통지서는 별지 제18호서식에 따른다.

③ 영 제35조제1항에 따른 조정신청서는 별지 제19호서식에 따른다.

제49조(개선완료일)

영 제34조제2항에서 "환경부령으로 정하는 개선완료일"이란 제39조제2항에 따른 개선완료 보고서 를 제출한 날을 말한다.

제50조(배출부과금의 징수유예신청서 및 분납신청서)

영 제36조제1항에 따른 배출부과금의 징수유예신청서 및 분납신 청서는 별지 제20호서식에 따른다.　　　　　　　　　　　　　　　　　　　　　〈개정 2013. 2. 1.〉

제51조삭제 〈2021. 6. 30.〉

제51조의2(비산배출시설의 설치 · 운영신고 및 변경신고 등)

① 법 제38조의2제1항에 따라 비산배출하는 배출시설(이 하 "비산배출시설"이라 한다)을 설치 · 운영하려는 자는 별지 제20호의2서식의 비산배출시설 설치 · 운영 신고서에 다음 각 호의 서류를 첨부하여 유역환경청장, 지방환경청장 또는 수도권대기환경청장에게 제출하여야 한다.　　　　　　　　　　　　　　　　　　　　　　　　　　　〈개정 2017. 1. 26.〉

1. 제품생산 공정도 및 비산배출시설 설치명세서

2. 비산배출시설별 관리대상물질 명세서

3. 비산배출시설 관리계획서

4. 별표 10의2 제1호가목3)에 따른 시설관리기준 적용 제외 시설의 목록

② 제1항에 따른 신고서를 제출받은 담당 공무원은 「전자정부법」 제36조제1항에 따른 행정 정보의 공동이용을 통 하여 「산업집적활성화 및 공장설립에 관한 법률 시행규칙」 제12조의3제3항에 따른 공장등록증명서를 확인해야 한 다. 다만, 신청인이 확인에 동의하지 않는 경우에는 그 서류를 제출하도록 해야 한다.　　　　　　　　　　　〈신설 2021. 10. 14.〉

③ 제1항에 따른 신고를 받은 유역환경청장, 지방환경청장 또는 수도권대기환경청장은 별지 제

20호의3서식의 비산 배출시설 설치 · 운영 신고증명서를 신고인에게 발급하여야 한다.

〈개정 2017. 1. 26., 2021. 10. 14.〉

④ 법 제38조의2제2항에서 "환경부령으로 정하는 사항"이란 다음 각 호의 경우를 말한다.

〈개정 2017. 1. 26., 2021. 10. 14.〉

1. 사업장의 명칭 또는 대표자를 변경하는 경우

2. 설치 · 운영 신고를 한 비산배출시설의 규모(별표 10의2 제3호에 따른 배출시설별 분류가 동일한 비산배출시설의 시설 용량의 합계 또는 시설 개수의 누계를 말한다)를 10퍼센트 이상 변경하려는 경우

3. 비산배출시설 관리계획을 변경하는 경우

4. 오기(誤記), 누락 또는 그 밖에 이에 준하는 사유로서 그 변경 사유가 분명한 경우

5. 비산배출시설을 임대하는 경우

⑤ 법 제38조의2제2항에 따른 변경신고를 하려는 자는 신고 사유가 제4항제1호 또는 제5호에 해당하는 경우에는 그 사유가 발생한 날부터 30일 이내에, 같은 항 제2호 또는 제3호에 해당하는 경우에는 변경 전에, 같은 항 제4호에 해당하는 경우에는 그 사유를 안 날부터 30일 이내에 별지 제20호의4서식의 비산배출시설 설치 · 운영 변경신고서 에 변경내용을 증명하는 서류와 별지 제20호의3서식의 비산배출시설 설치 · 운영 신고증명서를 첨부하여 유역환경청장, 지방환경청장 또는 수도권대기환경청장에게 제출해야 한다.

〈개정 2017. 1. 26., 2019. 7. 16., 2020. 4. 3., 2021. 10. 14.〉

⑥ 유역환경청장, 지방환경청장 또는 수도권대기환경청장은 제5항에 따른 변경신고를 받은 경우에는 비산배출시설 설치 · 운영 신고증명서에 변경신고사항을 적어 신고인에게 발급해야 한다.

〈개정 2017. 1. 26., 2021. 10. 14.〉

[본조신설 2015. 7. 21.]

[종전 제51조의2는 제51조의3으로 이동 〈2015. 7. 21.〉]

제51조의3(비산배출저감을 위한 시설관리기준)

① 법 제38조의2제1항에서 "환경부령으로 정하는 배출구"란 영 제17조 제1항제2호의 굴뚝 자동 측정기기를 부착한 굴뚝을 말한다.

〈개정 2015. 7. 21.〉

② 법 제38조의2제5항에 따른 시설관리기준은 별표 10의2와 같다.

〈개정 2015. 7. 21., 2019. 7. 16.〉

③ 법 제38조의2제7항에 따른 정기점검의 내용, 주기 및 방법은 별표 10의3과 같다.

〈개정 2015. 7. 21., 2019. 7. 16.〉

④ 정기점검에 드는 비용은 정기점검 대상 사업장의 종류·규모 등을 고려하여 환경부장관이 정하여 고시한다. 〈개정 2015. 7. 21.〉

⑤ 법 제38조의2제1항 또는 제2항에 따른 신고 또는 변경신고를 한 자는 같은 조 제6항에 따른 정기점검 결과에 따 라 개선조치가 필요하다고 인정되는 경우에는 개선계획을 수립하여 유역환경청장, 지방환경청장 또는 수도권대기 환경청장에게 제출하고 해당 시설을 개선하여야 한다. 〈개정 2015. 7. 21., 2017. 1. 26., 2019. 7. 16.〉

[본조신설 2013. 5. 24.]

[제51조의2에서 이동 〈2015. 7. 21.〉]

제52조(자가측정의 대상 및 방법 등)

① 법 제39조제1항에 따라 사업자가 기록하고 보존하여야 하는 자가측정에 관한 기록은 영 별표 1의3에 따른 1종·2종·3종사업장의 경우에는 제36조제1항에 따른 전산에 의한 방법에 따르고, 4종 ·5종사업장의 경우에는 별지 제7호서식 또는 제36조제2항 단서에 따른 전산에 의한 방법에 따른다. 〈개정 2010. 12. 31., 2017. 12. 28.〉

② 제1항에 따른 자가측정 시 사용한 여과지 및 시료채취기록지의 보존기간은 「환경분야 시험·검사 등에 관한 법 률」 제6조제1항제1호에 따른 환경오염공정시험기준에 따라 측정한 날부터 6개월로 한다. 〈개정 2011. 8. 19.〉

③ 사업자는 법 제39조제3항에 따라 같은 조 제1항에 따른 측정결과를 다음 각 호의 구분에 따라 별지 제21호서식 의 반기별 자가측정 결과보고서에 배출구별 자가측정 기록 사본을 첨부하여 유역환경청장, 지방환경청장, 수도권대 기환경청장 또는 시·도지사에게 제출해야 한다. 다만, 제36조제1항 및 제2항에 따른 전산에 의한 방법으로 기록· 보존하는 경우에는 제출하지 않을 수 있다. 〈신설 2020. 5. 27.〉

1. 상반기 측정결과: 7월 31일까지 2. 하반기 측정결과: 다음 해 1월 31일까지

④ 사업자는 제3항에 따른 측정 결과의 제출을 「환경분야 시험·검사 등에 관한 법률」 제16조에 따른 측정대행업 자에게 대행하게 할 수 있다. 〈신설 2021. 6. 30.〉

⑤ 법 제39조제4항에 따른 자가측정의 대상·항목 및 방법은 별표 11과 같다. 〈개정 2020. 5. 27., 2021. 6. 30.〉

제53조삭제 〈2013. 2. 1.〉

제54조(환경기술인의 준수사항 및 관리사항)

① 법 제40조제2항에 따른 환경기술인의 준수사항은 다음 각 호와 같다. 〈개정 2012. 6. 15.〉

1. 배출시설 및 방지시설을 정상가동하여 대기오염물질 등의 배출이 배출허용기준에 맞도록 할 것

2. 제36조에 따른 배출시설 및 방지시설의 운영기록을 사실에 기초하여 작성할 것

3. 자가측정은 정확히 할 것(법 제39조에 따라 자가측정을 대행하는 경우에도 또한 같다)

4. 자가측정한 결과를 사실대로 기록할 것(법 제39조에 따라 자가측정을 대행하는 경우에도 또한 같다)

5. 자가측정 시에 사용한 여과지는 「환경분야 시험·검사 등에 관한 법률」 제6조제1항제1호에 따른 환경오염공정 시험기준에 따라 기록한 시료채취기록지와 함께 날짜별로 보관·관리할 것(법 제39조에 따라 자가측정을 대행한 경우에도 또한 같다)

6. 환경기술인은 사업장에 상근할 것. 다만, 「기업활동 규제완화에 관한 특별조치법」 제37조에 따라 환경기술인을 공동으로 임명한 경우 그 환경기술인은 해당 사업장에 번갈아 근무하여야 한다.

② 법 제40조제3항에 따른 환경기술인의 관리사항은 다음 각 호와 같다. 〈개정 2019. 7. 16.〉

1. 배출시설 및 방지시설의 관리 및 개선에 관한 사항

2. 배출시설 및 방지시설의 운영에 관한 기록부의 기록·보존에 관한 사항

3. 자가측정 및 자가측정한 결과의 기록·보존에 관한 사항

4. 그 밖에 환경오염 방지를 위하여 유역환경청장, 지방환경청장, 수도권대기환경청장 또는 시·도지사가 지시하는 사항

제3장 생활환경상의 대기오염물질 배출 규제

제55조(저황유 외 연료사용 시 제출서류)

법 제41조제3항 단서에 해당하는 경우에 법 제23조제4항에 따라 시·도지사 에게 제출하여야 하는 서류는 다음 각 호와 같다. 다만, 배출시설의 설치허가, 변경허가, 설치신고 또는 변경신고 시 제출하여야 하는 서류와 동일한 서류는 제외한다.

1. 사용연료량 및 성분분석서

2. 연료사용시설 및 방지시설의 설치명세서

3. 저황유 외의 연료를 사용할 때의 황산화물 배출농도 및 배출량 등을 예측한 명세서

제55조의2(정제연료유)

영 별표 10의2 제2호나목 비고란에서 "환경부령으로 정하는 정제연료유"란 「폐기물관리법 시행규칙」 별표 5의 열분해방법 또는 감압증류(減壓蒸溜)방법으로 재생처리한 정제연료유를 말한다.

[본조신설 2010. 12. 31.]

제56조(고체연료 사용승인)

① 고체연료 사용의 승인을 받으려는 자는 영 제42조제3항에 따라 별지제22호서식의 고체 연료사용승인신청서에 다음 각 호의 서류를 첨부하여 시·도지사에게 제출(「정보통신망 이용촉진 및 정보보호 등에 관한 법률」 제2조제1항제1호에 따른 정보통신망을 이용한 제출을 포함한다)하여야 한다.　　　　　　　　　　　　　　　　　　　　　〈개정 2014. 2. 6.〉

1. 굴뚝 자동측정기기의 설치계획서

2. 별표 12에 따른 고체연료 사용시설의 설치기준에 맞는 시설 설치계획서

3. 해당 시설에서 배출되는 대기오염물질이 배출허용기준 이하로 배출된다는 것을 증명할 수 있는 객관적인 문헌이 나 시험분석자료

② 법 제42조 단서에 해당하는 경우에 법 제23조제4항에 따라 제출하는 서류는 제1항 각 호와 같다. 다만, 배출시설 의 설치허가, 변경허가, 설치신고 또는 변경신고 시 제출하여야 하는 서류와 동일한 서류는 제외한다.

③ 시·도지사는 법 제42조 단서에 따른 승인을 한 경우에는 별지 제23호서식의 고체연료 사용승인서를 신청인에 게 발급하여야 한다.

제57조(비산먼지 발생사업)

영 제44조에서 "환경부령으로 정하는 사업"이란 별표 13의 사업을 말한다.

제58조(비산먼지 발생사업의 신고 등)

① 법 제43조제1항에 따라 비산먼지 발생사업(시멘트·석탄·토사·사료·곡물·고철의 운송업은 제외한다)을 하려는 자(영 제44조제5호에 따른 건설업을 도급에 의하여 시행하는 경우에는 발주 자로부터 최초로 공사를 도급받은 자를 말한다)는 별지 제24호서식의 비산먼지 발생사업 신고서를 사업 시행 전(건 설공사의 경우에는 착공 전)에 특별자치시장·특별자치도지사·시장·군수·구청장(자치구의 구청장을 말하며, 이 하 "시장·군수·구청장"이라 한다)에게 제출하여야 하며, 신고한 사항을 변경하려는 경우에는 별지 제24호서식의 비산먼

지 발생사업 변경신고서를 변경 전(제2항제1호의 경우에는 이를 변경한 날부터 30일이내, 같은 항 제5호의 경우에는 제8항에 따라 발급받은 비산먼지 발생사업 등 신고증명서에 기재된 설치기간 또는 공사기간의 종료일까지)에 시장ㆍ군수ㆍ구청장에게 제출하여야 한다. 다만, 신고대상 사업이 「건축법」 제16조에 따른 착공신고대상사업인 경우에는 그 공사의 착공 전에 별지 제24호서식의 비산먼지 발생사업 신고서 또는 비산먼지 발생사업 변경신고서와 「폐기물관리법 시행규칙」 제18조제2항에 따른 사업장폐기물배출자 신고서를 함께 제출할 수 있다. 〈개정 2008. 4. 17., 2013. 5. 24., 2015. 12. 31., 2017. 12. 28.〉

② 법 제43조제1항 후단에 따라 변경신고를 해야 하는 경우는 다음 각 호와 같다.
〈개정 2019. 7. 16., 2021. 6. 30.〉

1. 사업장의 명칭 또는 대표자를 변경하는 경우

2. 비산먼지 배출공정을 변경하는 경우

3. 다음 각 목에 해당하는 사업 또는 공사의 규모를 늘리거나 그 종류를 추가하는 경우

　　가. 별표 13 제1호가목 중 시멘트제조업(석회석의 채광ㆍ채취 공정이 포함되는 경우만 해당한다)

　　나. 별표 13 제5호가목부터 바목까지에 해당하는 공사로서 사업의 규모가 신고대상사업 최소 규모의 10배 이상 인 공사

3의2. 제3호 각 목 외의 사업으로서 사업의 규모를 10퍼센트 이상 늘리거나 그 종류를 추가하는 경우

4. 비산먼지 발생억제시설 또는 조치사항을 변경하는 경우

5. 공사기간을 연장하는 경우(건설공사의 경우에만 해당한다)

③ 법 제43조제2항에 따라 신고 또는 변경신고를 받은 시장ㆍ군수ㆍ구청장은 다른 사업구역을 관할하는 시장ㆍ군수ㆍ구청장에게 신고내용을 알려야 한다. 〈개정 2021. 6. 30.〉

④ 법 제43조제1항에 따른 비산먼지의 발생을 억제하기 위한 시설의 설치 및 필요한 조치에 관한 기준은 별표 14와 같다.

⑤ 시장ㆍ군수ㆍ구청장은 다음 각 호의 비산먼지 발생사업자로서 별표 14의 기준을 준수하여도 주민의 건강ㆍ재산 이나 동식물의 생육에 상당한 위해를 가져올 우려가 있다고 인정하는 사업자에게는 제4항에도 불구하고 별표 15의 기준을 전부 또는 일부 적용할 수 있다.
〈개정 2013. 5. 24.〉

1. 시멘트 제조업자

2. 콘크리트제품 제조업자

3. 석탄제품 제조업자

4. 건축물 축조공사자

5. 토목공사자

⑥ 시장·군수·구청장은 법 제43조제1항에 따라 비산먼지의 발생을 억제하기 위한 시설을 설치하거나 필요한 조치를 할 때에 사업자가 설치기술이나 공법 또는 다른 법령의 시설 설치 제한규정 등으로 인하여 제4항의 기준을 준수하는 것이 특히 곤란하다고 인정되는 경우에는 신청에 따라 그 기준에 맞는 다른 시설의 설치 및 조치를 하게 할 수 있다.

〈개정 2013. 5. 24.〉

⑦ 제6항에 따른 신청을 하려는 사업자는 별지 제25호서식의 비산먼지 시설기준 변경신청서에 제4항의 기준에 맞는 다른 시설의 설치 및 조치의 내용에 관한 서류를 첨부하여 시장·군수·구청장에게 제출하여야 한다.

〈개정 2013. 5. 24.〉

⑧ 제1항에 따른 신고를 받은 시장·군수·구청장은 별지 제26호서식의 신고증명서를 신고인에게 발급하여야 한다.

〈개정 2013. 5. 24.〉

제59조(휘발성유기화합물 배출규제 추가지역의 지정기준)

① 법 제44조제1항제3호에 따른 휘발성유기화합물 배출규제 추가지역의 지정에 필요한 세부적인 기준은 다음 각 호와 같다.

1. 인구 50만 이상 도시 중 법 제3조에 따른 상시 측정 결과 오존 오염도(이하 "오존 오염도"라 한다)가 환경기준을 초과하는 지역

2. 그 밖에 오존 오염도가 환경기준을 초과하고 휘발성유기화합물 배출량 관리가 필요하다고 환경부장관이 인정하는 지역

② 제1항에서 규정한 사항 외에 지정 기준 및 절차에 관한 사항은 환경부장관이 정하여 고시한다.

[본조신설 2015. 7. 21.]

[종전 제59조는 제59조의2로 이동 〈2015. 7. 21.〉]

제59조의2(휘발성유기화합물 배출시설의 신고 등)

① 법 제44조제1항에 따라 휘발성유기화합물을 배출하는 시설을 설치하려는 자는 별지 제27호서식의 휘발성유기화합물 배출시설 설치신고서에 휘발성유기화합물 배출시설 설치명세서와 배출 억제·방지시설 설치명세서를 첨부하여 시설 설치일 10일 전까지 시·도지사 또는 대도시 시장에게 제출하여야 한다. 다만, 휘발성유기화합물을 배출하는 시설이 영 제11조에 따른 설치허가 또는 설치신고의 대상이 되는 배출시설에 해당되는 경우에는 제25조에 따른

배출시설 설치허가신청서 또는 배출시설 설치신고서의 제출로 갈음 할 수 있다.

〈개정 2013. 5. 24.〉

② 제1항에 따른 신고를 받은 시 · 도지사 또는 대도시 시장은 별지 제28호서식의 신고증명서를 신고인에게 발급하 여야 한다.　　　　　　　　　　　　　　　　　〈개정 2013. 5. 24.〉

[제59조에서 이동 〈2015. 7. 21.〉]

제60조(휘발성유기화합물 배출시설의 변경신고)

① 법 제44조제2항에 따라 변경신고를 하여야 하는 경우는 다음 각 호 와 같다.

　1. 사업장의 명칭 또는 대표자를 변경하는 경우

　2. 설치신고를 한 배출시설 규모의 합계 또는 누계보다 100분의 50 이상 증설하는 경우

　3. 휘발성유기화합물의 배출 억제 · 방지시설을 변경하는 경우

　4. 휘발성유기화합물 배출시설을 폐쇄하는 경우

　5. 휘발성유기화합물 배출시설 또는 배출 억제 · 방지시설을 임대하는 경우

② 제1항에 따라 변경신고를 하려는 자는 신고 사유가 제1항제1호, 제4호(영 제45조제1항제3호의 시설을 폐쇄하는 경우로 한정한다) 또는 제5호에 해당하는 경우에는 그 사유가 발생한 날부터 30일 이내에, 같은 항 제2호부터 제 4호(영 제45조제1항제3호의 시설을 폐쇄하는 경우는 제외한다)까지에 해당하는 경우에는 변경 전에 별지 제29호서 식의 휘발성유기화합물 배출시설 변경신고서에 변경내용을 증명하는 서류와 휘발성유기화합물 배출시설 설치신고 증명서를 첨부하여 시 · 도지사 또는 대도시 시장에게 제출해야 한다. 다만, 제59조의2제1항 단서에 따라 휘발성유기 기화합물 배출시설 설치신고서의 제출을 제25조에 따른 배출시설 설치허가신청서 또는 배출시설 설치신고서의 제 출로 갈음한 경우에는 제26조에 따른 배출시설 변경허가신청서 또는 제27조에 따른 배출시설 변경신고서의 제출로 갈음할 수 있다.

〈개정 2013. 5. 24., 2015. 7. 21., 2021. 6. 30.〉

③ 시 · 도지사 또는 대도시 시장은 제2항에 따른 변경신고를 접수한 경우에는 휘발성유기화합물배출시설 설치신고 증명서의 뒤 쪽에 변경신고사항을 적어 발급하여야 한다.

〈개정 2013. 5. 24.〉

제61조(휘발성유기화합물 배출 억제 · 방지시설 설치의 기준 등)

　법 제44조제5항 및 제13항에 따른 휘발성유기화합물 의 배출 억제 · 방지시설의 설치 및 검사 · 측정결과의 기록 · 보존에 관한 기준 등은 별표 16과 같다.

〈개정 2013. 5. 24., 2019. 7. 16., 2021. 10. 14.〉

제61조의2(도료의 휘발성유기화합물함유기준)

법 제44조의2제1항에 따른 도료(塗料)에 대한 휘발성유기화합물의 함유 기준은 별표 16의2와 같다.

[본조신설 2013. 5. 24.] [제목개정 2021. 6. 30.]

제61조의3(도료의 휘발성유기화합물함유기준 초과 시 조치명령 등)

영 제45조의2제2항 및 제3항에 따른 이행완료보고 서는 별지 제29호의2서식에 따른다.

[본조신설 2015. 7. 21.]

[종전 제61조의3은 제61조의4로 이동 〈2015. 7. 21.〉]

제61조의4(휘발성유기화합물 배출 억제 · 방지시설의 검사 등)

① 법 제45조의3제1항에서 "환경부령으로 정하는 검사 기관"이란 다음 각 호의 어느 하나에 해당하는 기관을 말한다.

1. 한국환경공단
2. 법 제45조의3제1항에 따른 검사를 실시할 능력이 있다고 환경부장관이 정하여 고시하는 기관

② 법 제45조의3제1항에 따른 검사는 휘발성유기화합물의 배출 억제 · 방지시설의 회수 효율 및 누설 여부 등을 검 사하고, 검사방법은 전수(全數) 또는 표본추출의 방법으로 한다.

③ 법 제45조의3제3항에 따른 검사대상시설은 주유소의 저장시설 및 주유시설에 설치하는 휘발성유기화합물의 배 출 억제 · 방지시설로 한다.

④ 법 제45조의3제3항에 따른 검사기준은 다음 각 호와 같다. 1. 별표 16 제3호에 따른 주유소의 휘발성유기화합물 배출 억제 · 방지시설 설치에 관한 기준을 준수할 것 2. 그 밖에 휘발성유기화합물의 배출을 억제 · 방지하기 위하여 환경부장관이 정하여 고시한 기준을 준수할 것

⑤ 제1항에 따른 검사기관의 장은 분기별 검사실적을 별지 제29호의3서식에 작성하여 매분기 마지막 날을 기준으 로 다음달 20일까지 환경부장관에게 제출하여야 하고, 별지 제29호의3서식에 따른 검사실적 보고서의 부본(副本) 및 그 밖에 검사와 관련된 서류를 작성일부터 5년간 보관하여야 한다. 〈개정 2015. 7. 21.〉

⑥ 그 밖에 검사업무에 필요한 세부적인 사항은 환경부장관이 정하여 고시한다.

[본조신설 2014. 2. 6.]

[제61조의3에서 이동 〈2015. 7. 21.〉]

제4장 자동차 · 선박 등의 배출가스 규제

제62조(제작차 배출허용기준)

법 제46조 및 영 제46조에 따라 자동차(원동기를 포함한다. 이하 이 조, 제63조부터 제 67조까지, 제67조의2, 제67조의3, 제68조부터 제70조까지, 제70조의2, 제71조, 제71조의2, 제71조의3, 제72조부터 제77조까지에서 같다)를 제작(수입을 포함한다. 이하 같다)하려는 자(이하 "자동차제작자"라 한다)가 그 자동차(이하 "제작차"라 한다)를 제작할 때 지켜야 하는 배출가스 종류별 제작차 배출허용기준은 별표 17과 같다.

[전문개정 2012. 10. 26.]

제63조(배출가스 보증기간)

법 제46조제3항에 따른 배출가스 보증기간(이하 "보증기간"이라 한다)은 별표 18과 같다.

제64조(인증의 신청)

① 법 제48조제1항에 따라 인증을 받으려는 자는 별지 제30호서식의 인증신청서에 다음 각 호의 서류를 첨부하여 환경부장관(수입자동차인 경우에는 국립환경과학원장을 말한다)에게 제출하여야 한다.

1. 자동차 원동기의 배출가스 감지 · 저감장치 등의 구성에 관한 서류

2. 자동차의 연료효율에 관련되는 장치 등의 구성에 관한 서류

3. 인증에 필요한 세부계획에 관한 서류

4. 자동차배출가스 시험결과 보고에 관한 서류

5. 자동차배출가스 보증에 관한 제작자의 확인서나 제작자와 수입자 간의 계약서

6. 제작차배출허용기준에 관한 사항

7. 배출가스 자기진단장치의 구성에 관한 서류(환경부장관이 정하여 고시하는 자동차에만 첨부한다)

② 법 제48조제1항 단서에 따라 인증을 생략 받으려는 자는 별지 제30호서식의 인증생략신청서에 다음 각 호의 서 류를 첨부하여 한국환경공단에 제출하여야 한다. 〈개정 2010. 12. 31.〉

1. 원동기의 인증에 관한 제작자의 확인서나 자동차배출가스 보증에 관한 제작자와 수입자 간의 계약서(영 제47조 제2항제6호에 해당하는 경우에만 첨부한다)

2. 인증의 생략대상 자동차임을 확인할 수 있는 관계 서류

③ 외국의 제작자가 아닌 자로부터 자동차를 수입하는 자동차수입자는 제1항제5호 및 제2항제

1호의 서류를 갈음하 여 환경부장관이 고시하는 서류를 제출할 수 있다.

④ 법 제48조제1항에 따라 인증을 받으려는 자가 갖추어야 할 서류의 작성방법이나 그 밖에 필요한 사항은 환경부 장관이 정하여 고시한다.

제65조(인증의 방법 등)

① 환경부장관이나 국립환경과학원장은 법 제48조제1항 또는 제2항에 따른 인증 또는 변경인증을 하는 경우에는 다음 각 호의 사항을 검토하여야 한다. 이 경우 구체적인 인증의 방법은 환경부장관이 정하여 고 시한다.

1. 배출가스 관련부품의 구조ㆍ성능ㆍ내구성 등에 관한 기술적 타당성

2. 제작차 배출허용기준에 적합한지에 관한 인증시험의 결과

3. 출력ㆍ적재중량ㆍ동력전달장치ㆍ운행여건 등 자동차의 특성으로 인한 배출가스가 환경에 미치는 영향

② 제1항제2호에 따른 인증시험은 다음 각 호의 시험으로 한다.

1. 제작차 배출허용기준에 적합한 지를 확인하는 배출가스시험

2. 보증기간 동안 배출가스의 변화정도를 검사하는 내구성시험. 다만, 환경부장관이 정하는 열화계수를 적용하여 실 시하는 시험 또는 환경부장관이 정하는 배출가스 관련부품의 강제열화 방식을 활용한 시험으로 갈음할 수 있다.

3. 배출가스 자기진단장치의 정상작동 여부를 확인하는 시험(환경부장관이 정하여 고시하는 자동차만 해당한다)

③ 제2항에 따른 인증시험은 자동차제작자(수입의 경우 외국의 제작자 또는 수입자를 포함한다. 이하 같다)가 자체 인력 및 장비를 갖추어 환경부장관이 고시하는 인증시험의 방법 및 절차에 따라 실시한다. 다만, 환경부장관이 고시 하는 경우에는 한국환경공단 또는 환경부장관이 지정하는 시험기관(이하 이 조에서 "시험기관"이라 한다)이 인증 시험을 실시하거나 참관하여 실시한다. 〈개정 2010. 12. 31., 2019. 12. 20.〉

④ 제3항에 따라 인증시험을 실시한 자동차제작자 등은 지체 없이 그 시험의 결과를 환경부장관(수입자동차의 경우 에는 국립환경과학원장을 말한다)에게 보고하여야 한다.

⑤ 시험기관에 인증시험을 신청한 인증신청자는 인증시험의 수수료를 부담하여야 한다.다만, 시험기관의 참여하에 인증신청자가 직접 인증시험을 실시하는 경우에는 인증시험의 수수료 중에서 시험장비의 사용에 드는 비용은 부담 하지 아니하되, 출장에 드는 경비를 부담하여야 한다. 〈개정 2009. 1. 14.〉

⑥ 제3항 단서에 따라 한국환경공단이 실시하는 인증시험의 수수료는 환경부장관의 승인을 받

아 한국환경공단이 정한다. 〈개정 2010. 12. 31., 2013. 2. 1.〉

⑦ 한국환경공단은 제6항에 따라 수수료를 정하려는 경우에는 미리 한국환경공단의 인터넷 홈
페이지에 20일(긴급 한 사유가 있는 경우에는 10일로 한다) 동안 그 내용을 게시하고 이해관
계인의 의견을 들어야 한다. 〈신설 2015. 7. 21.〉

⑧ 한국환경공단은 제6항에 따른 수수료를 정한 경우에는 그 내용과 산정내역을 한국환경공단
의 인터넷 홈페이지 를 통하여 공개하여야 한다. 〈신설 2015. 7. 21.〉

제66조(인증서의 발급 및 확인)

① 환경부장관이나 국립환경과학원장은 법 제48조제1항 본문에 따라 인증을 받은 자동 차제작
자에게 별지 제31호서식 또는 별지 제31호의2서식의 배출가스 인증서를 발급하여야 한다.
다만, 외국의 자동 차를 자동차제작자 외의 자로부터 수입하여 인증을 받은 자에게는 별지
제32호서식 또는 별지 제32호의2서식의 개 별차량용 배출가스 인증서를 발급하여야 한다.
〈개정 2009. 7. 14., 2010. 12. 31., 2012. 10. 26.〉

② 한국환경공단은 법 제48조제1항 단서에 따라 인증생략을 받은 자에게는 별지 제33호서식 또
는 별지 제33호의 2서식의 배출가스 인증생략서를 발급하여야 한다.
〈신설 2010. 12. 31., 2012. 10. 26.〉

③ 다음 각 호의 신청을 받은 행정기관의 장은 제1항 또는 제2항에 따른 인증서 또는 인증생략
서를 확인하여야 한 다. 〈개정 2012. 10. 26.〉

1. 「자동차관리법」 제8조에 따른 자동차의 신규등록 신청
2. 「자동차관리법」 제48조에 따른 이륜자동차의 사용 신고
3. 「건설기계관리법」 제3조에 따른 건설기계의 신규등록신청
4. 「농업기계화 촉진법」 제12조에 따른 농업기계의 안전장치 부착 확인 신청

제66조의2(제작차 인증 전산시스템의 구축)

국립환경과학원장은 법 제48조제1항 본문에 따른 인증업무를 전자적으로 처리하기 위하여 제
작차 배출가스 인증에 관한 전산시스템을 구축 · 운영할 수 있다.
[본조신설 2021. 6. 30.]

제67조(인증의 변경신청)

① 법 제48조제2항에서 "환경부령으로 정하는 중요한 사항"이란 다음 각 호의 어느 하나를 말
한다. 〈신설 2009. 7. 14.〉

1. 배기량

2. 캠축타이밍, 점화타이밍 및 분사타이밍

3. 차대동력계 시험차량에서 동력전달장치의 변속비·감속비, 공차 중량(10퍼센트 이상 증가하는 경우만 해당한다)

4. 촉매장치의 성분, 함량, 부착 위치 및 용량

5. 증발가스 관련 연료탱크의 재질 및 제어장치

6. 최대출력 또는 최대출력 시 회전수

7. 흡배기밸브 또는 포트의 위치 8. 환경부장관이 고시하는 배출가스 관련 부품

② 법 제48조제2항에 따라 인증받은 내용을 변경하려는 자는 별지 제34호서식의 변경인증신청서에 다음 각 호의 서류 중 관계서류를 첨부하여 환경부장관(수입자동차인 경우에는 국립환경과학원장을 말한다)에게 제출하여야 한 다. 〈개정 2009. 7. 14.〉

1. 동일 차종임을 증명할 수 있는 서류

2. 자동차 제원(諸元)명세서

3. 변경하려는 인증내용에 대한 설명서

4. 인증내용 변경 전후의 배출가스 변화에 대한 검토서

③ 제1항 각 호에 따른 사항 외의 사항을 변경하는 경우와 제1항에 따른 사항을 변경하여도 배출가스의 양이 증가 하지 아니하는 경우에는 제2항에도 불구하고 해당 변경내용을 환경부장관(수입자동차인 경우에는 국립환경과학원 장을 말한다)에게 보고하여야 한다. 이 경우 법 제48조제2항에 따른 변경인증을 받은 것으로 본다. 〈개정 2009. 7. 14.〉

④ 자동차제작자는 제작차배출허용기준이 변경되는 경우에 제작 중인 자동차에 대하여 변경되는 제작차배출허용 기준의 적용일 30일 전까지 제2항에 따라 변경인증을 신청하여야 한다. 다만, 제작 중인 자동차가 변경되는 제작차 배출허용기준 이내인 경우에는 그러하지 아니하다. 〈개정 2009. 7. 14.〉

제67조의2(인증의 표시와 표시방법)

① 법 제48조제3항에 따라 인증·변경인증을 받은 자동차제작자가 표시해야 하는 인증·변경인증의 표시는 별표 18의2와 같다.

② 제1항에 따른 표시는 해당 자동차의 원동기를 정비할 때에 잘 볼 수 있도록 원동기실 안쪽 벽에 표지판을 이용 하여 표시하고 영구적으로 사용할 수 있도록 고정해야 한다. 다만, 이륜자동차와 대형·초대형 승용·화물자동차의 경우에는 원동기에 부착할 수 있다.

[본조신설 2018. 11. 29.]

[종전 제67조의2는 제67조의3으로 이동 〈2018. 11. 29.〉]

제67조의3(인증시험대행기관의 지정)

① 법 제48조의2에 따른 인증시험대행기관(이하 "인증시험대행기관"이라 한다)으 로 지정받으려는 자는 별표 18의3에 따른 시설장비 및 기술인력을 갖추고 별지 제34호의2서식의 지정신청서에 다음 각 호의 서류를 첨부하여 환경부장관에게 제출하여야 한다. 이 경우 담당 공무원은 「전자정부법」 제36조제1항에 따 른 행정정보의 공동이용을 통하여 법인 등기사항증명서 또는 사업자등록증을 확인하여야 하며, 신청인이 사업자등 록증의 확인에 동의하지 아니하는 경우에는 이를 첨부하게 하여야 한다. 〈개정 2012. 10. 26., 2018. 11. 29., 2021. 6. 30.〉

1. 검사시설의 평면도 및 구조 개요

2. 시설장비 명세

3. 정관(법인인 경우만 해당한다)

4. 검사업무에 관한 내부 규정

5. 인증시험업무 대행에 관한 사업계획서 및 해당 연도의 수지예산서

② 환경부장관은 인증시험대행기관의 지정신청을 받으면 신청기관의 업무수행의 적정성, 연간 인증시험검사의 수 요 및 신청기관의 검사 능력 등을 고려하여 지정 여부를 결정하고, 인증시험대행기관으로 지정한 경우에는 별지 제 34호의3서식의 배출가스 인증시험대행기관 지정서를 발급하여야 한다.

[본조신설 2009. 7. 14.]

[제67조의2에서 이동, 종전 제67조의3은 제67조의4로 이동 〈2018. 11. 29.〉]

제67조의4(인증시험대행기관의 운영 및 관리)

① 법 제48조의2제2항에서 "인력ㆍ시설 등 환경부령으로 정하는 중요한 사항"이란 다음 각 호의 사항을 말한다. 〈신설 2021. 6. 30.〉

1. 기술인력

2. 시설장비

② 인증시험대행기관은 제1항 각 호의 사항을 변경한 경우에는 변경한 날부터 30일 이내에 그 내용을 환경부장관 에게 신고해야 한다. 〈개정 2021. 6. 30.〉

③ 인증시험대행기관은 별지 제34호의4서식에 따른 인증시험대장을 작성ㆍ비치하여야 하며, 매 반기 종료일부터 30일 이내에 별지 제34호의5서식에 따른 검사실적 보고서를 환경부장관에게 제출하여야 한다. 〈개정 2015. 12. 31., 2016. 12. 30., 2021. 6. 30.〉

④ 인증시험대행기관은 다음 각 호의 사항을 준수하여야 한다. 〈개정 2021. 6. 30.〉

    1. 시험결과의 원본자료와 일치하도록 인증시험대장을 작성할 것

    2. 시험결과의 원본자료와 인증시험대장을 3년 동안 보관할 것

    3. 검사업무에 관한 내부 규정을 준수할 것

⑤ 환경부장관은 인증시험대행기관에 대하여 매 반기마다 시험결과의 원본자료, 인증시험대장, 시설장비 및 기술인력의 관리상태를 확인하여야 한다. 〈개정 2021. 6. 30.〉

[본조신설 2009. 7. 14.]

[제67조의3에서 이동 〈2018. 11. 29.〉]

제68조(재검사의 신청 등)

영 제48조제2항에 따라 재검사를 신청하려는 자는 별지 제35호서식의 재검사신청서에 다음 각 호의 서류를 첨부하여 국립환경과학원장에 제출하여야 한다. 〈개정 2010. 12. 31., 2013. 5. 24.〉

    1. 재검사신청의 사유서

    2. 제작차배출허용기준 초과원인의 기술적 조사내용에 관한 서류

    3. 개선계획 및 사후관리대책에 관한 서류

제69조(제작차 배출허용기준 검사 등의 비용)

① 법 제50조제1항 및 법 제51조제1항에 따른 검사에 드는 비용은 다음 각 호의 비용으로 한다. 다만, 결함확인검사용 자동차의 선정에 필요한 인건비는 제외한다.

    1. 검사용 자동차의 선정비용

    2. 검사용 자동차의 운반비용

    3. 자동차배출가스의 시험비용

    4. 그 밖에 검사업무와 관련하여 환경부장관이 필요하다고 인정하는 비용

제70조(자동차제작자의 검사 인력 · 장비 등)

① 자동차제작자가 법 제50조제2항에 따른 검사 또는 제65조제2항에 따른 인증시험을 실시하는 경우에 갖추어야 할 인력 및 장비는 별표 19와 같다.

② 자동차제작자가 제1항에 따른 인력 및 장비를 갖추어 검사 또는 인증시험을 실시하는 경우에는 인력 및 장비의 보유 현황 및 검사결과 등을 환경부장관이 정하는 바에 따라 보고하여야 한다.

제70조의2(자동차제작자의 검사 인력 · 장비 관리 등에 대한 확인)

환경부장관은 법 제50조제3항에 따라 자동차제작자 가 법 제50조제2항에 따라 검사를 하기 위한 인력과 장비를 적정하게 관리하는지를 3년마다 확인하여야 한다. 다만, 다음 각 호의 어느 하나에 해당되는 경우로서 부득이하게 확인을 연기할 필요가 있다고 인정되는 경우에는 그 기간 을 6개월 이내에서 연기할 수 있다.

1. 외국의 제작자로부터 자동차를 수입하는 경우

2. 자동차 수급에 차질이 발생할 우려가 있는 경우

3. 그 밖에 제1호 및 제2호와 유사한 사유로 환경부장관이 기간 연장이 필요하다고 인정하는 경우

[본조신설 2012. 10. 26.]

제71조(자동차제작자의 설비 이용 등)

법 제50조제4항에 따라 자동차제작자의 설비를 이용하거나 따로 지정하는 장소 에서 검사할 수 있는 경우는 다음 각 호와 같다.

1. 국가검사장비의 미설치로 검사를 할 수 없는 경우

2. 검사업무를 수행하는 과정에서 부득이한 사유로 도로 등에서 주행시험을 할 필요가 있는 경우

3. 검사업무를 능률적으로 수행하기 위하여 또는 부득이한 사유로 환경부장관이 필요하다고 인정하는 경우

[전문개정 2013. 5. 24.]

제71조의2(평균 배출허용기준 등)

① 법 제50조의2제1항 및 제3항에 따른 평균 배출허용기준의 적용을 받는 자동차 및 자동차제작자의 범위와 평균 배출허용기준은 별표 19의2와 같다.

② 법 제50조의2제2항에 따른 전년도의 평균 배출량 달성 실적 제출은 별지 제35호의2서식에 따른다.

③ 제2항에 따라 평균 배출량 실적 보고서를 제출받은 환경부장관은 그 실적을 확인한 후 별지 제35호의3서식에 따 른 확인서를 자동차제작자에게 발급하여야 한다.

④ 법 제50조의2제3항에 따른 평균 배출량의 산정방법 등은 별표 19의3과 같다.

[본조신설 2012. 2. 3.]

제71조의3(평균 배출량의 차이분 및 초과분의 이월 및 상환 등)

① 법 제50조의3제1항에 따른 차이분은 발생 연도의 다음 해부터 5년간 그 전부를 이월하여 사용할 수 있으며, 그 이후로는 이월하여 사용할 수 없다. 〈개정 2014. 12. 30.〉

② 환경부장관은 법 제50조의3제2항에 따라 자동차제작자가 평균 배출허용기준을 초과한 경우에는 그 초과분을 다음 연도 말까지 상환하도록 명하여야 한다. 다만, 2016년부터 발생한 초과분은 그 다음 해부터 3년 이내에 상환할 수 있다. 〈개정 2014. 12. 30.〉

③ 법 제50조의3제3항에 따른 상환계획서에는 다음 각 호의 사항이 포함되어야 한다.

  1. 자동차제작자의 평균 배출량 적용대상 차종 인증현황 및 향후 개발계획

  2. 당해연도 초과분 발생사유

  3. 상환기간 내 차종별 판매계획

④ 환경부장관은 제3항에 따른 상환계획이 적절하지 아니하다고 판단될 때에는 상환계획서를 보완할 것을 요구할 수 있다.

⑤ 법 제50조의3제4항에 따른 차이분 및 초과분의 산정방법은 별표 19의3에 따른다.

[본조신설 2012. 2. 3.]

제72조(결함확인검사대상 자동차)

① 법 제51조제2항에 따른 결함확인검사의 대상이 되는 자동차는 보증기간이 정하여진 자동차로서 다음 각 호에 해당되는 자동차로 한다.

  1. 자동차제작자가 정하는 사용안내서 및 정비안내서에 따르거나 그에 준하여 사용하고 정비한 자동차

  2. 원동기의 대분해수리(무상보증수리를 포함한다)를 받지 아니한 자동차

  3. 무연휘발유만을 사용한 자동차(휘발유사용 자동차만 해당한다)

  4. 최초로 구입한 자가 계속 사용하고 있는 자동차

  5. 견인용으로 사용하지 아니한 자동차

  6. 사용상의 부주의 및 천재지변으로 인하여 배출가스 관련부품이 고장을 일으키지 아니한 자동차

  7. 그 밖에 현저하게 비정상적인 방법으로 사용되지 아니한 자동차

② 국립환경과학원장은 법 제51조에 따른 결함확인검사를 하려는 경우에는 제1항에 따른 자동차 중에서 인증(변경 인증을 포함한다)별·연식별로, 예비검사인 경우 5대의 자동차를, 본검사인 경우 10대의 자동차를 선정하여야 한다. 〈개정 2010. 12. 31., 2013. 5. 24.〉

③ 국립환경과학원장은 제2항에 따라 결함확인검사용 자동차를 선정한 경우에는 배출가스 관

련장치를 봉인하는 등 필요한 조치를 하여야 한다. 〈개정 2010. 12. 31., 2013. 5. 24.〉

④ 국립환경과학원장은 결함확인검사대상 자동차로 선정된 자동차가 제1항 각 호의 요건에 해당되지 아니하는 사 실을 검사과정에서 알게 된 경우에는 해당 자동차를 결함확인검사대상에서 제외하고, 제외된 대수만큼 결함확인검 사대상 자동차를 다시 선정하여야 한다.

〈개정 2010. 12. 31., 2013. 5. 24.〉

⑤ 제2항에 따른 결함확인검사대상 자동차 선정방법·절차 등에 관하여 그 밖에 필요한 사항은 환경부장관이 정하 여 고시한다.

제73조(결함확인검사의 방법·절차 등)

① 결함확인검사는 예비검사와 본검사로 나누어 실시하고 그 검사방법 및 절차 등에 관하여는 법 제50조제6항에 따른 제작차배출허용기준 검사의 방법과 절차 등을 준용한다. 다만, 별표 5에 따른 대형 및 초대형 승용자동차·화물자동차의 결함확인검사는 예비검사 없이 본검사만 실시하되, 제1차검사 및 제2차 검사로 구분하여 실시한다. 〈개정 2013. 5. 24., 2014. 2. 6.〉

② 국립환경과학원장은 제1항에 따른 검사를 능률적으로 수행하기 위하여 필요한 경우에는 환경부장관이 지정하는 기관의 시설이나 장소를 이용하여 검사할 수 있다. 〈신설 2013. 5. 24.〉

제74조(결함확인검사 결과의 판정방법 등)

① 환경부장관은 제73조제1항 본문에 따른 예비검사의 결과가 다음 각 호의 어느 하나에 해당하는 경우에는 제73조제1항 본문에 따른 본검사를 실시하고, 예비검사의 결과가 각 호 모두에 해당 하지 않는 경우에는 본검사를 생략한다.

1. 검사차량 5대의 항목별 배출가스를 측정한 결과 검사차량의 평균가스배출량이 항목별 제작차배출허용기준을 초 과하고, 초과한 항목과 같은 항목에서 검사차량 5대 중 2대 이상의 자동차가 제작차배출허용기준을 초과하는 경 우

2. 검사차량 5대의 항목별 배출가스를 측정한 결과 같은 항목에서 3대 이상의 자동차가 제작차배출허용기준을 초과 하는 경우

② 환경부장관은 제1항에 따른 예비검사의 결과가 같은 항 각 호의 어느 하나에 해당하는 경우에는 본검사를 실시 하기 전에 해당 자동차제작자에게 예비검사 결과를 즉시 알려야 한다.

③ 자동차제작자가 제2항에 따른 예비검사 결과 통지를 받은 날부터 15일 이내에 스스로 그 결함을 시정할 의사나 본검사에 응할 의사를 환경부장관에게 서면으로 통지하지 않는 경우에는 법 제51조제4항 본문에 따라 제작차배출 허용기준에 맞지 않는 것으로 판정된 것으로 보아 결함시정을 명해야 한다.

④ 환경부장관은 제73조제1항 본문에 따른 본검사 결과가 다음 각 호의 어느 하나에 해당하는 경우에는 해당 자동 차제작자에게 검사결과를 즉시 알려야 하며, 법 제51조제4항 본문에 따라 제작차배출허용기준에 맞지 않는 자동차 로 판정하여 결함시정을 명해야 한다.

1. 검사차량 10대의 항목별 배출가스를 측정한 결과 검사차량의 평균가스배출량이 항목별 제작차배출허용기준을 초과하고, 초과된 항목과 같은 항목에서 검사차량 10대 중 3대 이상의 자동차가 제작차배출허용기준을 초과하는 경우

2. 검사차량 10대의 항목별 배출가스를 측정한 결과 같은 항목에서 6대 이상의 자동차가 제작차배출허용기준을 초 과하는 경우

⑤ 환경부장관은 제73조제1항 단서에 따른 본검사의 제1차검사의 결과가 다음 각 호의 어느 하나에 해당하는 경우 에는 제73조제1항 단서에 따른 제2차검사를 실시하고, 제1차검사의 결과가 각 호 모두에 해당하지 않는 경우에는 제2차검사를 생략한다.

1. 검사차량 5대의 항목별 배출가스를 측정한 결과 검사차량의 평균가스배출량이 항목별 제작차배출허용기준을 초 과하고, 초과한 항목과 같은 항목에서 검사차량 5대 중 2대 이상의 자동차가 제작차배출허용기준을 초과하는 경 우

2. 검사차량 5대의 항목별 배출가스를 측정한 결과 같은 항목에서 3대 이상의 자동차가 제작차배출허용기준을 초과 하는 경우

⑥ 환경부장관은 제73조제1항 단서에 따른 본검사의 제2차검사 결과가 다음 각 호의 어느 하나에 해당하는 경우에 는 해당 자동차제작자에게 검사결과를 즉시 알려야 하며, 법 제51조제4항 본문에 따라 제작차배출허용기준에 맞지 않는 자동차로 판정하여 결함시정을 명해야 한다.

1. 검사차량 10대(제1차검사에서 검사한 5대를 포함한다)의 항목별 배출가스를 측정한 결과 검사차량의 평균가스배 출량이 항목별 제작차배출허용기준을 초과하고, 초과한 항목과 같은 항목에서 검사차량 10대 중 3대 이상의 자동 차가 제작차배출허용기준을 초과하는 경우

2. 검사차량 10대(제1차검사에서 검사한 5대를 포함한다)의 항목별 배출가스를 측정한 결과 같은 항목에서 6대 이 상의 자동차가 제작차배출허용기준을 초과하는 경우

⑦ 자동차제작자는 제4항 및 제6항에 따라 통지받은 검사결과가 제72조제1항 각 호의 요건에 해당되지 않는 자동 차를 대상으로 한 경우에는 통지받은 날부터 15일 이내에 요건에 적합한 자동차를 선정하여 다시 검사하도록 환경 부장관에게 요청할 수 있다.

[전문개정 2021. 12. 30.]

제75조(결함시정명령 등)

① 법 제51조제4항 본문, 같은 조 제6항, 제53조제3항 본문 및 같은 조 제5항에 따른 결함시정 명령은 별지 제36호서식에 따른다. 〈개정 2021. 12. 30.〉

② 자동차제작자가 법 제51조제5항 또는 법 제53조제4항에 따라 결함시정계획의 승인을 받으려는 경우에는 결함 시정명령일 또는 스스로 결함을 시정할 것을 통지한 날부터 45일 이내에 별지 제36호의2서식의 결함시정계획서에 다음 각 호의 서류를 첨부하여 환경부장관에게 제출해야 한다. 다만, 천재지변이나 그 밖의 부득이한 사유로 자동차 제작자가 그 기간 내에 결함시정계획서를 제출할 수 없다고 인정되는 경우에는 환경부장관은 45일 이내의 범위에 서 그 기간을 연장할 수 있다. 〈개정 2020. 4. 3., 2021. 12. 30.〉

1. 결함시정대상 자동차의 판매명세서
2. 결함발생원인 명세서 3. 결함발생자동차의 범위결정명세서
4. 결함개선대책 및 결함개선계획서
5. 결함시정에 드는 비용예측서
6. 결함시정대상 자동차 소유자에 대한 결함시정내용의 통지계획서

③ 환경부장관은 제2항에 따라 제출받은 결함시정계획서에 수정 또는 보완이 필요한 경우에는 그 자동차제작자에 게 수정 또는 보완을 요청할 수 있다. 〈신설 2021. 12. 30.〉

④ 제3항에 따라 수정 또는 보완의 요청을 받은 자동차제작자는 요청을 받은 날부터 45일 이내에 결함시정계획서 를 수정 또는 보완하여 환경부장관에게 제출해야 한다.

〈신설 2021. 12. 30.〉

제76조(배출가스 관련부품)

① 법 제52조제1항에서 "환경부령으로 정하는 배출가스관련부품"이란 별표 20에 따른 배출 가스 관련부품을 말한다.

② 법 제57조의2 각 호 외의 부분 본문에서 "환경부령으로 정하는 자동차의 배출가스 관련 부품"이란 별표 20에 따 른 배출가스 관련부품을 말한다.

[전문개정 2020. 4. 3.]

제76조의2(부품의 결함시정명령 기간 등)

환경부장관은 법 제52조제3항에 따라 자동차제작자에게 부품의 결함을 90일 이내에 시정하도록 명할 수 있다. 이 경우 자동차제작자는 결함시정 결과를 환경부장관에게 제출하여야 한다.

[본조신설 2016. 6. 2.]

제77조(결함시정 현황 및 부품결함 현황의 보고내용 등)

① 자동차제작자는 영 제50조제1항에 따라 다음 각 호의 사항 을 파악하여 부품의 결함시정 현황을 보고하여야 한다. 〈개정 2018. 11. 29.〉

　1. 영 제50조제1항제1호에 따른 결함시정 요구건수와 같은 항 제2호에 따른 결함시정 요구율 및 그 산정근거

　2. 부품의 결함시정 내용

　3. 결함을 시정한 부품이 부착된 자동차의 명세(자동차 명칭, 배출가스 인증번호, 사용연료) 및 판매명세

　4. 결함을 시정한 부품의 명세(부품명칭 · 부품번호)

② 자동차제작자는 법 제53조제2항 및 영 제50조의2에 따라 결함시정 현황을 보고하여야 하는 경우에는 다음 각 호의 사항을 보고하여야 한다. 〈신설 2016. 6. 2.〉

　1. 법 제52조제1항에 따른 부품의 결함시정 요구 건수, 요구 비율 및 산정 근거

　2. 부품의 결함시정 내용

　3. 결함을 시정한 부품이 부착된 자동차의 명세(자동차 명칭, 배출가스 인증번호, 사용연료) 및 판매명세

　4. 결함을 시정한 부품의 명세(부품명칭 · 부품번호)

③ 자동차제작자는 영 제50조제2항에 따라 다음 각 호의 사항을 파악하여 결함원인 분석 현황을 보고 하여야 한다. 〈개정 2016. 6. 2., 2018. 11. 29.〉

　1. 영 제50조제2항제1호에 따른 결함시정 요구건수와 같은 항 제2호에 따른 결함시정요구율 및 그 산정근거

　2. 결함을 시정한 부품의 결함발생원인

　3. 영 제51조제1항에 따른 부품의 결함시정명령 요건에 해당되는 경우에는 그 산정근거

④ 영 제50조제3항에 따른 배출가스 관련부품 보증기간은 다음 각 호의 구분에 따른다. 〈개정 2016. 6. 2., 2017. 9. 28.〉

　1. 대형 승용차 · 화물차, 초대형 승용차 · 화물차, 이륜자동차(50시시 이상만 해당한다)의 배출가스 관련부품: 2년

　2. 건설기계 원동기, 농업기계 원동기의 배출가스 관련부품: 1년

　3. 제1호 및 제2호 외의 자동차의 배출가스 관련부품

　　가. 정화용촉매 및 전자제어장치: 5년

　　나. 가목 외의 배출가스 관련부품: 3년

제77조의2(부품의 결함시정명령 기간)

법 제53조제3항 본문에서 "환경부령으로 정하는 기간"이란 자동차제작자가 같 은 조 제1항 및 영 제50조제2항에 따라 결함원인 분석 현황을 보고한 날부터 60일 이내를 말한다.

〈개정 2020. 5. 27.〉

[전문개정 2018. 11. 29.]

제77조의3(자동차 환경관리 자문위원회)

① 환경부장관은 다음 각 호의 사항에 대하여 환경부장관의 자문에 응하도록 하기 위하여 환경부장관 소속으로 관계 전문가 등으로 구성된 자동차 환경관리 자문위원회를 둘 수 있다.

1. 법 제48조제1항 및 제2항에 따른 제작차에 대한 인증 및 변경인증에 관한 사항

2. 법 제50조제1항에 따른 제작차배출허용기준 검사 등에 관한 사항

3. 법 제51조에 따른 결함확인검사 및 결함의 시정에 관한 사항

4. 법 제52조 및 제53조에 따른 부품의 결함시정 등에 관한 사항

5. 그 밖에 환경부장관이 필요하다고 인정하는 사항

② 제1항에 따른 자동차 환경관리 자문위원회의 구성 및 운영에 관하여 필요한 사항은 환경부장관이 정한다. 〈개정 2020. 4. 3.〉

[본조신설 2012. 10. 26.]

[제77조의2에서 이동 〈2015. 7. 21.〉]

제78조(운행차배출허용기준)

법 제57조에 따른 배출가스 종류별 운행차배출허용기준은 별표 21과 같다. 〈개정 2013. 2. 1.〉

제78조의2(운행차 배출가스허용기준 및 배출가스 정기검사 제외 이륜자동차)

법 제57조에 따라 운행차 배출가스허용 기준 적용 대상에서 제외되는 이륜자동차 및 법 제62조제2항 단서에 따라 운행차 배출가스 정기검사 대상에서 제외 되는 이륜자동차는 다음 각 호의 어느 하나에 해당하는 것으로 한다. 〈개정 2014. 2. 6., 2018. 3. 2.〉

1. 전기이륜자동차

2. 「자동차관리법」 제48조에 따른 이륜자동차 사용 신고 대상에서 제외되는 이륜자동차 3. 배기량이 50시시 미만인 이륜자동차

4. 배기량이 50시시 이상 260시시 이하로서 2017년 12월 31일 이전에 제작된 이륜자동차

[본조신설 2013. 5. 24.]

제78조의3(배출가스 관련 부품의 탈거 등의 허용)

법 제57조의2제3호에서 "교육 · 연구의 목적으로 사용하는 등 환경부 령으로 정하는 사유에 해당하는 경우"란 다음 각 호의 어느 하나에 해당하는 경우를 말한다.

1. 교육기관, 학원, 자동차제작자 및 시험 · 연구기관이 교육 · 시험 · 연구의 목적으로 자동차를 사용하려는 경우
2. 사고 원인의 규명 또는 전시(展示) 등 주행 목적 외의 특수 용도로 자동차를 사용하려는 경우

[본조신설 2020. 4. 3.]

제79조(저공해 조치 대상 자동차 및 건설기계)

① 법 제58조제1항 각 호 외의 부분에서 "환경부령으로 정하는 요건을 충족하는 자동차 및 건설기계"란 다음 각 호의 구분에 따른 자동차 및 건설기계를 말한다.

1. 자동차: 별표 18에 따른 배출가스 보증기간이 지난 자동차 중 별표 17 제1호마목부터 아목까지 및 제2호마목부 터 아목까지의 규정에 따른 제작차배출허용기준에 맞게 제작된 자동차를 제외한 자동차
2. 건설기계: 별표 17 제4호가목에 따른 배출허용기준에 맞게 제작되었거나 2003년 12월 31일 이전에 제작된 지게 차 또는 굴착기

② 법 제58조제1항 각 호 외의 부분에 따른 조기 폐차 권고 대상이 되는 자동차는 제1항제1호에 따른 자동차 중 다 음 각 호의 요건을 모두 갖춘 자동차를 말한다.

1. 조기에 폐차할 것을 권고하는 시점부터 거꾸로 계산하여 6개월 이상 연속하여 등록된 자동차
2. 「자동차관리법」 제43조의2제1항제1호에 따른 관능검사(官能檢査, 사람의 감각기관으로 자동차의 상태를 확인하 는 검사) 결과 적합판정을 받은 자동차
3. 지방자치단체 또는 법 제58조제14항에 따라 절차를 대행하는 자가 발급한 조기 폐차 대상 차량 확인서상에 정상 가동 판정이 있는 자동차

③ 법 제58조제3항에 따른 자금의 보조 또는 융자에 필요한 사항은 환경부장관이 정하여 고시한다.

[전문개정 2020. 4. 3.]

제79조의2(배출가스저감장치의 부착 등의 저공해 조치)

① 법 제58조제2항에 따라 부착 · 교체하거나 개조 · 교체하는 배출가스저감장치 및 저공해엔진의 종류는 환경부장관이 자동차의 배출허용기준 초과정도, 그 자동차의 차종이나 차령 등을

고려하여 고시할 수 있다.

② 법 제58조제1항·제2항에 따라 배출가스저감장치를 부착·교체하거나 저공해엔진으로 개조·교체한 자(법 제58조제2항의 경우 같은 조 제3항에 따라 자금을 보조 또는 융자받으려는 자만 해당한다)는 별지 제36호의3서식의 배출가스저감장치 부착·교체 증명서 또는 저공해엔진 개조·교체 증명서를 시·도지사 또는 시장·군수에게 제출해야 한다.

〈개정 2017. 12. 28., 2018. 11. 29., 2020. 4. 3.〉

[본조신설 2013. 2. 1.]

[종전 제79조의2는 제79조의3으로 이동 〈2013. 2. 1.〉]

제79조의3(저공해자동차의 자금의 보조 및 융자기준)

법 제58조제3항제1호 후단에서 "자동차판매자로부터의 구매 여부, 저공해자동차 판매가격 등 환경부령으로 정하는 기준"이란 다음 각 호를 말한다.

1. 법 제58조의2제1항에 따른 자동차판매자(이하 이 조에서 "자동차판매자"라 한다)로부터의 구매 여부

2. 저공해자동차의 판매가격

3. 저공해자동차의 연비, 주행거리 등 성능

4. 자동차판매자의 연간 저공해자동차 보급목표 달성 실적

5. 그 밖에 저공해자동차의 보급을 촉진하기 위하여 환경부장관이 필요하다고 인정하는 기준

[본조신설 2021. 6. 30.]

[종전 제79조의3은 제79조의4로 이동 〈2021. 6. 30.〉]

제79조의4(배출가스저감장치 등의 관리)

① 법 제58조제4항에 따라 환경부장관이 의무운행 기간을 설정할 수 있는 범위는 2년으로 한다.

〈개정 2013. 5. 24.〉

② 법 제58조제10항에 따른 지원금액의 회수기준은 별표 21의2와 같다.

〈신설 2013. 2. 1., 2014. 2. 6., 2017. 12. 28.〉

[본조신설 2008. 9. 19.]

[제79조의3에서 이동, 종전 제79조의4는 제79조의5로 이동 〈2021. 6. 30.〉]

제79조의5(배출가스저감장치 등의 반납)

① 자동차 및 건설기계의 소유자가 법 제58조제3항에 따라 경비를 지원받아 배출가스저감장

치를 부착하거나 저공해엔진으로 개조 또는 교체한 자동차 및 건설기계를 수출하거나 폐차(건설기계 의 경우에는 폐기를 포함한다)하기 위하여 법 제58조제5항에 따라 배출가스저감장치 또는 저공해엔진을 반납하거나 같은 조 제6항에 따라 장치 또는 부품의 잔존가치에 해당하는 금액을 금전으로 납부하려는 경우에는 별지 제36호의 4서식의 배출가스저감장치 또는 저공해엔진 반납신청서에 사고, 재해 또는 도난 사실을 증명할 수 있는 서류 1부(사 고, 재해, 도난의 사유로 반납하거나 납부하는 경우만 해당한다)를 첨부하여 시·도지사 또는 시장·군수에게 반납 하거나 납부해야 한다. 이 경우 담당 공무원은 「전자정부법」 제36조제1항에 따른 행정정보의 공동이용을 통하여 자 동차등록증 또는 건설기계등록증을 확인해야 하며, 신청인이 확인에 동의하지 않는 경우에는 그 사본을 첨부하도록 해야 한다.

〈개정 2009. 7. 14., 2013. 2. 1., 2017. 12. 28., 2020. 4. 3.〉

② 제1항 전단에 따른 장치 또는 부품의 잔존가치에 해당하는 금액의 구체적인 산정방법은 해당 장치 또는 부품에 함유된 귀금속의 종류, 함량 및 거래가격 등을 고려하여 환경부장관이 정하여 고시한다. 〈신설 2017. 12. 28.〉

③ 삭제〈2021. 6. 30.〉

④ 제1항 또는 제2항에 따라 반납을 받은 시·도지사 또는 시장·군수는 별지 제36호의5서식의 배출가스저감장치 또는 저공해엔진 반납확인증명서를 발급해야 하며, 「자동차관리법」 제13조 및 「건설기계관리법」 제6조에 따라 자 동차 또는 건설기계의 등록을 말소할 때에는 반납확인증명서에 적힌 자동차 또는 건설기계와 일치하는지를 확인해 야 한다.

〈개정 2020. 4. 3.〉

[본조신설 2008. 9. 19.]

[제79조의4에서 이동, 종전 제79조의5는 제79조의6으로 이동 〈2021. 6. 30.〉]

제79조의6(배출가스저감장치 등의 매각)

법 제58조제8항에서 "환경부령으로 정한 사유에 해당하는 경우"란 다음 각 호 의 어느 하나에 해당하는 경우를 말한다. 〈개정 2015. 7. 21., 2017. 12. 28., 2019. 12. 20.〉

1. 배출가스저감장치 또는 저공해엔진의 저감효율이 제80조에 따른 배출가스저감장치 및 저공해엔진의 저감효율에 미달하는 경우

2. 맨눈 검사 결과 배출가스저감장치 또는 저공해엔진이 훼손되어 내부 부품이 온전하지 못한 경우

3. 배출가스저감장치 또는 저공해엔진에 대한 재사용·재활용 신청이 없어 향후 재사용·재활용 가능성이 없다고 환경부장관이 판단하는 경우

4. 전기자동차 배터리의 재사용 또는 재활용이 불가능하다고 환경부장관이 판단하는 경우

[전문개정 2013. 5. 24.]

[제79조의5에서 이동, 종전 제79조의6은 제79조의7로 이동 〈2021. 6. 30.〉]

제79조의7(배출가스저감장치 등의 매각 세입의 사용)

법 제58조제9항에서 "환경부령으로 정하는 경비"란 다음 각 호의 어느 하나에 쓰이는 경비를 말한다. 〈개정 2017. 12. 28.〉

1. 보증기간이 경과된 배출가스저감장치 또는 저공해엔진의 클리닝, 무상점검, 콜모니터링 및 그 밖의 사후관리

2. 재사용 · 재활용하는 배출가스저감장치 또는 저공해엔진의 성능향상을 위한 선별 및 관리

3. 반납받은 배출가스저감장치 또는 저공해엔진의 회수 · 보관 · 매각 등

4. 운행차 저공해화 또는 저공해 · 저연비자동차 관련 기술개발 및 연구사업

5. 저공해자동차의 보급, 배출가스저감장치의 부착, 저공해엔진으로의 개조 및 조기폐차를 촉진하기 위한 홍보사업

[본조신설 2013. 5. 24.]

[제79조의6에서 이동, 종전 제79조의7은 제79조의8로 이동 〈2021. 6. 30.〉]

제79조의8(저공해자동차 표지 등의 부착)

① 특별시장 · 광역시장 · 특별자치시장 · 특별자치도지사 · 시장 · 군수는 법 제58조제11항에 따라 다음 각 호의 구분에 따른 표지를 내주어야 한다. 〈개정 2017. 12. 28.〉

1. 저공해자동차를 구매하여 등록한 경우: 저공해자동차 표지

2. 배출가스저감장치를 부착한 자가 배출가스저감장치 부착증명서를 제출한 경우: 배출가스저감장치 부착 자동차 표지

3. 저공해엔진으로 개조 · 교체한 자가 저공해엔진 개조 · 교체증명서를 제출하는 경우: 저공해엔진 개조 · 교체 자동차 표지

② 제1항 각 호의 표지에는 저공해자동차 또는 배출가스저감장치 및 저공해엔진의 종류 등을 표시하여야 한다.

③ 제1항 각 호의 표지를 교부받은 자는 해당 표지를 차량 외부에서 잘 보일 수 있도록 부착하여야 한다.

④ 제1항 각 호의 표지의 규격, 구체적인 부착방법 등은 환경부장관이 정하여 고시한다.

[본조신설 2013. 5. 24.]

[제79조의7에서 이동, 종전 제79조의8은 삭제 〈2021. 6. 30.〉]

제79조의9(무공해자동차연료공급시설 정보관리 전산망의 설치 · 운영)

① 한국환경공단은 법 제58조제16항에 따라 다 음 각 호의 정보를 포함하여 법 제2조제16호가 목에 따른 자동차(이하 "무공해자동차"라 한다)에 연료를 공급하기 위 한 시설(이하 "무공해 자동차연료공급시설"이라 한다)에 관한 정보관리 전산망을 설치 · 운영할 수 있다.

1. 무공해자동차연료공급시설의 위치 및 상태

2. 무공해자동차연료공급시설의 종류

3. 무공해자동차연료공급시설의 충전횟수 및 충전량

4. 무공해자동차연료공급시설별 결제정보(「전기사업법」 제2조제12호의5에 따른 전기자 동차충전사업자 간의 요금 정산에 필요한 경우만 해당한다)

② 법 제78조에 따른 한국자동차환경협회(이하 "한국자동차환경협회"라 한다)는 전기자동차 충 전시설의 운영에 필 요한 경우 제1항에 따른 정보관리 전산망을 운영할 수 있다.

[본조신설 2021. 6. 30.]

[종전 제79조의9는 제79조의10으로 이동 〈2021. 6. 30.〉]

제79조의10(전기자동차 충전시설의 설치 · 운영)

① 한국환경공단 또는 한국자동차환경협회는 법 제58조제18항에 따 라 다음 각 호의 시설에 전 기자동차 충전시설을 설치할 수 있다.   〈개정 2017. 12. 28., 2018. 12. 31., 2020. 4. 3., 2021. 6. 30.〉

1. 공공건물 및 공중이용시설

2. 「건축법 시행령」 별표 1 제2호에 따른 공동주택

3. 지방자치단체의 장이 설치한 「주차장법」 제2조제1호에 따른 주차장

4. 그 밖에 전기자동차의 보급을 촉진하기 위하여 충전시설을 설치할 필요가 있는 건물 · 시 설 또는 그 부대시설

② 한국환경공단 또는 한국자동차환경협회는 전기자동차 충전시설을 설치하기 위한 부지의 확 보와 사용 등을 위하 여 지방자치단체의 장, 「공공기관의 운영에 관한 법률」 제4조에 따른 공공기관의 장, 「지방공기업법」 에 따른 지방 공기업의 장에게 협조를 요청할 수 있다.

〈개정 2018. 12. 31.〉

[본조신설 2016. 7. 27.]

[제79조의9에서 이동, 종전 제79조의10은 제79조의11로 이동 〈2021. 6. 30.〉]

제79조의11(전기자동차 성능 평가)

① 법 제58조제19항에 따라 전기자동차 성능 평가를 받으려는 자는 별지 제36호의 6서식의 전기자동차 성능 평가 신청서(전자문서로 된 신청서를 포함한다)에 다음 각 호의 서류를 첨부하여 한국환경 공단에 제출해야 한다. 〈개정 2017. 12. 28., 2020. 4. 3., 2021. 6. 30.〉

　1. 전기자동차의 구성에 관한 서류 1부

　2. 전기자동차에 탑재된 배터리의 제작서·종류·용량 및 자체 시험결과가 포함된 서류 1부

　3. 1회 충전 시 주행거리 시험 결과서(시험방법이 기재된 것을 말한다) 1부

　4. 주요 전기장치의 제원에 관한 서류 1부

② 법 제58조제19항에 따른 전기자동차의 성능 평가 항목은 다음 각 호와 같다.
　　　　　　　　　　　　　　　　　〈개정 2017. 12. 28., 2020. 4. 3., 2021. 6. 30.〉

　1. 1회 충전 시 주행거리

　2. 충전에 걸리는 시간

　3. 그 밖에 전기자동차의 성능 확인을 위하여 환경부장관이 정하여 고시하는 항목

③ 그 밖에 전기자동차 성능 평가에 필요한 사항은 환경부장관이 정하여 고시한다.

[본조신설 2016. 7. 27.]

[제79조의10에서 이동, 종전 제79조의11은 제79조의12로 이동 〈2021. 6. 30.〉]

제79조의12(저공해자동차 보급계획서의 승인 절차)

① 법 제58조의2제4항에 따라 저공해자동차 보급계획서의 승인을 받으려는 자는 저공해자동차 보급계획서의 제출 대상 회계연도의 전년도 12월 31일까지 다음 각 호의 사항이 포함 된 저공해자동차 보급계획서를 제출해야 한다.

　1. 해당 연도의 전체 자동차 판매계획(영 제1조의2에 따른 저공해자동차의 종류별 판매계획을 포함한다)

　2. 제1호에 따른 판매계획에 포함된 자동차의 해당 연도의 대기오염물질 총 배출량

　3. 판매하려는 저공해자동차의 종류별 저공해자동차 인증서 또는 인증 계획

　② 제1항제2호에 따른 대기오염물질 총 배출량의 산정방법은 환경부장관이 정하여 고시한다. [본조신설 2020. 4. 3.]

[제79조의11에서 이동, 종전 제79조의12는 제79조의13으로 이동 〈2021. 6. 30.〉]

제79조의13(저공해자동차 보급실적의 제출)

　법 제58조의2제5항에 따라 저공해자동차 보급실적을 제출하려는 자는 다 음 각 호의 사항이 포

함된 전년도의 저공해자동차 보급실적을 매년 3월 31일까지 제출해야 한다.

1. 영 제1조의2에 따른 저공해자동차의 종류별 판매실적

2. 저공해자동차 보급에 따른 자동차의 대기오염물질 총 배출저감량

3. 보급계획 미달성 사유(보급실적이 보급계획에 미달한 경우에만 해당한다)

[본조신설 2020. 4. 3.]

[제79조의12에서 이동, 종전 제79조의13은 제79조의14로 이동 〈2021. 6. 30.〉]

제79조의14(저공해자동차의 구매 · 임차 비율)

① 법 제58조의5제1항 각 호 외의 부분에서 "환경부령으로 정하는 비율 "이란 100퍼센트를 말한 다.　　　　　　　　　　　　　　　　　　　　　　　　　　　　　　　〈개정 2021. 6. 30.〉

② 법 제58조의5제1항에 따라 저공해자동차를 구매 · 임차하는 경우에는 제1항에 따른 비율 중 80퍼센트 이상을 제 1종 저공해자동차로 구매 · 임차해야 한다.　　　　　〈개정 2021. 6. 30.〉

③ 제1항 및 제2항에 따른 비율의 적용방법 등 저공해자동차의 구매 · 임차실적 산정에 필요한 사항은 환경부장관 이 정하여 고시한다.

[본조신설 2020. 4. 3.]

[제79조의13에서 이동, 종전 제79조의14는 제79조의15로 이동 〈2021. 6. 30.〉]

제79조의15(저공해자동차의 우선 구매 · 임차 권고대상자)

법 제58조의5제2항에서 "환경부령으로 정하는 수량"이란 10대를 말한다.

〈개정 2021. 6. 30.〉

[본조신설 2020. 4. 3.]

[제79조의14에서 이동, 종전 제79조의15는 제79조의18로 이동 〈2021. 6. 30.〉]

제79조의16(수소연료공급시설 배치계획의 수립)

① 환경부장관은 법 제58조의10제1항에 따른 수소연료공급시설 배치 계획(이하 "배치계획"이 라 한다)을 다음 각 호의 사항을 포함하여 5년마다 수립해야 한다.

1. 법 제58조제3항제2호다목에 따른 수소연료공급시설(이하 "수소연료공급시설"이라 한다) 의 특별시 · 광역시 · 특 별자치시 · 도 · 특별자치도 · 시 · 군 · 구(자치구를 말한다) 지역 단위별 구축 목표

2. 고속도로 내 수소연료공급시설 구축 목표

3. 영 제1조의2제1호에 따른 수소전기자동차의 보급 목표

② 법 제58조의10제1항제5호에서 "환경부령으로 정하는 사항"이란 다음 각 호의 사항을 말한다.

1. 전국 자동차 보급 현황

2. 인구수, 소득수준, 도로망 등 지역적 특성

③ 환경부장관은 제1항에 따라 배치계획을 수립할 때에는 관계 전문가의 의견을 들을 수 있다.

④ 환경부장관은 정책 환경 및 사회적·경제적 여건 변화로 배치계획의 수정이 필요한 경우에는 「수소경제 육성 및 수소 안전관리에 관한 법률」 제6조에 따른 수소경제위원회의 심의를 거쳐 수정할 수 있다.

[본조신설 2021. 6. 30.]

제79조의17(수소연료공급시설 설치계획의 제출)

영 제52조의5제1항에서 "환경부령으로 정하는 신청서"란 별지 제36호 의7서식을 말한다.

[본조신설 2021. 6. 30.]

제79조의18(공회전 제한장치 부착명령 대상 자동차)

법 제59조제2항에서 "대중교통용 자동차 등 환경부령으로 정하는 자동차"란 다음 각 호의 자동차를 말한다.

1. 「여객자동차 운수사업법 시행령」 제3조제1호가목에 따른 시내버스운송사업에 사용되는 자동차

2. 「여객자동차 운수사업법 시행령」 제3조제2호다목에 따른 일반택시운송사업(군단위를 사업구역으로 하는 운송사 업은 제외한다)에 사용되는 자동차

3. 「화물자동차 운수사업법 시행령」 제3조에 따른 화물자동차운송사업에 사용되는 최대 적재량이 1톤 이하인 밴형 화물자동차로서 택배용으로 사용되는 자동차

[본조신설 2010. 1. 6.]

[제79조의15에서 이동 〈2021. 6. 30.〉]

제80조(배출가스저감장치 및 저공해엔진의 저감효율기준)

법 제60조제1항 본문에서 "환경부령으로 정하는 저감효율 또는 기준"이란 별표 6의3에 따른 기준을 말한다.

[전문개정 2020. 4. 3.]

제81조(배출가스저감장치의 인증 수수료)

① 법 제60조제5항에 따른 수수료는 환경부장관이 인증기관의 장과 협의하 여 고시한다.

② 환경부장관은 제1항에 따라 수수료를 정하려는 경우에는 미리 환경부의 인터넷 홈페이지에 20일(긴급한 사유가 있는 경우에는 10일)간 그 내용을 게시하고 이해관계인의 의견을 들어야 한다.

③ 환경부장관은 제1항에 따라 수수료를 정하였을 때에는 그 내용과 산정내역을 환경부의 인터넷 홈페이지를 통하 여 공개하여야 한다.

[전문개정 2011. 3. 31.]

제81조의2(공회전제한장치 성능인증의 신청 · 시험 · 기준 및 방법 등)

① 법 제60조제1항 본문에 따라 공회전제한장치 의 인증을 받으려는 자는 별지 제36호의7서식의 공회전제한장치 성능인증 시험 신청서에 다음 각 호의 서류를 첨부 하여 국립환경과학원장에게 제출해야 한다.　〈개정 2016. 7. 27., 2020. 4. 3.〉

　1. 공회전제한장치의 구조 · 성능 · 내구성 등에 관한 설명서

　2. 공회전제한장치 관련 자체 시험결과서

　3. 장치의 내환경성 시험결과서 및 적정부품 사용여부 설명서

　4. 장치의 판매 및 사후관리체계에 관한 설명서

　5. 제품 보증에 관한 서류

② 제1항에 따라 인증을 받은 자가 인증받은 내용을 변경하려는 경우에는 별지 제36호의7서식의 공회전제한장치 성능인증 시험 변경신청서에 변경과 관련된 다음 각 호의 서류를 첨부하여 국립환경과학원장에게 제출해야 한다.　〈개정 2016. 7. 27., 2020. 4. 3.〉

　1. 성능변경 시 변경하려는 인증내용과 관련된 제1항 각 호의 서류

　2. 상호, 대표자, 주소 등 인증서에 명시된 내용 변경 시 변경내용을 증빙할 수 있는 관련 서류

③ 국립환경과학원장은 제1항 또는 제2항에 따라 인증을 하거나 성능과 관련된 변경인증을 하려는 경우 3회 이상 의 반복시험을 통해 별표 6의4의 공회전제한장치 성능기준을 만족하는지를 검토해야 한다.　〈개정 2020. 4. 3.〉

④ 제3항에 따른 인증시험은 국립환경과학원장이 실시한다.　〈개정 2020. 4. 3.〉

⑤ 국립환경과학원장은 법 제60조제1항에 따라 인증을 받은 공회전제한장치에 대하여는 별지 제36호의8서식의 공 회전제한장치 성능인증서를 내줘야 한다.

〈개정 2016. 7. 27., 2020. 4. 3.〉

[본조신설 2013. 5. 24.]

제82조(배출가스저감장치 등의 인증의 신청 · 시험 · 기준 및 방법 등)

① 법 제60조제1항 본문에 따라 인증을 받으려는 자는 별지 제37호서식의 배출가스저감장치 또는 저공해엔진 인증신청서에 다음 각 호의 서류를 첨부하여 국립환경 과학원장에게 제출해야 한다.

  1. 배출가스저감장치 또는 저공해엔진의 구조 · 성능 · 내구성 등에 관한 설명서

  2. 배출가스저감장치 부착 또는 저공해엔진으로 개조 · 교체 전후의 배출가스, 출력, 연비 등 성능시험 결과서

  3. 배출가스저감장치 또는 저공해엔진의 내구성시험 결과서

  4. 배출가스저감장치 또는 저공해엔진의 판매 및 사후관리체계에 관한 설명서

  5. 제품보증에 관한 서류

② 법 제60조제2항에 따라 변경인증을 받으려는 자는 별지 제37호의2서식의 배출가스저감장치 또는 저공해엔진 변경인증신청서에 다음 각 호의 서류를 첨부하여 국립환경과학원장에게 제출해야 한다.

  1. 인증받은 것과 동일한 배출가스저감장치 또는 저공해엔진임을 입증할 수 있는 서류

  2. 변경하려는 배출가스저감장치 또는 저공해엔진의 구조 · 성능 · 내구성 등에 관한 설명서

  3. 변경하려는 인증내용에 관한 설명서

  4. 인증내용 변경 전후의 저감효율 변화에 대한 검토서

③ 국립환경과학원장은 법 제60조제1항 본문 및 제2항에 따른 인증이나 변경인증을 하려는 경우에는 다음 각 호의 사항을 검토해야 한다.

  1. 배출가스저감장치 또는 저공해엔진의 구조 · 성능 · 내구성 등에 관한 기술적 타당성

  2. 제80조에 따른 저감효율 또는 기준(이하 "저감효율기준"이라 한다)에 대한 시험 결과

  3. 배출가스저감장치 또는 저공해엔진이 자동차 성능에 미치는 영향

④ 제3항제2호에 따른 시험은 환경부장관이 고시하는 방법에 따라 국립환경과학원장이 실시한다.

⑤ 국립환경과학원장은 법 제60조제1항 본문에 따라 인증을 받은 배출가스저감장치 또는 저공해엔진에 대해서는 별지 제37호의3서식의 배출가스저감장치 또는 저공해엔진 인증서를 내줘야 한다.

⑥ 제5항에 따라 배출가스저감장치 또는 저공해엔진 인증서를 받은 자는 인증의 주요 내용을 적은 표지를 해당 배 출가스저감장치 또는 저공해엔진에 부착해야 한다.

⑦ 제6항에 따른 표지의 규격 및 부착방법 등은 환경부장관이 정하여 고시한다.

[전문개정 2020. 4. 3.]

제82조의2(배출가스저감장치 등의 성능유지 확인 및 확인기관)

① 법 제60조의2제2항에 따른 성능유지 확인 방법 및 확인기관은 다음 각 호와 같다.

〈개정 2013. 3. 23.〉

1. 자동차에 부착 또는 교체한 배출가스저감장치: 한국환경공단 또는 「교통안전공단법」에 따라 설립된 교통안전공 단으로부터 배출가스저감장치의 주행온도 조건 및 운행차배출허 용기준이 적정히 유지되는지 여부 등 성능을 확 인받을 것

2. 개조·교체한 저공해엔진: 국토교통부장관이 「자동차관리법」 제43조에 따라 실시하는 구조변경검사에 합격할 것

② 제1항에 따라 배출가스저감장치의 성능을 확인한 기관은 별지 제37호의4서식의 성능확인검 사 결과표를 2부 작 성하여 1부는 자동차 소유자에게 발급하고, 1부는 3년간 보관해야 한다.

〈개정 2017. 12. 28., 2020. 4. 3.〉

③ 제1항에 따라 배출가스저감장치의 성능을 확인한 기관은 그 결과를 지체없이 관할 시·도지 사에게 보고하여야 한다. 다만, 그 결과를 전산정보처리 조직을 이용하여 기록한 경우에는 그러하지 아니하다.

④ 제1항부터 제3항까지에서 규정한 사항 외에 성능유지 확인검사의 방법 등에 관하여 필요한 사항은 환경부장관 이 정하여 고시한다. [본조신설 2013. 2. 1.]

제82조의3(자동차 소유자의 관리의무)

법 제60조의2 제4항에서 "배출가스저감장치의 점검 등 환경부령으로 정하는 사 항"이란 다음 각 호의 사항을 말한다.

〈개정 2021. 12. 30.〉

1. 배출가스저감장치 및 그 관련 부품을 무단으로 제거하거나 변경하지 아니할 것

2. 배출가스저감장치를 점검할 것 3. 필요한 경우 배출가스저감장치의 클리닝 또는 촉매제 주입 등의 방법으로 차량을 정비할 것

[본조신설 2013. 2. 1.]

제82조의4(배출가스저감장치 등에 대한 성능점검 등)

① 배출가스저감장치 또는 저공해엔진을 제조·공급 또는 판매 하는 자는 법 제60조의2제6항 본문에 따라 매 분기마다 자동차에 부착한 배출가스저감장치 또는 저공해엔진으로 개 조한 자동차의 성능을 점검해야 한다.

② 배출가스저감장치 또는 저공해엔진을 제조·공급 또는 판매하는 자는 제1항에 따른 성능점 검을 할 때 다음 각 호의 사항을 검토해야 한다. 다만, 제1호 및 제2호는 별표 6의3 제1호에

따른 제1종 배출가스저감장치 및 제2종 배 출가스저감장치만 해당한다.

1. 배출가스저감장치 부착 자동차의 배출가스저감장치 부착 전 7일간의 주행온도분포 또는 운행 형태에 대한 조사 결과

2. 배출가스저감장치에 부착한 측정기기로 측정된 7일간의 배기압력과 주행온도분포 결과 (「여객자동차 운수사업법」 제3조제1항제1호에 따른 노선(路線) 여객자동차운송사업에 사용되는 자동차 및 「화물자동차 운수사업법」 제 3조제1항제1호에 따른 일반화물자동 차운송사업에 사용되는 자동차만 해당한다)

3. 배출가스저감장치를 부착하거나 저공해엔진으로 개조한 자동차의 소유자 또는 운행자로 부터 해당 배출가스저감 장치 또는 저공해엔진의 결함이 접수된 경우 그 내용

③ 배출가스저감장치 또는 저공해엔진을 제조·공급 또는 판매하는 자는 제1항에 따라 성능점 검을 한 때에는 그 결 과를 다음 분기 시작일부터 30일 이내에 유역환경청장, 지방환경청장, 수도권대기환경청장 또는 시·도지사에게 제 출해야 한다.

[본조신설 2020. 4. 3.]

[종전 제82조의4는 제82조의5로 이동 〈2020. 4. 3.〉]

제82조의5(저감효율 확인검사 대상의 선정기준 등)

① 법 제60조의3제1항에 따른 저감효율 확인검사의 대상은 부착·교체 또는 개조·교체한 지 1 년이 지난 배출가스저감장치 또는 저공해엔진으로 한다.

② 국립환경과학원장은 제1항에 따른 저감효율 확인검사를 하려는 경우에는 같은 해에 같은 배 출가스저감장치를 부착한 자동차 5대와 같은 저공해엔진으로 개조한 자동차 5대를 각각 검 사대상으로 선정한다.

③ 국립환경과학원장은 제2항에 따라 저감효율 확인검사 대상 자동차를 선정한 경우에는 해당 자동차에 부착된 배 출가스저감장치를 봉인하여야 한다.

[본조신설 2013. 2. 1.]

[제82조의4에서 이동, 종전 제82조의5는 제82조의6으로 이동 〈2020. 4. 3.〉]

제82조의6(저감효율 확인검사의 방법 및 절차)

① 법 제60조의3제1항에 따른 저감효율 확인검사는 제82조제4항에 따 른 시험방법에 따라 실 시한다. 〈개정 2020. 4. 3.〉

② 국립환경과학원장은 제1항에 따라 저감효율 확인검사를 마친 후 10일 이내에 그 결과를 환 경부장관에게 보고하 여야 한다.

[본조신설 2013. 2. 1.]

[제82조의5에서 이동, 종전 제82조의6은 제82조의7로 이동 〈2020. 4. 3.〉]

제82조의7(저감효율 확인검사의 기준 및 판정방법 등)

① 국립환경과학원장은 제82조의6제1항에 따른 저감효율 확인 검사 결과 다음 각 호에 해당하는 배출가스저감장치 또는 저공해엔진에 대해서는 부적합한 것으로 판정해야 한다.

〈개정 2020. 4. 3.〉

1. 배출가스저감장치: 저감효율기준에 미달하는 대수가 5대 중 2대를 초과하거나, 5대의 평균저감효율이 기준저감 효율의 5분의 4 미만인 경우

2. 저공해엔진: 다음 각 목의 어느 하나에 해당하는 경우

   가. 항목별 배출가스를 측정한 결과 같은 항목에서 5대 중 3대 이상이 저감효율기준에 미달하는 경우

   나. 항목별 배출가스를 측정한 결과 같은 항목에서 5대 중 2대 이상이 저감효율기준에 미달하고 해당 항목에서 5대의 평균가스 배출량이 저감효율기준에 미달하는 경우

② 국립환경과학원장은 제1항에 따라 배출가스저감장치 또는 저공해엔진을 부적합한 것으로 판정한 경우에는 해당 배출가스저감장치 또는 저공해엔진을 제조·공급 또는 판매하는 자에게 검사결과를 지체 없이 알려야 한다. 이 경 우 배출가스저감장치 또는 저공해엔진을 제조·공급 또는 판매하는 자는 검사결과를 통지받은 날부터 15일 이내에 해당 배출가스저감장치 또는 저공해엔진의 결함을 스스로 시정할 것인지 또는 재검사를 신청할 것인지를 국립환경 과학원장에게 서면으로 알려야 한다. 〈개정 2020. 4. 3.〉

③ 제조자등이 제2항에 따라 스스로 결함을 시정하는 경우에는 그 사실을 알린 날부터 15일 이내에 다음 각 호의 서류가 첨부된 결함시정 계획서를 국립환경과학원장에게 제출하여 승인을 받고, 그 이행 결과를 국립환경과학원장 에게 보고하여야 한다.

1. 결함시정 대상 배출가스저감장치 또는 저공해엔진의 판매명세서

2. 결함발생 원인 및 개선대책 등 개선계획서

3. 결함시정에 드는 비용명세서

4. 결함시정 대상 배출가스저감장치 또는 저공해엔진의 소유자에 대한 결함시정 결과의 통지계획서

④ 국립환경과학원장은 배출가스저감장치 또는 저공해엔진을 제조·공급 또는 판매하는 자가 제2항에 따라 재검사 를 신청하는 경우에는 같은 배출가스저감장치를 부착하거나 같은 저공해엔진으로 개조한 자동차 5대를 각각 추가 로 선정하여 제82조의6제1항에 따른 저감효율

확인검사 방법으로 재검사를 실시해야 한다. 이 경우 재검사에 드는 비용은 배출가스저감장치 또는 저공해엔진을 제조·공급 또는 판매하는 자가 부담한다. 〈개정 2020. 4. 3.〉

⑤ 법 제60조의3제1항에 따른 저감효율 확인검사의 수수료는 환경부장관의 승인을 받아 국립환경과학원장이 정한다.

⑥ 국립환경과학원장은 제5항에 따라 수수료를 정하려는 경우에는 미리 국립환경과학원의 인터넷 홈페이지에 25일(긴급한 사유가 있는 경우에는 10일로 한다) 동안 그 내용을 게시하고 이해관계인의 의견을 들어야 한다. 〈신설 2015. 7. 21., 2016. 12. 30.〉

⑦ 국립환경과학원장은 제5항에 따른 수수료를 정한 경우에는 그 내용과 산정내역을 국립환경과학원의 인터넷 홈 페이지를 통하여 공개하여야 한다. 〈신설 2015. 7. 21.〉

[본조신설 2013. 2. 1.] [제82조의6에서 이동 〈2020. 4. 3.〉]

제82조의8(배출가스저감장치 등의 수시검사 대상)

국립환경과학원장은 배출가스저감장치 또는 저공해엔진이 다음 각 호의 어느 하나에 해당하는 경우에는 법 제60조의4제1항에 따른 수시검사를 할 수 있다.

1. 법 제60조의2제6항에 따른 성능점검 결과 해당 배출가스저감장치 또는 저공해엔진의 성능이 저감효율기준을 충족하지 못하는 경우

2. 법 제82조 및 이 규칙 제131조제1항제7호의4에 따라 제출된 자료를 확인하거나 검사한 결과 출고된 배출가스저감장치 또는 저공해엔진의 구조나 사용 부품 등이 인증 당시와 차이가 있다고 인정되는 경우 [본조신설 2020. 4. 3.]

제82조의9(배출가스저감장치 등의 수시검사의 방법 및 절차)

① 국립환경과학원장은 법 제60조의4에 따라 수시검사를 할 때에는 배출가스저감장치 또는 저공해엔진을 제조·공급 또는 판매하는 자가 공급 또는 판매하기 위하여 보유하고 있는 배출가스저감장치 또는 저공해엔진별로 각각 3대를 선정한다.

② 제1항에 따라 선정된 배출가스저감장치 또는 저공해엔진의 검사방법은 제82조제4항에 따른 시험방법에 따른다.

③ 국립환경과학원장은 배출가스저감장치 또는 저공해엔진이 다음 각 호의 어느 하나에 해당하는 경우에는 해당 배출가스저감장치 또는 저공해엔진을 부적합한 것으로 판정한다.

1. 수시검사(제82조의10에 따른 재검사를 포함한다. 이하 이 조에서 같다) 결과 해당 배출가스저감장치 또는 저공해 엔진의 성능이 저감효율기준을 충족하지 못하는 경우

2. 해당 배출가스저감장치 또는 저공해엔진의 구조·내구성이 제82조제1항제1호와 다른 경우

④ 제3항에 따라 부적합한 것으로 판정된 배출가스저감장치 또는 저공해엔진의 대수가 검사 대상 3대 중 2대 이상 이거나 검사 대상 3대의 평균 저감효율이 저감효율기준에 미달하는 경우에는 해당 배출가스저감장치 또는 저공해 엔진과 같은 부품이나 설비를 이용하여 생산된 배출가스저감장치 또는 저공해엔진 전부를 부적합한 것으로 판정한 다.

⑤ 국립환경과학원장은 제4항에 따라 부적합한 것으로 판정된 배출가스저감장치 또는 저공해 엔진에 대해서는 검사 가 끝난 날부터 10일 이내에 그 검사 결과를 해당 배출가스저감장치 또는 저공해엔진을 제조·공급 또는 판매하는 자에게 통지하고, 그 사실을 환경부장관에게 보고해야 한다.

[본조신설 2020. 4. 3.]

제82조의10(이의신청에 따른 재검사)

① 배출가스저감장치 또는 저공해엔진을 제조·공급 또는 판매하는 자는 제82조 의9제5항에 따른 검사 결과에 이의가 있는 경우 그 검사 결과를 통지받은 날부터 20일 이내에 국립환경과학원장에 게 재검사를 신청할 수 있다.

② 제1항에 따라 재검사 신청을 받은 국립환경과학원장은 배출가스저감장치 또는 저공해엔진 별로 각각 3대를 새로 선정하여 제82조의9에 따라 재검사를 실시해야 한다.

[본조신설 2020. 4. 3.]

제83조(운행차의 수시점검방법 등)

① 법 제61조제1항에 따라 환경부장관, 특별시장·광역시장·특별자치시장·특별 자치도지사 또는 시장·군수·구청장은 점검대상 자동차를 선정한 후 배출가스를 점검하여야 한다. 다만, 원활한 차 량소통과 승객의 편의 등을 위하여 필요한 경우에는 운행 중인 상태에서 원격측정기 또는 비디오카메라를 사용하여 점검할 수 있다.

〈개정 2013. 2. 1., 2013. 5. 24., 2017. 1. 26.〉

② 제1항에 따른 배출가스 측정방법 등에 관하여 필요한 사항은 환경부장관이 정하여 고시한다.

제84조(운행차 수시점검의 면제)

환경부장관, 특별시장·광역시장·특별자치시장·특별자치도지사 또는 시장·군수·구청장은 다음 각 호의 어느 하나에 해당하는 자동차에 대하여는 법 제61조제1항에 따른 운행차의 수시점검을 면 제할 수 있다. 〈개정 2013. 2. 1., 2017. 1. 26.〉

1. 환경부장관이 정하는 저공해자동차

2. 삭제〈2013. 2. 1.〉

3. 「도로교통법」 제2조제22호 및 같은 법 시행령 제2조에 따른 긴급자동차

4. 군용 및 경호업무용 등 국가의 특수한 공용 목적으로 사용되는 자동차

제84조의2(운행차의 배출가스 정기검사 또는 정밀검사의 면제 대상 저공해자동차)

법 제62조제1항 단서 및 제63조제2항제1호에서 "환경부령으로 정하는 자동차"란 각각 영 제1조의2제1호에 따른 제1종 저공해자동차를 말한다.

[전문개정 2020. 4. 3.]

제85조삭제 〈2013. 2. 1.〉

제86조(운행차의 배출가스 정기검사 신청)

법 제62조제1항에 따른 운행차의 배출가스 정기검사를 받으려는 자는 「자동차관리법 시행규칙」 제77조 또는 「건설기계관리법 시행규칙」 제23조에 따른 정기검사를 신청할 때에 운행차 배출가스 정기검사를 신청해야 한다.　　　　　　　　　　〈개정 2014. 2. 6., 2021. 2. 5.〉

[제목개정 2014. 2. 6.]

제86조의2(이륜자동차정기검사의 신청)

① 법 제62조제2항에 따른 이륜자동차정기검사를 받고자 하는 자는 다음 각 호의 서류를 법 제62조의2제1항에 따른 이륜자동차정기검사 업무 대행 전문기관(이하 "이륜자동차정기검사대행자 "라 한다) 또는 법 제62조의3에 따라 지정된 지정정비사업자(이하 "지정정비사업자"라 한다)에게 제출하고 해당 이륜자동차를 제시하여야 한다. 다만, 이륜자동차정기검사대행자 또는 지정정비사업자가 전산망을 통하여 보험 등의 가입 여부를 확인할 수 있는 경우에는 제2호의 보험 등의 가입증명서를 제출한 것으로 본다.

　1. 「자동차관리법 시행규칙」 제99조제2항에 따른 이륜자동차사용신고필증(이하 "이륜자동차사용신고필증"이라 한 다) 또는 별지 제38호서식의 이륜자동차정기검사 결과표

　2. 「자동차손해배상 보장법」 제5조에 따른 보험 등의 가입증명서

② 이륜자동차정기검사를 받기 위한 신청기간은 이륜자동차정기검사의 유효기간(제87조제4항에 따른 이륜자동차 정기검사의 유효기간을 말한다. 이하 "검사유효기간"이라 한다) 만료일(제86조의5에 따라 검사유효기간을 연장하거 나 검사를 유예한 경우에는 그 만료일을 말한다) 전후 각각 31일 이내로 하며, 이 신청기간 내에 이륜자동차정기검 사를 신청하여 이륜자

동차정기검사에서 적합판정을 받은 경우에는 검사유효기간 만료일에 이륜자동차정기검사를 받은 것으로 본다. 다만, 「자동차관리법」 제48조제2항에 따라 사용폐지 신고가 된 이륜자동차가 이륜자동차정기검사의 신청기간이 경과한 후 다시 사용신고가 된 경우(이 경우 다시 사용신고가 된 날을 검사유효기간 만료일로 본 다)의 이륜자동차정기검사의 신청기간은 다시 사용신고가 된 날부터 62일 이내로 한다.

[본조신설 2014. 2. 6.]

제86조의3(이륜자동차정기검사의 실시 등)

① 제86조의2에 따른 정기검사 신청을 받은 이륜자동차정기검사대행자 또 는 지정정비사업자는 제87조제1항에 따라 검사를 실시한 다음 그 검사결과를 별지 제38호서식의 이륜자동차정기검 사 결과표에 작성하여 1부를 검사신청인에게 발급하고, 1부를 2년간 보관하여야 한다. 다만, 이륜자동차정기검사 결 과를 「자동차종합검사의 시행 등에 관한 규칙」 제20조에 따른 자동차검사 전산정보처리조직(이하 "자동차검사 전산 정보처리조직"이라 한다)에 입력하고 보관한 경우에는 그러하지 아니하다.

② 이륜자동차정기검사대행자 또는 지정정비사업자는 제1항에 따른 검사결과에 대하여 법 제62조제2항에 따른 이 륜자동차정기검사의 허용기준 적합 여부를 판정하여야 한다.

③ 이륜자동차정기검사대행자 또는 지정정비사업자는 제2항에 따라 검사결과를 판정한 이륜자동차 중 부적합판정 을 한 이륜자동차에 대해서는 별지 제39호서식의 이륜자동차정기검사 부적합통지서에 그 사유 등을 기재하여 신청 인에게 발급하여야 한다. 다만, 별지 제38호서식의 이륜자동차정기검사 결과표에 부적합 사유를 기록한 경우에는 별지 제39호서식의 검사부적합통지서 발급을 생략할 수 있다.

④ 이륜자동차정기검사대행자 또는 지정정비사업자는 제1항에 따른 검사결과를 시ㆍ도지사에게 지체없이 보고하 여야 한다. 다만, 이륜자동차정기검사 결과를 자동차검사 전산정보처리조직에 기록한 경우에는 그러하지 아니하다.

⑤ 환경부장관은 이륜자동차의 소유자가 도서지역에 거주하고 있거나 이륜자동차의 소유자가 거주하는 지역에 검 사기관이 부족하여 출장검사가 필요하다고 인정하는 경우에는 이륜자동차정기검사대행자로 하여금 출장검사(이동 식 검사장비로 실시하는 검사를 포함한다)를 하게 할 수 있다.

[본조신설 2014. 2. 6.]

제86조의4(이륜자동차정기검사 재검사)

① 법 제62조제2항에 따른 이륜자동차정기검사 결과 부적합 판정을 받은 이륜 자동차의 소유자가 재검사를 받고자 하는 경우에 다음 각 호의 구분에 따른 기간(이하 "재검사기간"이라 한다) 내에 해당 이륜자동차를 검사한 이륜자동차정기검사대행자 또는 지정정비사업자에게 별지 제39호서식의 이륜자동차정 기검사 부적합통지서 또는 별지 제38호서식의 이륜자동차정기검사 결과표와 이륜자동차사용신고필증 및 해당 이륜 자동차를 제시하여야 한다.

1. 제86조의2제2항에 따른 이륜자동차정기검사의 신청기간 내에 이륜자동차정기검사를 신청한 경우: 그 이륜자동 차정기검사의 신청기간 만료 후 10일 이내

2. 제86조의2제2항에 따른 이륜자동차정기검사의 신청기간 경과 후에 이륜자동차정기검사를 신청한 경우: 부적합 판정을 받은 날의 다음 날부터 10일 이내

② 제1항에 따라 재검사의 신청을 받은 이륜자동차정기검사대행자 또는 지정정비사업자는 부적합 항목에 대하여 다시 검사를 실시하여야 한다.

③ 제1항에 따른 재검사기간 내에 적합판정을 받은 경우에는 제86조의3제3항에 따라 부적합통지서를 발급받은 날 에 이륜자동차정기검사를 받은 것으로 본다.

[본조신설 2014. 2. 6.]

제86조의5(검사유효기간의 연장 등)

① 시·도지사는 법 제62조제3항에 따라 검사유효기간을 연장하거나 검사를 유예 하고자 할 때에는 다음 각 호의 구분에 따른다.

1. 이륜자동차정기검사대행자가 천재지변 또는 부득이한 사유로 제86조의3제5항에 따른 출장검사를 실시하지 못할 경우: 이륜자동차정기검사대행자의 요청에 따라 필요하다고 인정되는 기간 동안 해당 이륜자동차의 검사유효기 간을 연장할 것

2. 이륜자동차의 도난·사고 발생 또는 동절기(매년 12월 1일부터 다음 연도 2월말까지) 등 부득이한 사유가 인정되 는 경우: 이륜자동차의 소유자의 신청에 따라 필요하다고 인정되는 기간 동안 해당 이륜자동차의 검사유효기간을 연장하거나 그 정기검사를 유예할 것

3. 전시·사변 또는 이에 준하는 비상사태로 인하여 관할지역 안에서 이륜자동차정기검사 업무를 수행할 수 없다고 판단되는 경우: 그 정기검사를 유예할 것. 이 경우 유예대상 지역 및 이륜자동차, 유예기간 등을 공고하여야 한다.

② 제1항제2호에 따라 검사유효기간의 연장 또는 정기검사의 유예를 받으려는 자는 별지 제40호서식의 이륜자동차 정기검사 유효기간연장(유예)신청서에 이륜자동차사용신고필증과 그 사유를 증명하는 서류를 첨부하여 시·도지사 에게 제출하여야 한다.

③ 시 · 도지사는 제2항에 따라 이륜자동차정기검사 유효기간연장(유예)신청을 받은 경우 그 사유를 검토하여 타당 하다고 인정되는 때에는 검사유효기간을 연장하거나 그 정기검사를 유예하고 자동차검사 전산정보처리조직에 기 록하여야 한다.

[본조신설 2014. 2. 6.]

제86조의6(이륜자동차정기검사의 신청기간 경과의 통지)

시 · 도지사는 신고된 이륜자동차 중 제86조의2제2항에 따른 이륜자동차정기검사의 신청기간이 경과한 이륜자동차의 소유자에게 이륜자동차정기검사의 신청기간이 지난 날부터 10일 이내 및 20일 이내 각각 그 소유자에게 다음 각 호의 사항을 알려야 한다.

1. 이륜자동차정기검사의 신청기간이 지난 사실
2. 이륜자동차정기검사의 유예가 가능한 사항 및 그 신청방법
3. 이륜자동차정기검사를 받지 아니하는 경우에 부과되는 벌칙 · 과태료 및 법적 근거

[본조신설 2014. 2. 6.]

제86조의7(이륜자동차정기검사의 신청기간이 지난 이륜자동차에 대한 검사명령)

① 시 · 도지사는 신고된 이륜자동차 중 제86조의2제2항에 따른 신청기간이 끝난 후 30일이 지난 날까지 이륜자동차정기검사를 받지 아니한 이륜자동차 의 소유자에게 지체 없이 이륜자동차정기검사를 받도록 명하여야 한다. 이 경우 9일 이상의 이행 기간을 주어야 한 다.

② 제1항에 따른 이륜자동차정기검사의 명령은 별지 제41호서식에 따른 이륜자동차정기검사명령서에 따른다.

[본조신설 2014. 2. 6.]

제87조(운행차의 배출가스 정기검사 방법 등)

① 법 제62조제6항에 따른 운행차 배출가스 정기검사 및 이륜자동차정기 검사의 대상항목, 방법 및 기준은 별표 22와 같다.   〈개정 2014. 2. 6.〉

② 법 제62조제6항에 따른 검사기관(같은 조 제1항에 따른 운행차 배출가스 정기검사기관으로 한정한다)은 「자동 차관리법」 제44조제1항 또는 「건설기계관리법」 제14조제1항에 따라 지정된 검사대행자나 「자동차관리법」 제45조 제1항에 따라 지정된 지정정비사업자 중 별표 23에서 정한 검사장비 및 기술능력을 갖춘 자(이하 "운행차정기검사 대행자"라 한다)로 한 다.   〈개정 2014. 2. 6., 2021. 2. 5.〉

③ 운행차정기검사대행자가 제1항에 따라 검사를 한 경우에는 그 결과를 기록해야 한다.

〈개정 2021. 2. 5.〉

④ 법 제62조제6항에 따른 이륜자동차정기검사의 대상, 주기 및 유효기간은 별표 23의2와 같다.

〈신설 2014. 2. 6.〉

[제목개정 2014. 2. 6.]

제88조(운행차의 배출가스 정기검사 결과 자료의 요청 등)

① 법 제62조제8항에 따라 환경부장관은 다음 각 호의 자료 를 국토교통부장관에게 요청할 수 있다. 〈개정 2008. 3. 3., 2013. 3. 23., 2014. 2. 6.〉

　1. 운행차정기검사대행자별로 검사한 운행차의 종류, 사용연료, 연식, 용도 및 주행거리별 배출가스 측정치(공기과 잉률을 포함한다)

　2. 배출가스 관련부품의 이상 유무 확인결과

　3. 그 밖에 환경부장관이 자동차의 배출가스저감정책 등의 수립을 위하여 필요하다고 인정하는 자료

② 환경부장관은 제1항 각 호의 자료를 검토한 결과 운행차정기검사대행자에 대한 검사가 필요하다고 인정되면 「자동차관리법」 제72조제2항에 따른 검사를 국토교통부장관에게 요청할 수 있다. 〈개정 2008. 3. 3., 2013. 3. 23.〉

[제목개정 2014. 2. 6.]

제89조(이륜자동차정기검사 업무 대행기관 등의 시설기준)

　법 제62조의2제2항 및 법 제62조의3제3항에 따른 이륜자동 차정기검사대행자 및 지정정비사업자가 갖추어야 할 시설·장비·기술인력 및 기타 필요한 설비의 기준은 별표 24와 같다.

　[본조신설 2014. 2. 6.]

제90조(지정정비사업자의 지정신청 등)

① 법 제62조의3제2항에 따라 지정정비사업자로 지정을 받으려는 자동차정비 업자는 별지 제42호서식의 이륜자동차 지정정비사업자 지정신청서에 다음 각 호의 서류를 첨부하여 관할 시·도지 사에게 제출하여야 한다.

　1. 자동차관리사업 등록증 사본

　2. 제89조에 따른 시설·장비·기술인력 등의 확보를 증명하는 서류[설비 및 기기일람표와 그 배치도, 장비의 정도 검사(精度檢査)증명서를 포함한다]

　3. 이륜자동차정기검사 업무규정(시설·장비·기술인력 관리 및 검사시행 절차 등 검사업무

수행에 필요한 사항을 포함하여야 한다)

　　4. 설비 및 기기일람표와 그 배치도

② 제1항에 따른 지정 신청을 받은 시·도지사는 「전자정부법」 제36조제1항에 따른 행정정
보의 공동이용을 통하 여 법인등기사항증명서(법인만 해당한다) 및 사업자등록증을 확인하
여야 한다. 다만, 신청인이 사업자등록증의 확 인에 동의하지 아니하면 해당 서류를 첨부하
도록 하여야 한다.

③ 제1항에 따른 지정 신청을 받은 시·도지사는 신청서류 검토 및 현지 확인을 한 후 제89조에
따른 시설 기준 등 에 적합하다고 인정될 때에는 검사업무 개시일을 정하여 별지 제43호서식
의 이륜자동차 지정정비사업자 지정서를 신청인에게 발급하고, 관련 사항을 자동차검사 전
산정보처리조직에 입력하여야 한다.

[본조신설 2014. 2. 6.]

제91조(지정취소 등)

① 법 제62조의4제2항에 따른 이륜자동차정기검사대행자 및 지정정비사업자에 대한 처분의 세
부 기준은 별표 36과 같다.

② 환경부장관 또는 시·도지사는 이륜자동차정기검사대행자 또는 지정정비사업자의 위반행
위 사실을 알았을 때 에는 특별한 사유가 없으면 그 사실을 안 날부터 10일 이내에 이 규칙에
따른 처분을 하되, 그 처분으로 인하여 이 륜자동차정기검사를 받아야 하는 자에게 불편을
주는 경우에는 처분일부터 일정한 기간이 지난 후에 그 처분의 효 력이 발생하도록 하여야
한다.

③ 제2항에 따른 처분은 별지 제44호서식에 따라 서면으로 하여야 한다.

④ 환경부장관 또는 시·도지사는 제2항에 따른 처분을 하였을 때에는 이륜자동차정기검사대
행자 또는 지정정비사 업자별로 별지 제45호서식의 처분대장에 그 처분사항을 기록하고 3년
이상 보존하여야 한다.

[본조신설 2014. 2. 6.]

제92조삭제 〈2013. 2. 1.〉

제93조삭제 〈2013. 2. 1.〉

제94조삭제 〈2013. 2. 1.〉

제95조삭제 〈2013. 2. 1.〉

제95조의2삭제 〈2013. 2. 1.〉

제96조(정밀검사대상자동차 등)

법 제63조제5항에 따른 정밀검사 대상자동차 및 정밀검사 유효기간은 별표 25와 같다.

〈개정 2008. 10. 6., 2013. 2. 1.〉

제97조(정밀검사의 검사방법 등)

법 제63조제5항에 따른 정밀검사의 방법·기준 및 검사대상 항목은 별표 26과 같다.

〈개정 2008. 10. 6., 2013. 2. 1.〉

제98조삭제 〈2013. 2. 1.〉

제99조삭제 〈2013. 2. 1.〉

제100조삭제 〈2013. 2. 1.〉

제101조삭제 〈2013. 2. 1.〉

제102조삭제 〈2013. 2. 1.〉

제103조(전문정비사업자의 등록절차 등)

① 법 제68조제1항에 따라 배출가스 전문정비사업자(이하 "전문정비사업자"라 한다)로 등록 또는 변경등록하려는 자는 별지 제47호서식의 배출가스 전문정비사업 등록신청서 또는 별지 제47호의2서식의 배출가스 전문정비사업 변경등록신청서에 다음 각 호의 서류를 첨부하여 관할 시장·군수·구청장 에게 제출(정보통신망에 의한 제출을 포함한다)하여야 한다.

〈개정 2013. 2. 1., 2017. 1. 26.〉

1. 자동차관리사업 등록증 사본
2. 시설·장비 및 기술인력의 보유현황과 이를 증명할 수 있는 서류 1부

② 제1항에 따른 신청서를 제출받은 시장·군수·구청장은 「전자정부법」 제36조제1항에 따른 행정정보의 공동이용을 통하여 법인 등기사항증명서(법인만 해당한다) 및 사업자등록증을 확인하여야 한다. 다만, 신청인이 사업자등록증의 확인에 동의하지 아니하면 해당 서류를 첨부하도록 하여야 한다. 〈신설 2013. 2. 1.〉

③ 제1항에 따라 등록 또는 변경등록 신청을 받은 시장·군수·구청장은 신청서류를 검토하고 현지확인을 하여야 하며, 법 제68조제1항에 따른 시설·장비 및 기술능력을 갖추었다고 인정되면 별지 제48호서식의 배출가스 전문정비사업자 등록증을 신청인에게 발급(변경등록의 경우는 배출가스 전문정비사업자 등록증에 변경사항을 기록하여 발급)하여야 한다.

〈개정 2008. 4. 17., 2013. 2. 1.〉

④ 시장·군수·구청장은 전문정비사업자의 등록 또는 변경등록을 하거나 법 제69조에 따라 등록을 취소한 경우에는 등록번호, 업소명, 소재지, 대표자 및 검사 항목을 해당 지방자치단체의 공보에 공고하여야 한다. 〈신설 2013. 2. 1.〉

[제목개정 2013. 2. 1.]

제104조(배출가스 점검·정비 및 확인검사결과표의 발급 등)

① 법 제68조제2항에 따라 발급하는 정비·점검 및 확인 검사 결과표는 별지 제48호의2서식과 같다.

② 배출가스 관련 부품 등의 정비·점검 및 확인검사의 수수료는 전문정비사업자가 검사장비의 사용 비용, 재료비 등을 고려하여 정한다. [전문개정 2013. 2. 1.]

제104조의2(전문정비 기술인력의 교육)

① 전문정비사업자는 법 제68조제3항에 따라 등록된 배출가스 전문정비 기술 인력(이하 "전문정비 기술인력"이라 한다)에게 환경부장관 또는 전문정비 기술인력에 관한 교육을 위탁받은 기관(이하 "전문정비 교육기관"이라 한다)이 실시하는 다음 각 호의 구분에 따른 교육을 받도록 하여야 한다. 〈개정 2017. 1. 26.〉

1. 신규교육: 전문정비 기술인력으로 채용된 날부터 4개월 이내에 1회(정비·점검 분야의 기술인력 및 정밀검사 지역에서의 확인검사 분야 기술인력만 해당한다)

2. 정기교육: 신규교육을 받은 연도를 기준으로 3년마다 1회(정비·점검 분야의 기술인력만 해당한다)

② 제1항에도 불구하고 전문정비 기술인력으로 근무하던 사람이 퇴직 후 1년 6개월 이내에 전문정비 기술인력으로 다시 채용된 경우 또는 전문정비 기술인력으로 채용되기 전 1년 6개월

이내에 전문정비 기술 인력에 관한 교육을 받은 경우에는 제1항제1호의 신규교육을 받은 것으로 본다.

③ 전문정비사업자는 전문정비 기술인력이 제1항에 따라 교육을 받은 경우에는 교육을 이수한 날부터 14일 이내에 교육 이수 현황을 관할 특별자치시장·특별자치도지사·시장·군수·구청장에게 보고하거나 법 제54조에 따른 자동차 배출가스 종합전산체계(이하 "자동차 배출가스 종합전산체계"라 한다)에 입력하여야 한다. 〈신설 2017. 1. 26.〉

④ 전문정비 교육기관은 전문정비 교육에 필요한 시설·장비 등을 확보한 대학의 신청 또는 동의를 받아 환경부장관이 지정한다. 〈개정 2017. 1. 26.〉

⑤ 제4항에 따라 지정된 전문정비 교육기관은 교육기관별 교육계획을 총괄·수립하고 전문정비 교육의 전문성을 높이기 위하여 법인인 전문정비 교육기관 협의회를 구성·운영할 수 있다. 〈개정 2017. 1. 26.〉

⑥ 제1항부터 제5항까지에서 규정한 사항 외에 전문정비 교육기관의 지정절차, 전문정비 교육기관이 갖추어야 할 시설·장비, 교육시간 및 교육내용, 교육 이수 현황의 보고, 그 밖에 기술인력의 교육에 필요한 사항은 환경부장관이 정하여 고시한다. 〈개정 2017. 1. 26.〉

[본조신설 2013. 2. 1.]

[종전 제104조의2는 제104조의3으로 이동 〈2013. 2. 1.〉]

제104조의3(전문정비사업자의 준수사항)

법 제68조제4항제4호에서 "환경부령으로 정하는 준수사항"이란 별표 30의 2에서 정하는 사항을 말한다. 〈개정 2013. 2. 1.〉

[본조신설 2008. 4. 17.]

[제목개정 2013. 2. 1.]

[제104조의2에서 이동 〈2013. 2. 1.〉]

제105조(전문정비사업자의 관리 등)

① 시장·군수·구청장은 전문정비사업자가 법 제63조제4항에 따라 배출가스 정밀검사에서 부적합 판정을 받은 자동차를 정비한 결과를 매년 해당 시·군·구의 공보에 공고하고, 이를 「자동차관리법」 제44조의2에 따라 지정을 받은 종합검사대행자(이하 "종합검사대행자"라 한다)와 같은 법 제45조의2에 따라 지정을 받은 종합검사지정정비사업자(이하 "종합검사지정정비사업자"라 한다)가 검사소에 게시하도록 하여야 한다. 〈개정 2013. 2. 1.〉

② 종합검사대행자나 종합검사지정정비사업자는 법 제63조제4항에 따라 전문정비사업자로부

터 정비를 받아야 하 는 자동차의 소유자에게 전문정비사업자의 약도 · 연락처 등이 기재된 안내문을 제공하여야 한다. 〈개정 2013. 2. 1.〉

③ 제1항에 따른 정비결과에는 다음 각 호의 사항이 포함되어야 한다. 1. 정비차량 대수 2. 정비차량의 재검사 결과 및 합격률

[제목개정 2013. 2. 1.]

제106조(운행차의 개선명령)

① 법 제70조제1항에 따른 개선명령은 별지 제49호서식에 따른다.

② 법 제70조제1항에 따라 개선명령을 받은 자는 개선명령일부터 15일 이내에 전문정비사업자 또는 자동차제작자 에게 별지 제49호서식의 개선명령서를 제출하고 정비 · 점검 및 확인검사를 받아야 한다. 〈개정 2008. 4. 17., 2013. 2. 1., 2017. 1. 26.〉

③ 법 제70조제4항에서 "환경부령으로 정하는 기간"이란 정비 · 점검 및 확인검사를 받은 날부터 3개월로 한다. 이 경우 세부적인 검사의 면제 기준은 환경부장관이 정하여 고시한다.

〈신설 2013. 2. 1.〉

④ 제2항에 따라 정비 · 점검 및 확인검사를 한 전문정비사업자 또는 자동차제작자는 법 제70조제5항에 따라 별지 제48호의2서식의 정비 · 점검 및 확인검사 결과표를 3부 작성하여 1부는 자동차소유자에게 발급하고, 1부는 개선 결과를 확인한 날부터 10일 이내에 관할 특별시장 · 광역시장 · 특별자치시장 · 특별자치도지사 또는 시장 · 군수 · 구청장에게 제출하여야 하며, 1부는 1년간 보관하여야 한다. 다만, 법 제68조제2항에 따라 정비 · 점검 및 확인검사 결과를 자동차 배출가스 종합전산체계에 입력한 경우에는 관할 특별시장 · 광역시장 · 특별자치시장 · 특별자치도지사 또는 시장 · 군수 · 구청장에게 제출한 것으로 본다.

〈신설 2008. 4. 17., 2013. 2. 1., 2017. 1. 26.〉

제107조(자동차의 운행정지명령)

① 특별시장 · 광역시장 · 특별자치시장 · 특별자치도지사 또는 시장 · 군수 · 구청장은 법 제70조의2제1항에 따라 자동차의 운행정지를 명하려는 경우에는 해당 자동차 소유자에게 별지 제49호서식의 자 동차 운행정지명령서를 발급하고, 자동차의 전면유리 우측상단에 별표 31의 운행정지표지를 붙여야 한다. 〈개정 2013. 2. 1., 2017. 1. 26.〉

② 제1항에 따라 부착된 운행정지표지는 법 제70조의2제1항에 따른 운행정지기간 내에는 부착 위치를 변경하거나 훼손하여서는 아니 된다. 〈개정 2013. 2. 1.〉

[제목개정 2013. 2. 1.]

제108조삭제 〈2013. 2. 1.〉

제109조삭제 〈2013. 2. 1.〉

제110조삭제 〈2013. 2. 1.〉

제111조삭제 〈2013. 2. 1.〉

제112조삭제 〈2013. 2. 1.〉

제113조삭제 〈2013. 2. 1.〉

제114조삭제 〈2013. 2. 1.〉

제115조(자동차연료 · 첨가제 또는 촉매제의 제조기준 등)

법 제74조제1항에 따른 자동차연료 · 첨가제 또는 촉매제의 제조기준은 별표 33과 같다.

〈개정 2009. 7. 14.〉

[제목개정 2009. 7. 14.]

제116조(자동차연료 · 첨가제 또는 촉매제 제조기준의 적용 예외)

법 제74조제6항 단서에서 "학교나 연구기관 등 환경 부령으로 정하는 자"란 다음 각 호의 자를 말한다. 〈개정 2009. 7. 14., 2016. 6. 2., 2021. 12. 30.〉

1. 「고등교육법」에 따른 대학 · 산업대학 · 전문대학 및 기술대학과 그 부설연구기관 2. 국공립연구기관
3. 「특정연구기관 육성법」에 따른 연구기관
4. 「기술개발촉진법」 제7조에 따른 기업부설연구소
5. 「산업기술연구조합 육성법」에 따른 산업기술연구조합
6. 「환경기술개발 및 지원에 관한 법률」 제10조에 따른 환경기술개발센터

[제목개정 2009. 7. 14.]

제117조(자동차연료 · 첨가제 또는 촉매제의 규제)

국립환경과학원장은 법 제74조제7항에 따라 자동차연료 · 첨가제 또 는 촉매제로 환경상의 위해가 발생하거나 인체에 매우 유해한 물질이 배출된다고 인정되면 해당 자동차연료 · 첨가 제 또는 촉매제의 사용 제한, 다른 연료로의 대체 또는 제작자동차의 단위연료량에 대한 목표주행거리의 설정 등 필 요한 조치를 할 수 있다. 〈개정 2009. 7. 14., 2016. 6. 2., 2021. 12. 30.〉

[제목개정 2009. 7. 14.]

제118조삭제 〈2009. 7. 14.〉

제119조(첨가제 및 촉매제의 제조기준 적합 제품 표시방법)

법 제74조제8항에 따라 첨가제 또는 촉매제 제조기준에 맞 는 제품임을 표시하는 방법은 별표 34와 같다. 〈개정 2009. 7. 14., 2016. 6. 2., 2021. 12. 30.〉

[제목개정 2009. 7. 14.]

제120조(자동차연료 · 첨가제 또는 촉매제 검사수수료)

① 법 제74조제9항에 따른 검사수수료는 국립환경과학원장이 정하여 고시한다.

〈개정 2016. 6. 2., 2021. 12. 30.〉

② 국립환경과학원장은 제1항에 따라 수수료를 정하려는 경우에는 미리 국립환경과학원의 인터넷 홈페이지에 20일(긴급한 사유가 있는 경우에는 10일)간 그 내용을 게시하고 이해관계인의 의견을 들어야 한다.

③ 국립환경과학원장은 제1항에 따른 수수료를 정하였을 때에는 그 내용과 산정내역을 국립환경과학원의 인터넷 홈페이지를 통하여 공개하여야 한다.

[전문개정 2011. 3. 31.]

제120조의2(자동차연료 · 첨가제 또는 촉매제의 검사방법 등)

① 법 제74조제1항에 따른 자동차연료 · 첨가제 또는 촉 매제가 제조기준에 맞는지에 관한 검사의 방법은 「환경분야 시험 · 검사 등에 관한 법률」 에 따르되, 그 제조기준 중 대기오염물질에 해당되지 아니하나 대기오염에 영향을 주는 항목의 기준은 다음 각 호에 따른다.

1. 「산업표준화법」 제12조에 따른 한국산업표준

2. 그 밖에 환경부장관이 정하여 고시하는 시험방법

② 제1항에 따른 자동차연료 · 첨가제 또는 촉매제의 종류별 검사시기 등에 관한 사항은 국립환경과학원장이 정하 여 고시한다.

[본조신설 2009. 7. 14.]

제120조의3(자동차연료·첨가제 또는 촉매제의 검사절차)

① 법 제74조제2항에 따라 자동차연료·첨가제 또는 촉매제 의 검사를 받으려는 자는 별지 제53호서식의 자동차연료·첨가제 또는 촉매제 검사신청서에 다음 각 호의 시료 및 서류를 첨부하여 국립환경과학원장 또는 법 제74조의2제1항에 따라 지정된 검사기관에 제출하여야 한다.

1. 검사용 시료

2. 검사 시료의 화학물질 조성 비율을 확인할 수 있는 성분분석서

3. 최대 첨가비율을 확인할 수 있는 자료(첨가제만 해당한다)

4. 제품의 공정도(촉매제만 해당한다)

② 제1항에 따라 신청인이 신청서를 국립환경과학원장에게 제출하는 경우 담당 공무원은 「전자정부법」 제36조제 1항에 따른 행정정보의 공동이용을 통하여 사업자등록증 또는 주민등록초본을 확인하여야 하며, 신청인이 확인에 동의하지 아니하는 경우에는 사업자등록증 사본(「부가가치세법」 제8조에 따른 사업자등록을 하지 아니한 경우에 는 주민등록증 사본)을 첨부하게 하여야 한다. 다만, 신청인이 신청서를 법 제74조의2제1항에 따라 지정된 검사기 관에 제출하는 경우에는 사업자등록증 사본(「부가가치세법」 제8조에 따른 사업자등록을 하지 아니한 경우에는 주 민등록증 사본)을 첨부하여야 한다. (개정 2017. 12. 28.)

③ 국립환경과학원장 또는 법 제74조의2제1항에 따른 검사기관은 검사결과 자동차연료·첨가제 또는 촉매제가 법 제74조제1항에 따른 기준에 맞게 제조된 것으로 인정되면 별지 제54호서식, 별지 제55호서식 또는 별지 제55호의 2서식의 자동차연료 검사합격증, 첨가제 검사합격증 또는 촉매제 검사합격증을 발급하여야 한다.

[본조신설 2009. 7. 14.]

제120조의4(첨가제·촉매제 제조업체의 변경신고)

① 법 제74조제11항에서 "업체명, 주소 등 환경부령으로 정하는 사 항"이란 다음 각 호의 사항을 말한다.

1. 업체명 및 대표자 성명

2. 사무실 또는 사업장의 주소

3. 제품명(제품의 품질변경 없이 제품명만 변경되는 경우로 한정한다)

② 법 제74조제11항에 따라 변경신고를 하려는 자는 그 사유가 발생한 날부터 30일 이내에 별지

제57호의3서식의 자동차 첨가제 또는 촉매제 제조업체 변경신고서에 사업자등록증 사본과 다음 각 호의 구분에 따른 서류를 첨부하 여 국립환경과학원장에게 제출해야 한다.

1. 첨가제의 경우: 별지 제55호서식의 첨가제 검사합격증 원본 및 변경내용을 증명하는 서류

2. 촉매제의 경우: 별지 제55호의2서식의 촉매제 검사합격증 원본 및 변경내용을 증명하는 서류

③ 국립환경과학원장은 제2항에 따라 변경신고를 받은 경우에는 첨가제 검사합격증 또는 촉매제 검사합격증에 변 경신고 사항을 적어 신고인에게 발급해야 한다.

[본조신설 2021. 12. 30.]

제121조(자동차연료 · 첨가제 또는 촉매제 검사기관의 지정기준)

① 법 제74조의2제1항에 따라 자동차연료 · 첨가제 또 는 촉매제 검사기관으로 지정받으려는 자가 갖추어야 할 기술능력 및 검사장비는 별표 34의2와 같다.

② 자동차연료 검사기관과 첨가제 검사기관을 함께 지정받으려는 경우에는 해당 기술능력과 검사장비를 중복하여 갖추지 아니할 수 있다.

[전문개정 2009. 7. 14.]

제121조의2(자동차연료 또는 첨가제 검사기관의 구분)

① 법 제74조의2제1항에 따른 자동차연료 검사기관은 검사대상 연료의 종류에 따라 다음과 같이 구분한다. 〈개정 2012. 1. 25.〉

1. 휘발유 · 경유 검사기관

2. 엘피지(LPG) 검사기관

3. 바이오디젤(BD100) 검사기관

4. 천연가스(CNG) · 바이오가스 검사기관

② 법 제74조의2제1항에 따른 첨가제 검사기관은 검사대상 첨가제의 종류에 따라 다음과 같이 구분한다.

1. 휘발유용 · 경유용 첨가제 검사기관

2. 엘피지(LPG)용 첨가제 검사기관

[본조신설 2009. 7. 14.]

제121조의3(검사대행기관의 변경신고)

① 법 제74조의2제2항에서 "시설 · 장비 등 환경부령으로 정하는 중요한 사항 "이란 다음 각 호

를 말한다.

1. 기술능력(검사원의 자격 및 수)

2. 시설 · 검사장비

② 법 제74조의2제2항에 따라 변경신고를 하려는 자는 그 사유가 발생한 날부터 30일 이내에 별지 제57호의2서식 의 변경신고서에 다음 각 호의 서류를 첨부하여 국립환경과학원장에게 제출해야 한다.

1. 학위증명서 사본 또는 자격증 사본(기술능력을 변경한 경우만 해당한다)

2. 시설 · 검사장비가 제121조제1항에 따른 지정기준을 충족함을 증명하는 서류(시설 · 검사장비를 변경한 경우만 해당한다)

[본조신설 2021. 6. 30.]

제122조(자동차연료 · 첨가제 또는 촉매제 검사기관 지정신청서 및 지정서)

① 법 제74조의2제1항에 따른 자동차연료 · 첨가제 또는 촉매제 검사기관으로 지정을 받으려는 자는 별지 제56호서식의 자동차연료 · 첨가제 또는 촉매제 검 사기관 지정신청서에 다음 각 호의 서류를 첨부하여 국립환경과학원장에게 제출하여야 한다. 이 경우 담당 공무원은 「전자정부법」 제36조제1항에 따른 행정정보의 공동이용을 통하여 법인 등기사항증명서 또는 사업자등록증을 확인 하여야 하며, 신청인이 사업자등록증의 확인에 동의하지 아니하는 경우에는 그 사본을 첨부하게 하여야 한다. 〈개정 2009. 7. 14., 2017. 12. 28.〉

1. 정관(법인인 경우만 해당한다)

2. 검사기관의 기술능력 및 검사장비에 관한 증명서류

3. 검사시설의 현황 및 장비의 배치도

4. 검사업무 실시에 관한 내부 규정

② 국립환경과학원장은 제1항에 따른 지정신청이 제121조제1항에 따른 지정기준에 맞으면 별지 제57호서식의 자 동차연료 검사기관 지정서를 신청인에게 발급하여야 한다.

〈개정 2009. 7. 14.〉

[제목개정 2017. 12. 28.]

제123조삭제 〈2017. 12. 28.〉

제123조의2삭제 〈2017. 12. 28.〉

제124조(선박의 배출허용기준)

법 제76조에 따른 선박의 배출허용기준은 별표 35와 같다.

제4장의2 자동차 온실가스 배출 관리 〈신설 2014. 2. 6.〉

제124조의2(자동차 온실가스 배출허용기준 적용대상)

법 제76조의2에서 "환경부령으로 정하는 자동차"란 국내에서 제 작되거나 국외에서 수입되어 국내에 판매 중인 자동차 중 「자동차관리법 시행규칙」 별표 1에 따른 승용자동차 · 승 합자동차로서 승차인원이 15인승 이하이고 총 중량이 3.5톤 미만인 자동차와 화물자동차로서 총 중량이 3.5톤 미만 인 자동차를 말한다. 다만, 다음 각 호의 자동차는 제외한다.

〈개정 2015. 7. 21., 2017. 12. 28.〉

1. 환자의 치료 및 수송 등 의료목적으로 제작된 자동차
2. 군용(軍用)자동차
3. 방송 · 통신 등의 목적으로 제작된 자동차
4. 2012년 1월 1일 이후 제작되지 아니하는 자동차
5. 「자동차관리법 시행규칙」 별표 1 제2호에 따른 특수형 승합자동차 및 특수용도형 화물자동차 [본조신설 2014. 2. 6.]

제124조의3(자동차 온실가스 배출량 측정시험 및 보고)

① 법 제76조의3제1항 단서에서 "환경부령으로 정하는 장비 및 인력"이란 별표 19에 따른 장비 및 인력을 말한다.
② 자동차제작자는 법 제76조의3제1항에 따라 별지 제62호서식의 자동차 온실가스 배출량 측정시험 결과를 작성 하여 환경부장관에게 보고하여야 한다.
③ 법 제76조의3제3항 전단에 따른 사후검사를 하는 경우 복합 온실가스 배출량을 기준으로 하되, 허용 오차범위는 +5%로 한다. 〈신설 2015. 7. 21.〉
④ 제3항에서 규정한 사항 외에 대상 자동차 선정 방법 및 선정 대수 등 사후검사에 필요한 사항은 환경부장관이 정하여 고시한다. 〈신설 2015. 7. 21.〉
[본조신설 2014. 2. 6.]

제124조의4(자동차 온실가스 배출량의 표시방법 등)

법 제76조의4제2항에 따른 자동차 온실가스 배출량 표시는 소비 자가 쉽게 알아볼 수 있도록 자동차의 전면·후면 또는 측면 유리 바깥면의 잘 보이는 위치에 명확한 방법으로 표시 하여야 한다. 이 경우 표시의 크기 및 모양 등은 환경부장관이 정하여 고시한다.

[본조신설 2014. 2. 6.]

제124조의5(자동차 온실가스 배출량의 상환 및 이월 등)

법 제76조의5제2항에서 "환경부령으로 정하는 기간"이란 각각 3년을 말한다.

[본조신설 2014. 2. 6.]

제4장의3 냉매의 관리 〈신설 2018. 11. 29.〉

제124조의6(냉매사용기기의 범위)

법 제76조의9제3항에 따른 냉매사용기기의 범위는 별표 35의2와 같다.

[본조신설 2018. 11. 29.]

제124조의7(냉매관리기준)

법 제76조의9제3항에 따른 냉매관리기준은 별표 35의3과 같다.

[본조신설 2018. 11. 29.]

제124조의8(냉매관리기록부의 기록·보존 등)

① 냉매사용기기의 소유자·점유자 또는 관리자(이하 "소유자등"이라 한 다)는 법 제76조의10제2항에 따라 냉매사용기기의 유지·보수 및 회수·처리 현황을 별지 제63호서식의 냉매관리 기록부에 기록하고 3년간 보존해야 한다. 다만, 냉매사용기기의 유지·보수 및 회수·처리 현황을 법 제76조의15에 서 정한 냉매정보관리전산망(이하 "냉매정보관리전산망"이라 한다)에 입력하는 경우에는 그렇지 않다.

② 소유자등은 제1항 본문에 따라 작성한 냉매관리기록부의 사본에 다음 각 호의 서류를 첨부하여 다음 해 2월말까 지 환경부장관에게 제출해야 한다. 이 경우 제1항 단서에 따라 냉매사용기기의 유지·보수 및 회수·처리 현황을 냉매정보관리전산망에 입력한 경우에는 입력한 날에 제출한 것으로 본다.

1. 냉매사용기기 매매 · 임대 · 폐기현황을 증명할 수 있는 서류

2. 냉매회수를 위한 영 별표 14의2 제1호의 시설 · 장비의 매매 또는 임대현황을 증명할 수 있는 서류

3. 냉매 회수 · 처리현황을 증명할 수 있는 서류 4. 냉매 구매현황을 증명할 수 있는 서류

③ 제1항 및 제2항에도 불구하고 소유자등은 냉매사용기기를 신규 설치, 교체 또는 폐기하는 등의 변경사항이 없는 경우로서 냉매의 회수 · 처리현황이 없는 경우에는 냉매관리기록부를 기록 · 제출하지 않는다. [

본조신설 2018. 11. 29.]

제124조의9(냉매의 재사용)

법 제76조의11제1항에서 "환경부령으로 정하는 재사용"이란 다음 각 호의 어느 하나에 해 당하는 경우를 말한다.

1. 냉매사용기기를 유지 · 보수하기 위하여 회수한 냉매를 해당 냉매사용기기에 다시 주입하는 경우

2. 냉매사용기기에서 회수한 냉매를 사업장 내의 다른 냉매사용기기에 주입하는 경우

[본조신설 2018. 11. 29.]

제124조의10(냉매회수업의 등록 등)

① 법 제76조의11제1항에 따라 냉매회수업을 등록하려는 자는 별지 제64호서식의 냉매회수업 등록 신청서(전자문서로 된 신청서를 포함한다)에 영 별표 14의2에 따른 시설 · 장비 및 기술 인력의 보유 현황과 이를 증명할 수 있는 서류(전자문서를 포함한다)를 첨부하여 한국환경공단에 제출해야 한다.

② 제1항에 따른 신청서를 제출받은 한국환경공단은 「전자정부법」 제36조제1항에 따른 행정 정보의 공동이용을 통 하여 다음 각 호의 서류를 확인해야 한다. 다만, 신청인이 해당 서류의 확인에 동의하지 않는 경우에는 해당 서류의 사본을 첨부하도록 해야 한다.

1. 법인 등기사항증명서(신청인이 법인인 경우만 해당한다)

2. 사업자등록증(신청인이 개인인 경우만 해당한다)

③ 한국환경공단은 제1항에 따른 냉매회수업 등록 신청을 받은 경우에는 영 별표 14의2에 따른 시설 · 장비 및 기술 인력의 기준을 갖추고 있는지 여부를 확인하고, 적합한 경우에는 별지 제65호서식의 냉매회수업 등록증을 신청인 에게 발급해야 한다.

④ 법 제76조의11제1항에 따른 냉매회수업자(이하 "냉매회수업자"라 한다)는 영 제60조의4제2

항 각 호의 어느 하 나에 해당하는 사항을 변경하려는 경우에는 별지 제64호서식의 냉매회수업 변경등록 신청서에 냉매회수업 등록증 과 변경하려는 내용을 증명할 수 있는 서류 1부를 첨부하여 한국환경공단에 제출해야 한다.

⑤ 한국환경공단은 법 제76조의11제3항에 따라 냉매회수업자의 등록을 한 경우에는 그 내용을 별지 제66호서식의 냉매회수업 등록대장에 기록해야 한다.

⑥ 제3항에 따라 발급받은 등록증을 잃어버렸거나 헐어 못 쓰게 된 경우에는 별지 제67호서식의 냉매회수업 등록 증 재발급 신청서를 한국환경공단에 제출해야 한다. 이 경우 헐어 못 쓰게 되어 재발급받으려면 해당 등록증을 첨부 해야 한다.

[본조신설 2018. 11. 29.]

제124조의11(냉매회수결과표의 기록 · 보존 등)

① 냉매회수업자는 법 제76조의12제2항에 따라 냉매를 회수한 경우에 는 별지 제68호서식의 냉매회수결과표에 그 내용을 기록하고 3년간 보존해야 한다. 다만, 냉매회수결과를 냉매정보관리전산망에 입력한 경우에는 그렇지 않다.

② 냉매회수업자는 제1항에 따른 냉매회수결과표의 사본을 소유자등에게 발급해야 한다.

③ 냉매회수업자는 제1항에 따른 냉매회수결과표의 사본을 다음 각 호의 구분에 따른 기간까지 환경부장관에게 제 출해야 한다. 다만, 냉매회수결과를 냉매정보관리전산망에 입력한 경우에는 그렇지 않다.

1. 1월 1일부터 6월 30일까지의 냉매회수결과: 7월 15일까지
2. 7월 1일부터 12월 31일까지의 냉매회수결과: 다음 해 1월 15일까지

[본조신설 2018. 11. 29.]

제124조의12(냉매회수 기술인력에 대한 교육)

① 법 제76조의12제3항에 따라 등록된 기술인력이 받아야 할 교육은 다 음 각 호의 구분에 따른다.

1. 신규교육: 냉매회수 기술인력으로 등록된 날부터 4개월 이내에 1회. 다만, 다음 각 목의 경우에는 신규교육을 면 제한다.

    가. 냉매회수 기술인력으로 근무하던 사람이 퇴직한 날부터 1년 6개월 이내에 냉매회수 기술인력으로 다시 등록 된 경우

    나. 냉매회수 기술인력으로 등록되기 전 1년 6개월 이내에 환경부장관이 시행하는 냉매회수 전문가 양성교육을 수료한 경우

2. 보수교육: 제1호에 따른 신규교육을 수료한 날(제1호 단서에 따라 신규교육이 면제된 경우에는 다음 각 목의 구 분에 따른 날)을 기준으로 3년마다 1회

　가. 제1호가목의 경우: 냉매회수 기술인력으로 다시 등록된 날

　나. 제1호나목의 경우: 환경부장관이 시행하는 냉매회수 전문가 양성교육을 수료한 날

② 법 제76조의12제4항에 따라 교육대상자를 고용한 자로부터 징수하는 교육경비는 다음 각 호의 사항을 고려하여 환경부장관이 정하여 고시한다.

　1. 강사수당 2. 교육교재 편찬 비용

　3. 냉매 회수 실습에 소요되는 비용

　4. 그 밖에 교육 관련 사무용품 구입비 등 필요한 경비

③ 법 제76조의12제5항에서 "환경부령으로 정하는 전문기관"이란 다음 각 호의 요건을 모두 갖춘 기관으로서 환경 부장관이 지정한 기관을 말한다.

　1. 비영리법인으로서 정관의 사업내용에 냉매 관련 업무가 포함되어 있을 것

　2. 환경부장관이 고시하는 교육과정, 인력 및 시설·장비 요건을 갖추고 있을 것

　3. 최근 3년 이내에 냉매회수 교육 관련 사업을 운영한 실적이 있을 것

④ 제1항에 따른 교육, 제2항에 따른 교육경비, 제3항에 따른 전문기관의 지정 등에 필요한 사항은 환경부장관이 정 하여 고시한다.

[본조신설 2018. 11. 29.]

제124조의13(냉매회수업자에 대한 행정처분기준)

법 제76조의13제1항에 따른 행정처분기준은 별표 36과 같다. [본조신설 2018. 11. 29.]

제124조의14(냉매판매량의 신고 등)

① 법 제76조의14 본문에 따라 냉매를 제조 또는 수입하는 자는 매반기가 끝난 후 15일 이내에 별지 제69호서식의 냉매 판매량 신고서에 다음 각 호의 서류를 첨부하여 한국환경공단에 제출하거나 냉매정보관리전산망에 입력해야 한다. 1. 냉매의 제조 또는 수입 실적을 확인할 수 있는 서류 1부 2. 냉매의 종류별·용도별·판매처별 판매량을 확인할 수 있는 서류 1부

② 법 제76조의14 단서에서 "환경부령으로 정하는 경우"란 제조 또는 수입하는 냉매가 「오존층 보호를 위한 특정물 질의 제조규제 등에 관한 법률」 제2조제1호에 따른 특정물질에 해당하여 같은 법 시행령 제18조제1항에 따라 특정 물질의 제조·판매·수입 실적 등을 산업통상자원부장관에게 보고하는 경우를 말한다.

③ 환경부장관과 산업통상자원부장관은 제1항에 따른 냉매판매량의 신고 및 제2항에 따른 실

적 등의 보고에 관한 업무를 효율적으로 수행하기 위하여 신고 및 보고의 방법 및 절차를 공동으로 정하여 고시할 수 있다.

[본조신설 2018. 11. 29.]

제5장 보칙

제125조(환경기술인의 교육)

① 법 제77조에 따라 환경기술인은 다음 각 호의 구분에 따라 「환경정책기본법」 제59조에 따른 환경보전협회, 환경부장관, 시·도지사 또는 대도시 시장이 교육을 실시할 능력이 있다고 인정하여 위탁하 는 기관(이하 "교육기관"이라 한다)에서 실시하는 교육을 받아야 한다. 다만, 교육 대상이 된 사람이 그 교육을 받아 야 하는 기한의 마지막 날 이전 3년 이내에 동일한 교육을 받았을 경우에는 해당 교육을 받은 것으로 본다.

〈개정 2009. 6. 30., 2010. 12. 31., 2016. 12. 30., 2021. 6. 30.〉

1. 신규교육 : 환경기술인으로 임명된 날부터 1년 이내에 1회

2. 보수교육 : 신규교육을 받은 날을 기준으로 3년마다 1회

② 제1항에 따른 교육기간은 4일 이내로 한다. 다만, 정보통신매체를 이용하여 원격교육을 하는 경우에는 환경부장 관이 인정하는 기간으로 한다. 〈개정 2009. 1. 14.〉

③ 법 제77조제2항에 따라 교육대상자를 고용한 자로부터 징수하는 교육경비는 교육내용 및 교육기간 등을 고려하 여 교육기관의 장이 정한다.

제126조(교육계획)

① 교육기관의 장은 매년 11월 30일까지 다음 해의 교육계획을 환경부장관에게 제출하여 승인을 받 아야 한다.

② 제1항에 따른 교육계획에는 다음 각 호의 사항이 포함되어야 한다.

1. 교육의 기본방향

2. 교육수요 조사의 결과 및 교육수요의 장기추계

3. 교육의 목표·과목·기간 및 인원 4. 교육대상자의 선발기준 및 선발계획

5. 교재편찬계획

6. 교육성적의 평가방법

7. 그 밖에 교육을 위하여 필요한 사항

제127조(교육대상자의 선발 및 등록)

① 환경부장관은 제126조에 따른 교육계획을 매년 1월 31일까지 시·도지사 또 는 대도시 시장에게 통보해야 한다. 〈개정 2021. 6. 30.〉

② 시·도지사 또는 대도시 시장은 관할 구역의 교육대상자를 선발하여 그 명단을 그 교육과정을 시작하기 15일 전 까지 교육기관의 장에게 통보해야 한다. 〈개정 2021. 6. 30.〉

③ 시·도지사 또는 대도시 시장은 제2항에 따라 교육대상자를 선발한 경우에는 그 교육대상자를 고용한 자에게 지 체 없이 알려야 한다. 〈개정 2021. 6. 30.〉

④ 교육대상자로 선발된 환경기술인은 교육을 시작하기 전까지 해당 교육기관에 등록하여야 한다.

제128조(교육결과 보고)

교육기관의 장은 법 제77조에 따라 교육을 실시한 경우에는 매 분기의 교육 실적을 해당 분기가 끝난 후 15일 이내에 환경부장관에게 보고하여야 한다.

제129조(지도)

환경부장관은 필요하면 교육기관의 장에게 교육 실시에 관한 보고를 하게 하거나 관련자료를 제출하게 할 수 있으며, 소속 공무원에게 교육기관의 교육상황, 교육시설이나 그 밖에 교육에 관계되는 사항을 지도하게 할 수 있다.

제130조(자료제출 및 협조)

법 제77조에 따른 교육을 효과적으로 수행하기 위하여 환경기술인을 고용하고 있는 자는 시·도지사 또는 대도시 시장이 다음 각 호의 자료제출을 요청하면 이에 협조해야 한다.

〈개정 2021. 6. 30.〉

1. 환경기술인의 명단
2. 교육이수자의 실태
3. 그 밖에 교육에 필요한 자료

제130조의2(친환경운전문화 확산을 위한 시책)

법 제77조의2제1항제5호에서 "친환경운전문화 확산을 위하여 환경부령 으로 정하는 시책"이란 다음 각 호의 시책을 말한다.

1. 친환경운전문화 확산을 위한 포탈 사이트 구축·운영

2. 친환경운전 안내장치의 보급 촉진 및 지원

3. 친환경운전 지도(전자지도를 포함한다)의 작성 · 보급

4. 친환경운전 실천 현황 측정 및 인센티브 지원 [본조신설 2010. 1. 6.]

제131조(출입 · 검사 등)

① 법 제82조제1항 각 호 외의 부분에서 "환경부령으로 정하는 경우"란 다음 각 호의 어느 하 나에 해당하는 경우를 말한다.

〈개정 2013. 2. 1., 2013. 5. 24., 2014. 2. 6., 2019. 7. 16., 2020. 4. 3., 2021. 6. 30., 2021. 12. 30.〉

1. 대기오염물질의 적정 관리를 위하여 환경부장관, 유역환경청장, 지방환경청장, 수도권대기환경청장, 시 · 도지사 및 국립환경과학원장이 정하는 지도 · 점검계획에 따르는 경우

2. 대기오염물질의 배출로 환경오염의 피해가 발생하거나 발생할 우려가 있는 경우

3. 다른 기관의 정당한 요청이 있거나 민원이 제기된 경우

4. 법에 따른 허가 · 신고 · 등록 또는 승인 등의 업무를 적정하게 수행하기 위하여 반드시 필요한 경우

5. 법 제32조제5항, 법 제33조, 법 제43조제4항, 법 제44조제9항 또는 법 제51조제4항 및 제6항에 따른 개선명령 등 의 이행 여부를 확인하려는 경우

6. 법 제16조, 법 제29조제3항, 법 제41조 또는 법 제46조에 따른 배출허용기준 등의 준수 여부를 확인하려는 경우

7. 법 제17조제1항에 따라 대기오염물질의 배출원 및 배출량을 조사하는 경우

7의2. 법 제38조의2에 따른 시설관리기준 준수에 대한 확인이 필요한 경우

7의3. 도료를 공급하거나 판매하는 자에 대하여 해당 도료가 법 제44조의2에 따른 휘발성유기화합물함유기준에 적 합한지를 확인하려는 경우

7의4. 법 제60조의2부터 제60조의4까지의 규정에 따른 배출가스저감장치, 저공해엔진 또는 공회전제한장치에 대한 성능유지 확인, 저감효율 확인검사, 수시검사를 위하여 필요한 경우

8. 법 제62조제6항에 따라 정기검사업무를 수행하는 자의 기술능력 및 시설 · 장비 등의 확인이 필요한 경우

9. 삭제〈2013. 2. 1.〉

10. 법 제74조에 따른 자동차연료 · 첨가제 또는 촉매제를 제조하거나 판매하는 자에 대한 제조기준 준수여부, 유류 관리 현황, 거래내용 등의 확인이 필요한 경우

11. 법 제87조제2항에 따라 관계 전문기관에 위탁한 업무의 처리 상황 및 결과에 대한 확인

이 필요한 경우

② 법 제82조제1항에 따라 사업자, 비산먼지 발생사업의 신고를 한 자 또는 휘발성유기화합물을 배출하는 시설을 설치하는 자(이하 "사업자등"이라 한다)의 시설 또는 사업장 등에 대한 출입·검사를 하는 공무원은 출입·검사의 목적, 인적사항, 검사결과 등을 환경부장관이 정하는 서식에 적어 사업자등에게 발급하여야 한다.

③ 환경부장관, 시·도지사, 유역환경청장, 지방환경청장, 수도권대기환경청장 또는 국립환경과학원장은 법 제82조 제1항에 따라 사업자등에 대한 출입·검사를 할 때에 출입·검사의 대상 시설 또는 사업장 등이 다음 각 호의 어느 하나에 해당하는 규정에 따른 출입·검사의 대상 시설 또는 사업장 등과 같은 경우에는 통합하여 출입·검사를 하 여야 한다. 다만, 민원, 환경오염사고, 광역감시활동 또는 인력운영상 곤란하다고 인정되는 경우에는 그러하지 아니 하다. 〈개정 2010. 6. 30., 2014. 12. 24., 2018. 1. 17.〉

1. 「소음·진동관리법」 제47조제1항

2. 「물환경보전법」 제68조제1항

3. 「하수도법」 제69조제1항 및 제2항

4. 「가축분뇨의 관리 및 이용에 관한 법률」 제41조제1항 및 제2항

5. 「폐기물관리법」 제39조제1항

6. 「화학물질관리법」 제49조제1항

제132조(오염도검사기관)

법 제82조제2항 본문에서 "환경부령으로 정하는검사기관"이란 제40조제2항에 따른 검사기 관을 말한다.

제133조(현장에서 배출허용기준 초과 여부를 판정할 수 있는 대기오염물질)

법 제82조제2항 단서에 따라 검사기관에 오염도검사를 의뢰하지 아니하고 현장에서 배출허용기준 초과 여부를 판정할 수 있는 대기오염물질의 종류는 다음 각 호와 같다. 〈개정 2014. 2. 6.〉

1. 매연

2. 일산화탄소

3. 굴뚝 자동측정기기로 측정하고 있는 대기오염물질

4. 황산화물 5

5. 질소산화물 6. 탄화수소

제133조의2(배출시설 관리현황의 제출)

① 시·도지사는 법 제82조제4항에 따라 다음 각 호의 사항을 포함한 배출시설 관리현황을 매년 작성하여 다음 해 1월 31일(제10호의 자료의 경우 3월 31일까지로 한다)까지 환경부장관에게 제출 하여야 한다.

1. 법 제16조제3항에 따른 강화된 배출허용기준 설정에 관한 사항

2. 법 제23조에 따른 배출시설의 설치 허가·변경허가 및 신고·변경신고에 관한 사항

3. 법 제26조제1항 단서 및 영 제14조에 따른 방지시설 면제에 관한 사항

4. 법 제29조에 따른 공동 방지시설의 설치에 관한 사항

5. 법 제30조제1항에 따른 가동개시 신고에 관한 사항 6

. 법 제35조에 따른 배출부과금 부과·징수에 관한 사항

7. 법 제37조에 따른 과징금 처분에 관한 사항

8. 법 제38조의2 및 제44조에 따른 배출시설의 설치 신고·변경신고에 관한 사항

9. 법 제43조에 따른 비산먼지 발생사업의 신고·변경신고에 관한 사항

10. 법 제81조제1항에 따른 재정적·기술적 지원에 관한 사항

11. 법 제82조에 따른 보고·검사(법 제82조제1항제1호, 제1호의2, 제4호 및 제5호에 해당하는 자에 대한 보고·검사만 해당한다)에 관한 사항

12. 법 제84조에 따른 행정처분(법 제82조제1항제1호, 제1호의2, 제4호 및 제5호에 해당하는 자에 대한 행정처분만 해당한다)에 관한 사항

② 제1항에 따른 배출시설 관리현황 제출에 관한 서식은 환경부장관이 정한다.

[본조신설 2015. 7. 21.]

제134조(행정처분기준)

① 법 제84조에 따른 행정처분기준은 별표 36과 같다.

② 환경부장관, 시·도지사 또는 국립환경과학원장은 위반사항의 내용으로 볼 때 그 위반 정도가 경미하거나 그 밖에 특별한 사유가 있다고 인정되는 경우에는 별표 36에 따른 조업정지·업무정지 또는 사용정지 기간의 2분의 1의 범위에서 행정처분을 경감할 수 있다.

제135조(수수료)

① 법 제86조제1호에 따른 수수료는 다음 각 호와 같다. 〈개정 2012. 6. 15., 2013. 2. 1.〉

1. 법 제23조에 따른 배출시설의 설치허가 또는 설치신고 : 1만원(정보통신망을 이용하여 전자화폐·전자결제 등의 방법으로 수수료를 낼 때에는 9천원)

2. 법 제23조에 따른 배출시설의 변경허가 : 5천원(정보통신망을 이용하여 전자화폐·전자
결제 등의 방법으로 수수 료를 낼 때에는 4천원)

② 법 제86조제2호에 따른 수수료는 다음 각 호와 같다. 〈신설 2013. 2. 1.〉

1. 법 제48조제1항 본문에 따른 제작차 인증 신청 가. 자동차제작자(이륜자동차제작자 및 개
별자동차의 수입자는 제외한다): 110만원 나. 이륜자동차제작자: 20만원 다. 개별자동차의
수입자: 1만5천원

2. 법 제48조제1항 단서에 따른 제작차 인증생략 신청: 5천원

3. 법 제48조제2항에 따른 제작차 변경인증 신청 가. 자동차제작자(이륜자동차제작자는 제
외한다): 7만원 나. 이륜자동차제작자: 2만원

③ 제1항 및 제2항에 따른 수수료는 허가 또는 인증 등을 신청할 때 수입증지로 내거나 정보통
신망을 이용하여 전 자화폐·전자결제 등의 방법으로 내야 한다. 〈개정 2013. 2. 1.〉

제136조(보고)

① 시·도지사, 유역환경청장, 지방환경청장, 수도권대기환경청장 또는 국립환경과학원장은 영
제65조에 따라 별표 37에서 정한 위임업무 보고사항을 환경부장관에게 보고하여야 한다.

〈개정 2010. 12. 31., 2013. 5. 24.〉

② 한국환경공단은 영 제66조제3항에 따라 별표 38에서 정한 위탁업무 보고사항을 환경부장관
에게 보고하여야 한 다. 〈신설 2010. 12. 31.〉

제137조(규제의 재검토)

① 환경부장관은 다음 각 호의 사항에 대하여 해당 호에 해당하는 날을 기준으로 3년마다(매 3
년이 되는 해의 1월 1일 전까지를 말한다) 그 타당성을 검토하여 개선 등의 조치를 해야 한
다. 〈개정 2014. 12. 16., 2016. 6. 2., 2020. 4. 3., 2021. 10. 14.〉

1. 제5조 및 별표 3에 따른 배출시설: 2014년 1월 1일

2. 제15조 및 별표 8에 따른 대기오염물질의 배출허용기준: 2014년 1월 1일

3. 제27조제1항부터 제3항까지의 규정에 따른 배출시설 변경신고의 대상 및 변경신고 시 제
출서류: 2014년 1월 1일

4. 삭제〈2020. 4. 3.〉

5. 제37조 및 별표 9에 따른 측정기기의 운영·관리기준: 2014년 1월 1일

6. 삭제〈2020. 4. 3.〉

7. 제39조제1항에 따른 개선계획서의 제출기한: 2014년 1월 1일

8. 제45조에 따른 기본부과금 산정을 위한 자료 제출 시 제출서류: 2014년 1월 1일

9. 삭제〈2016. 12. 30.〉

10. 삭제〈2020. 4. 3.〉

10의2. 제51조의3제2항 및 별표 10의2에 따른 시설관리기준: 2022년 1월 1일

11. 제52조제3항 및 별표 11에 따른 자가측정의 대상·항목 및 방법: 2014년 1월 1일

12. 삭제〈2020. 4. 3.〉

13. 삭제〈2020. 4. 3.〉

14. 제57조 및 별표 13에 따른 비산먼지 발생사업: 2014년 1월 1일

15. 제58조제4항·제5항, 별표 14 및 별표 15에 따른 비산먼지의 발생을 억제하기 위한 시설의 설치 및 필요한 조치에 관한 기준: 2014년 1월 1일

16. 삭제〈2020. 4. 3.〉

17. 제62조 및 별표 17에 따른 제작차 배출허용기준: 2014년 1월 1일

18. 제63조 및 별표 18에 따른 배출가스 보증기간: 2014년 1월 1일

19. 삭제〈2020. 4. 3.〉

20. 제67조제1항에 따른 변경인증의 대상: 2014년 1월 1일

21. 제67조의2제1항 및 별표 18의2에 따른 인증시험대행기관의 지정기준: 2014년 1월 1일

22. 삭제〈2020. 4. 3.〉

23. 제71조의2제1항 및 별표 19의2에 따른 평균 배출허용기준의 적용을 받는 자동차 및 자동차제작자의 범위와 평균 배출허용기준: 2014년 1월 1일

24. 제72조제1항 및 제2항에 따른 결함확인검사대상 자동차의 범위 및 결함확인검사 자동차의 선정 방법: 2014년 1월 1일

25. 삭제〈2020. 4. 3.〉

26. 제76조 및 별표 20에 따른 배출가스 관련부품: 2014년 1월 1일 27. 삭제〈2020. 4. 3.〉

27의2. 제77조제2항에 따른 결함시정 현황의 보고내용: 2017년 1월 1일

28. 제82조의4제1항에 따른 저감효율 확인검사 대상의 선정기준: 2014년 1월 1일

29. 제82조의6제2항 후단 및 같은 조 제3항에 따른 결함 시정 또는 재검사 신청 여부에 대한 통지 기간·방법 및 결함시정계획 승인신청 시 제출서류: 2014년 1월 1일

30. 제87조제1항·제2항·제4항, 별표 22, 별표 23 및 별표 23의2에 따른 운행차 배출가스 정기검사 및 이륜자동차 정기검사의 대상항목, 방법 및 기준 등: 2014년 1월 1일

31. 제121조제1항 및 별표 34의2에 따른 자동차연료·첨가제 또는 촉매제 검사기관의 지정기준: 2014년 1월 1일

32. 제125조제1항 및 제2항에 따른 환경기술인의 교육 과정 · 주기 및 기간: 2014년 1월 1일

② 삭제 〈2016. 12. 30.〉

[전문개정 2014. 4. 30.]

부칙 〈제959호,2021. 12. 30.〉

이 규칙은 2021년 12월 30일부터 시행한다.

대기환경보전법규

초판 인쇄 2022년 4월 10일
초판 발행 2022년 4월 15일

지은이　편집부
펴낸이　김태헌
펴낸곳　토담출판사
주소　경기도 고양시 일산서구 대산로 53
출판등록　2021년 9월 23일 제2021-000179호
전화　031-911-3416
팩스　031-911-3417